LA GUERRE TECHNOLOGIQUE EN DÉBAT(S)

5-7, rue de l'Ecole polytechnique ; 75005 Paris

http://www.librairieharmattan.com
diffusion.harmattan@wanadoo.fr
harmattan1@wanadoo.fr

ISBN : 978-2-296-12632-9
EAN : 9782296126329

Sous la direction de
Pierre PASCALLON

LA GUERRE TECHNOLOGIQUE EN DÉBAT(S)

L'Harmattan

PUBLICATIONS
Dans la collection « Défense »

Défense et renseignement, 1995
Quel avenir pour les drones ?, 1998
Les transmissions militaires, 2000
Quelles perspectives pour le deuxième porte-avions français ?, 2000
Quelles perspectives pour le Transport Aérien Militaire français ?, 2001
Quelle défense pour la France à l'aube du XXIème siècle ?, 2001
Quelles perspectives pour le renseignement spatial et aérien français après le Kosovo ?, 2001
La guerre des missiles, 2001
Les Armées françaises à l'aube du 21ème siècle
- Tome I : *La Marine Nationale*, 2002
- Tome II : *L'Armée de l'Air*, 2003
- Tome III : *L'Armée de Terre*, 2004
- Tome IV : *La Gendarmerie Nationale*, 2006
- Tome V : *Les Armées françaises à l'heure de l'Interarmisation et de la Multinationalisation*, 2007

Le bouclier antimissiles américain après les attentats du 11 septembre 2001 ?, 2002
Quelle protection du territoire national contre le terrorisme international ?, 2003
La politique de sécurité de la France en Afrique, 2004
Renforcer l'intégration de la Défense dans la Nation, 2004
Demain, les drones de combat ?, 2004
Satellites et Grands Drones dans le cadre de la politique spatiale militaire française et européenne, 2005
La politique de sécurité autour de la Méditerranée, lac de Paix, 2005
Quelles menaces, demain, sur la sécurité de la France ?, 2005
La dissuasion nucléaire en question(s), 2006
Les zones grises dans le monde d'aujourd'hui : le non-droit gangrène-t-il la planète ?, 2006

Quelle politique de Défense pour la France à l'heure de l'élection présidentielle de 2007 ?, 2007
Quel avenir pour l'OTAN ?, 2007
La défense antimissiles en débat(s), 2008
La Vème République, 1958-2008 : 50 ans de politique de Défense, 2008
Quelle politique de sécurité et de défense pour l'Europe ?, 2009
Hier la crise, demain la guerre ?, 2010
La politique industrielle d'armement et de défense de la Ve république : évolution, bilan et perspectives 2010

Collection « Défense »

- Le moment n'est hélas pas venu – peut-il d'ailleurs venir ? – où la force militaire pourrait être reléguée dans le « *linceul de pourpre où dorment les Dieux morts* », chers à **André MALRAUX**.
  Le monde est en effet constitué de longtemps sinon de toujours « d'Etats-Nations » dont le nombre ne cesse de progresser et progressera sans doute encore au XXIème siècle s'il faut en croire la prophétie du Père **Serge BONNET** : « *Le XXIème siècle sera plus encore que le XXème siècle le siècle des Nations* ».
- Se pose à ces « Etats-Nations » le problème de leur défense, c'est-à-dire la fonction vitale d'assurer leur sécurité, leur paix, leur indépendance, l'obligation de préserver et de pérenniser les signes forts d'une identité nationale à travers les accidents de l'Histoire, à savoir : un territoire et la communauté consciente des hommes qui l'habitent. On peut convenir en effet d'appeler « *politique de Défense* » l'ensemble des mesures et dispositions de tous ordres prises par le Pouvoir pour assurer la sécurité et l'intégrité du territoire national dont il a la charge et, par ricochet, la paix du peuple qui y vit. Pour utiliser les termes très voisins retenus par l'ordonnance du 7 janvier 1959, la Défense « *a pour objet d'assurer en tout temps, en toutes circonstances et contre toutes les formes d'agression, la sécurité et l'intégrité du territoire ainsi que la vie de la population* ».
- Cette collection entend accueillir les réflexions qui touchent le domaine de la Défense ainsi défini, domaine global, multiforme, en constante évolution, en privilégiant bien sûr le cas de la France et de l'Europe dans un contexte qui est désormais, ici aussi, de plus en plus d'emblée « mondialisé ».

Pierre PASCALLON

SOMMAIRE

AVANT-PROPOS..page 11

PREFACE ....page 13

INTRODUCTION GENERALE.............. ....page 19

I PARTIE : LA POUSSEE DE LA GUERRE TECHNOLOGIQUE : des années 1980 aux années 2000...............page 39

II PARTIE : LA MISE EN CAUSE DE LA GUERRE TECHNOLOGIQUE : les années 2000...........................page 115

III PARTIE : LES PERSPECTIVES DE LA GUERRE TECHNOLOGIQUE : années 2009-2010 et suivantes ....page 189

CONCLUSION GENERALE...........................page 369

GLOSSAIRE..page 385

BIBLIOGRAPHIE.......................................page 387

TABLE DES MATIERES...............................page 391

• Cet ouvrage reprend pour l'essentiel les actes du colloque organisé par le Club Participation et Progrès à l'Ecole Militaire à Paris les 4-5 Mai 2009 sous le même titre.

• On a bien sûr bénéficié pour ces deux journées de nombreux appuis qui nous imposent une grande brassée de remerciements.

- D'abord on voudrait remercier les responsables de l'Ecole Militaire, le CEREM, le Contre Amiral DUFOURG et Madame Oriane GINIES. Merci également au général d'Armée Jean-Louis GEORGELIN, Chef d'Etat major des Armées qui a regardé cette initiative avec bienveillance et nous a aidé à mettre sur pied ces deux journées.

- J'entends remercier ensuite tout particulièrement les deux Présidents de séance de ce colloque, Xavier de VILLEPIN et Patrice CARDOT, et dire notre gratitude à tous les intervenants, de grande qualité, de ces deux jours qui nous permettent d'offrir aux lecteurs – on en est persuadé - un ouvrage de référence sur ce sujet.

- On ne voudrait pas oublier encore d'adresser nos remerciements pour leur aide aux médias qui soutiennent habituellement nos manifestations (Air et Cosmos, Défense Nationale et Sécurité Collective, DSI technologies) ; ainsi qu'à la société EADS – notre fierté – qui a bien voulu s'intéresser particulièrement à ce colloque (merci à Bénédicte SUZAN) et à le soutenir financièrement.

- Enfin, il nous reste à dire notre gratitude à la petite équipe du Club Participation et Progrès et à Pascale MARCHEIX.

AVANT PROPOS

par

Pierre PASCALLON
Professeur Agrégé de Faculté

Nous savons que pour beaucoup l'Histoire de l'Homme se résume à l'Histoire du progrès technique fondé sur le défi prométhéen. En très longue période en effet, notre Histoire semble bien dominée par l'évolution des techniques, leur puissance croissante, avec l'accélération de la dynamique du progrès technique dans la période contemporaine, avec notre entrée dans l'ère industrielle (et ses « révolutions technologiques ») marquant le rôle capital dans ce cadre des « inventeurs de l'invention », selon la belle expression de David LANDES .. si bien qu'aujourd'hui – fin du XX siècle, début du XXI siècle -, nous paraissons plongés – sinon noyés – à plein dans « le monde de la technique » (HEIDEGGER). Et tout ce qui peut être techniquement réalisé est effectivement réalisé.

La Défense, bien sût, n'a pas échappé durant ces 150 dernières années à ces vagues technologiques qui se sont succédées à un rythme soutenu. Et à la fin du XX siècle, le domaine militaire paraissait plus spécialement accaparé par le « technologisme » d'inspiration américaine, avec l'arrivée massive des technologies de l'information et de la communication.

Le Nouveau Siècle – le XXI siècle – dans le civil comme dans le militaire va pourtant nous permettre de découvrir – de redécouvrir à nouveau – si nous étions tentés de l'oublier la situation profondément ambivalente du progrès technique, à la mesure à l'ambigüité dialectique permanente de l'Homme.

D'où l'intérêt, l'importance de la réflexion qui suit pour tenter de s'ouvrir en pleine lucidité les portes de l'avenir technologique militaire, avec l'interrogation centrale, inquiète sous-jacente aux pages de cet ouvrage : comment toujours mieux mettre demain la technologie au service de l'Homme ?

Pierre PASCALLON

PREFACE

par

Xavier de VILLEPIN
Ancien Président de la Commission des Affaires Etrangères, de la Défense et des Forces Armées du Sénat

La guerre technologique en débat(s) ?

- Voilà un très beau sujet qui mérite effectivement notre réflexion à tous. Pour ma part, j'essaierai de le présenter ainsi :
  - A- Son environnement : tendances actuelles de la guerre.
  - B- Les dépenses militaires en augmentation
  - C- Questions sur la guerre technologique.

A — <u>Les tendances actuelles de la guerre</u>

Les guerres évoluent. Le XXème siècle a été marqué par des tragédies insensées et dans cette période de transition souhaitons que le XXIème siècle soit plus raisonnable ; ce qui n'est pas certain.

Depuis la fin de la guerre froide (1989-1991) les conflits armés ont plutôt tendance à diminuer. Pourquoi ? On constate :

- un ralentissement de la croissance démographique mondiale,
- les progrès de la démocratie (avec quelques grandes exceptions),
- moins de guerres entre Etats et plus de conflits internes.

Nous avons assisté à une reprise des hostilités en Europe après la dislocation de l'ex-Yougoslavie et au Caucase.

Notre regard doit continuer à se porter sur le grand Moyen-

Orient où les conflits deviennent de plus en plus interconnectés et où sont apparus deux acteurs non étatiques : le Hezbollah, chiite, et le Hamas, sunnite. En 2007, on pouvait recenser quatorze conflits, surtout en Asie et en Afrique.
La situation actuelle utilise largement les possibilités offertes par la révolution de l'information. Elle peut se définir comme une forme évoluée de l'insurrection qui utilise tous les réseaux disponibles : politiques, économiques, sociaux et militaires.
Le recours à la force vise moins à détruire un ennemi qu'à le convaincre de l'inutilité de poursuivre un combat. On cherche à le démoraliser et à le lasser. Le Faible parvient à utiliser la force du Fort en métamorphosant ses avions de ligne en bombes volantes et ses voitures en bombes roulantes.
La guerre n'a plus de front ; elle se déroule "au milieu du peuple" qui retrouve des réflexes historiques de résistance contre l'occupant étranger (cf. : "The great game" du XIXème siècle).
L'incarnation symbolique du présent est l'attentat suicide à la voiture piégée. L'objectif du terrorisme est moins de tuer des victimes que d'épouvanter les survivants. Les informations télévisées deviennent des armes plus puissantes (Al-Jezirah, CNN, etc. ...) que des divisions blindées. Pour l'armée supérieure, l'effort de guerre est long, ingrat, coûteux, sans échéance et sans victoire en perspective. La défaite est impossible ; la victoire improbable.
Les guerres actuelles sont devenues complexes. Elles comprennent des guerres civiles, des nettoyages ethniques, des réfugiés, des risques de prolifération, un rôle accru pour le crime organisé, les maladies, la pauvreté et les famines. Ces informations sont extraites du livre : les "guerres bâtardes" (Arnaud de la Grange – Jean-Marc Balencie) édité par Perrin, avec comme sous-titre : "Comment l'Occident perd les batailles du XXIème siècle "
Il ne faudrait pas en conclure que le passé soit révolu. Rien

ne permet de prédire que nous ne reverrons pas les horreurs du XXème siècle, des guerres atomiques ou non, des guerres entre Etats. Elles semblent s'éloigner, mais font partie d'un décor non certain, mais possible. Tout pays réfléchi se doit de poursuivre des recherches militaires et de penser à l'évolution de son armée (cf. le Livre blanc français)

Je conseille de lire :

- l'audition très intéressante du Général Georgelin, chef d'Etat Major des Armées, devant la Commission de la Défense de l'Assemblée nationale (le 10/09/08) sur l'embuscade contre la section de nos hommes du 8ème R.P.I.M.A. en Afghanistan,
- et le livre excellent de Pierre Sergent "Les guerres modernes" (Buchet Chastel)

B — <u>Les dépenses militaires en augmentation</u>

1. <u>Dépenses militaires mondiales de 1996 à 2007</u>
   (en dollars constants 2005 - source EuroDéfense France Edition 2008)

<u>1996</u>	<u>2007</u>	
831 MM$	1.214 MM$	soit + 46,1%

Par région :

41 % en Amérique du Nord→	46,3 %	
30,8 % en Europe de l'Ouest→	21,5 %	
12,5 % en Asie de l'Est→	12,5 %	
5,2 % au Proche-Orient→	6,5 %	

2. <u>Le budget américain en 2010</u>

- Le budget socle de la Défense s'élève à 534 MM$, contre 515 en 2009. Il faut y ajouter 130 MD USD de crédits destinés à financer les opérations en Irak et en Afghanistan. Avec le nucléaire militaire géré par le Département de l'Energie, il devrait atteindre 680 MD USD, <u>soit 4,9 % du PIB 2008.</u>

- A noter dans cet ensemble, l'augmentation forte des mesures liées à la condition militaire (salaires, indemnités, santé).
- Les crédits opérations se divisent en deux blocs : 65 MD pour l'Afghanistan et 61 MD pour l'Irak.
- Répartition par armées :
Terre : 142 MD – Marine : 156 MD – Air : 144 MD.
Inter armée + Défense anti-missile : 91 MD.
- Avec ces chiffres résumés, la Défense ne paraît donc pas encore atteinte par les économies. Plusieurs décisions ont été repoussées. On citera le futur bombardier, le véhicule de combat du Corps des Marines, le croiseur futur de la Navy.
- La transformation en profondeur ne peut se faire sur un seul exercice budgétaire. Il faut aussi y voir les réactions du Congrès et le poids du complexe militaro-industriel (cf. discours du 17/01/1961 du Président Eisenhower)

3. Hésitations britanniques

Avec l'engagement en Afghanistan, les exigences de l'armée de terre, les fortes demandes d'hélicoptères et d'avions de transport, nos amis britanniques s'interrogent sur les économies possibles dans l'aviation. Doivent-ils réduire le nombre des Typhoon Eurofighters au risque de mécontenter leurs partenaires (allemand, espagnol, italien) ? Faut-il s'en prendre au programme américain du F.35.JSF ?
Certains se demandent même s'il ne faudrait pas revoir la dissuasion nucléaire (Trident). Ces problèmes délicats sont posés dans le "Financial Times" du 15 mai, sous le titre "Armons-nous pour les guerres d'aujourd'hui et non pour celles d'hier".

C – Questions sur la guerre technologique

J'ai souhaité vous exposer :

- l'évolution de la guerre,
- et les réflexions américaines et britanniques sur les budgets militaires

Nous sommes, avec la crise actuelle, dans une période de mutation longue et qui doit porter aussi sur l'évolution des technologies :

1ère remarque : La technologie est-elle toujours un multiplicateur d'efficacité ? Peut-elle, seule, remplacer le nombre de combattants sur le terrain ?
Est-il possible de s'abstraire dans nos réflexions du caractère insurrectionnel de certains conflits (Vietnam – Irak – Soudan) ? Il faut tenir compte des adversaires potentiels.
2ème remarque : Comment répondre à l'asymétrie des conflits ? Certains matériels ne sont-ils pas trop performants devant l'emploi des engins explosifs commandés à distance ? Les coûts et entretiens de certains systèmes d'arme ne deviennent-ils pas si élevés qu'il est nécessaire d'en réduire le nombre à des niveaux trop bas ?
3ème remarque : Est-on bien d'accord pour maintenir des capacités à participer à une "grande guerre" classique, ce qui sous-entend de relativiser l'explosion du tout technologique ?
4ème remarque : La technologie ne réduit-t-elle pas trop le rôle fondamental de l'individu dans la résolution des conflits ?

Je terminerai avec une citation qui vient de loin : 2.500 ans, celle de Sun Tzu, l'auteur chinois, lointain et moderne : " l'art suprême de la guerre consiste à vaincre l'ennemi sans le combattre ".

INTRODUCTION GENERALE

1) Quelques réflexions autour de la technologie

par

André DUMOULIN
Attaché à l'Ecole Royale Militaire (ERM) de Bruxelles.
Chargé de cours à l'Université de Liège

Quel vertige ! Vertige de la mécanisation et des technologies de l'information.
Celle de l'homme novateur, du prodigieux inventeur.
Celle du savoir et du savoir-faire.
Fulgurance des technologies qui réside dans cette coordination du cerveau et de la main de l'homme (P. Ducassé)[1].
Technologie qui apparaît comme un critère de démarcation entre l'humanité et l'animalité.
Technologie comme élément partie de la culture humaine et dimension nécessaire à celle-ci (C. Godin)[2].
Technologie comme constituant, comme étude, comme résultat de la maîtrise scientifique, surtout depuis le 19ème siècle.
Nous percevons combien la technologie tente de dominer la nature et transforme le monde.
Elle est à la fois art mais aussi application, outils et moyens, associant du rationnel, du matériel mais aussi de l'émotionnel.

---

[1] Pierre Ducassé, *Histoire des techniques*, PUF, Paris, 1974.
[2] Christian Godin, *Dictionnaire de philosophie,* Fayard/Editions du temps, Paris, 2004.

Et l'efficience de la science sur la société s'exerce par le moyen de la technologie, pour paraphraser Oppenheimer.
Mieux, pour d'aucuns, il y a dépendance du progrès scientifique au progrès technologique, avec la prééminence, le règne de l'ingénieur.
C'est bien la machine qui offre la possibilité à la science d'aller vers l'infiniment petit, l'infiniment grand, l'infiniment puissant.
C'est la technologie qui caractérise alors la civilisation postmoderne, non la science ; quand bien même les interactions sont étroites.
La Commission européenne demande des projets innovants, les ordinateurs deviennent notre prolongement et pour certains leur raison de vivre.
Et la technologie envahit notre quotidien.
Les machines fantastiques d'Edgar P. Jacobs dans « *Blake et Mortimer* » ne sont plus des utopies et la technologie a transformé notre manière de vivre ; technologie qui s'articule profondément avec les pouvoirs politiques et économiques.
Ce qui d'ailleurs, entre parenthèses, incite Jean-Claude Guillebaud[3], à proposer qu'elle soit régulée, d'autant mieux que les piliers de la civilisation sont la morale et la science (Leo Strauss).
L'articulation entre l'évolution morale et l'évolution technoscientifique, telle est la question.
L'hyper-modernité, la société monde, le culturalisme, les fondamentalismes, le poids des experts, l'état des civilisations, les styles de vie, le devenir de l'Humanité ; maints concepts qui nous interpellent et qui renvoient au final au rapport de l'Homme à la technologie et dans ses rapports à la culture, à la Nature.
Historiquement aussi, soyez-en assuré, les interrogations furent aussi présentes.

---

[3] Jean-Claude Guillebaud, *Le goût de l'avenir*, Editions du Seuil, Paris, 2003.

L'éthique de la technique n'est pas une vue de l'esprit.

Durant l'antiquité, la technique fut jugée tout au plus comme un élément utile, *« sa valeur ontologique considérée comme très inférieure aux être de nature »* (G. Hottois)[4], l'activité humaine est placée dans un cadre supérieur et la technologie définie d'abord comme une habilité générale (Otfried Höffe)[5].

Mieux, jusqu'à la Renaissance, un seul homme, « L'Honneste Homme », pouvait être à la fois un ingénieur, un artiste et un savant (Gsponer).

Par la suite, l'activité technique va progressivement devenir une tradition occidentale, une forme « d'instrumentalisme anthropologocentré » pour reprendre le néologisme de Gilbert Hottois.

Comme le veut Bacon dans sa « *Nouvelle Atlantide* », il ne peut y avoir de limites à l'action technique des hommes, il faut, je cite, « *reculer les bornes de l'Empire humain en vue de réaliser toutes les choses possibles* ».

Prémonitoire à souhait avec nos nanotechnologies, le génie génétique, les téraflops des superordinateurs, les drones et les maisons intelligentes.

Les technologies sont alors « *conçues comme des prolongements des organes de l'homme naturel-culturel* » (Sterber), un peu comme les cyber-soldats et leurs exo-squelettes).

La technique doit dès lors servir à la survie de l'humanité mais aussi au libre exercice de l'homme symbolique et culturel.

Mieux, de maître de la machine, l'homme est devenu le serviteur du machinisme, au point d'ailleurs que l'homme se sentant de plus en plus dépendant de systèmes (Heidegger), il peut, comme l'imagine Philippe Sollers, demander « *de*

---

[4] *Cf.* Monique Canto-Sperber (dir.), *Dictionnaire d'éthique et de philosophie morale* (tome 2), PUF, Paris, 2004.

[5] Otfried Höffe (dir.), *Petit dictionnaire d'éthique*, Editions Universitaires Fribourg et CERF, Fribourg-Paris, 1993.

plus en plus aux machines de leur faire oublier les machines ».

Mais revenons-en à notre réflexion candide sur le lien entre la technologie et l'Homme.

Nous avions des certitudes : celle de la séparation de la science (belle et bonne) et de la technique (ambivalente selon son utilisation) ; celle de la séparation de l'action et de la production, la première étant en tant qu'essence, éthique ; celle au final de la définition de l'être humain comme le vivant symbolique (Gilbert Hottois).

Ces certitudes, celles des techno-sciences culturelles, ont volé en éclats, d'une part parce que science et technique sont indissociablement liées, d'autre part parce que l'action et la production sont politiquement associés, et qu'au final, l'Homme est de par sa nature dans un champ techno-biophysique.

On ne peut ne pas s'étonner dès lors des interrogations sur les liens entre la technologie prise comme une idéologie, comme le développe Habermas.

Citons Ellul qui, dans son « Système technicien », voit bien les risques de la possible subordination de la technique au fondamentalisme.

Ou encore Jonas et son « *Principe responsabilité* » qui montre que la critique de la technique est avant tout une critique antioccidentale, où les technosciences sont présentées de manière apocalyptique.

Nous sommes ici près du retour « à la nature » et au dictateur « providentiel ».

Quant à Simondon, il joue de l'articulation entre le symbolisme de l'Homme et le technoscientifique.

A moins qu'il ne s'agisse pour Engelhardt jr d'insister sur la liberté individuelle à choisir sa condition naturelle en développant les technosciences dans le sens d'une nouvelle éthique.

Nous sommes loin du « Dictionnaire raisonné des sciences, des arts et des métiers » de d''Alembert et de Diderot, vaste traité de technologie tandis que le passage de la connaissance de la science fondamentale à la technique semble libérer les scientifiques de leurs responsabilités liées aux applications.

Technologies qui aujourd'hui ne nous libèrent pas de quelques questions :

- La baguette magique du high-tech n'a-t-elle pas, par moments, des ratés ?
- La technique, comme certitude de la suprématie, est-elle assurée dans la pérennité de son statut?
- Où se situe le jeu et comment opère-t-il entre la fin et les moyens ?
- Où se situe le contenu moral de l'action technique ? Peut-on s'en passer ? Sinon la technologie peut-elle être dénuée de tout contenu moral ?
- La technologie peut-elle changer la morale ?
- La technologie est-elle bonne dès lors qu'elle est propre à obtenir la réussite ?
- Quel lien entre la technologie dans le champ du militaire, les concepts de « zéro-mort »/moindre mort et la valeur des populations à secourir (gestion de crises, sécurité humaine, responsabilité à protéger) ?

Hors la vision manichéenne de la technologie ou celle d'une appréhension de la technologie balançant entre technophilie et technophobie, il nous faut croire à l'idée selon laquelle on ne peut mettre en concurrence la technologie et l'humain.
Mais, comme le prononçait très clairement Michel Puech, « *la technologie n'a aucun besoin de la philosophie pour vivre, mais il se pourrait que nous ayons besoin d'une philosophie de la technologie pour vivre dans le monde de la technologie* ».
Il nous faut donc analyser, décortiquer, saisir les conséquences du lien fonctionnel entre l'humain et l'artefact le plus complexe qu'est la technologie.

Sans oublier au final une évidence, en laissant conclure Alexis Carrel, pour qui « *la civilisation a pour but, non pas le progrès de la science et des machines, mais celui de l'Homme* ».

J'oserai quelque peu affiner : « d'abord » celui de l'homme.

Et le titre du présent colloque qui va débuter implique assurément que la dimension philosophique et humaine peut y avoir sa place.

2) L'impact de la technologie dans la conduite des guerres traditionnelles : de l'antiquité à nos années 1980

par

Alexandre VAUTRAVERS
Directeur du Département de Relations Internationales de l'Université Welster à Genève

On admet généralement que la technologie a un impact fondamental, parfois décisif, sur le champ de bataille ou la conduite de la guerre. Au XXe siècle, les armées et les milieux économiques ont contribué à asseoir ce mythe. Or la supériorité technique n'apporte, le plus souvent, qu'un avantage momentané et relatif. Faut-il croire aux « armes miracles » ou « décisives », alors que l'histoire abonde de contre-exemples?

Les historiens militaires de la première moitié du XXe siècle ont influencé notre pensée, à travers des ouvrages comme *The Decisive Battles of the Western World and their Influence upon History.*[1] Des traces de ce déterminisme se trouvent encore dans les œuvres de Basil Liddell Hart ou de John Keegan. Ces travaux théoriques reposent sur une confrontation symétrique, telle que l'a présentée Clausewitz. Pour les adeptes de ce paradigme, la supériorité technique ou

---

[1] Fuller, John F., *The Decisive Battles of the Western World and their Influence upon History,* 3 vols, Eyre & Spottiswoode, London, 1948.

la supériorité du nombre sont les facteurs déterminants de la victoire.
L'influence de l'histoire sociale[2] dans le domaine de l'histoire militaire, à partir des années 1970, a régénéré la discipline. Les courants marxiste-déterministe et libéral-entrepreneurial se retrouvent et s'affrontent désormais dans les théories actuelles sur l'évolution des conflits.

La plupart des auteurs s'accordent sur une vision commune de l'histoire, au découpage dicté par les changements politiques. Cette vision s'explique par les bases communes à la plupart des historiens occidentaux et l'importance conférée aux changements politiques et nationaux, dans un nombre restreints de pays. Cette vision unilatérale, qui tend à accentuer l'importance et l'aspect « révolutionnaire » des changements et des victoires militaires, est de plus en plus remise en cause par des historiens issus des pays en voie de développement.
Mais à y regarder de plus près, les chronologies proposées par les auteurs ne sont pas unanimes (Tableaux 1 et 2). Heidi et Alvin Toeffler mettent en avant les changements sociaux de long terme comme éléments déterminants de l'évolution des conflits. Martin Van Creveld et Robert Bunker mettent en avant le déterminisme technologique afin de séparer les conflits en « âges ». Le colonel J.F.C. Fuller, inventeur britannique du char d'assaut durant la Première Guerre mondiale, avance au contraire que les innovations techniques ont fait évoluer la doctrine militaire de manière entrepreneuriale. Enfin, McGregor et Williamson donnent davantage de poids au contexte politique et aux méthodes de lutte.

---

[2] Van Creveld, Martin, *Technology and War – From 2000 BC to the Present*, The Free Press, London, 1989.

Tableau 1. Historiographie des Révolutions dans les affaires militaires (RAM)

	Toffler[3]	Bunker[4]	Van Creveld[5]	Fuller[6]	McGregor/ Williamson[7]	Date
8000 av. J.C.	Rév. agraire	Force musculaire/ humaine	Age de l'outil	Combattant individuel		
1100		Force animale		Cavalerie		
1500		Force mécanique	Age de la machine	Poudre		
					Etats et institutions militaires modernes	1648
1690	Rév. Industrielle					
1768				Vapeur		
					Révolution française	1789
1830			Systèmes		Révolution industrielle	1830
1876				Pétrole		
					Combinaison des Rév. I-III	1914
			Automatisation	Energie nucléaire	Armes nucléaires et missiles balistiques	1945
1991	Rév. de l'information	Guerres post-modernes				

[3] Toeffler. Heidi and Alvin, *War and Anti-War – Survival at the Dawn of the 21st Century*, Warner Books, London, 1994: 8.

[4] Bunker, Robert Jr, “Generations, Waves and Epochs – Modes of Warfare and the RPMA”, *Airpower Journal,* spring 1996. http://www.airpower.maxwell.af.mil/airchronicles/apj/bunker.pdf (3.1.04).

[5] Van Creveld, Martin, Op. Cit.

[6] Fuller, J.F.C. *Armament and History – A Study of the Influence of Armament on History from the Dawn of Classical Warfare to the Second World War*, London: Eyre & Spottiswoode, 1946.

[7] Knox and Murray, Op. Cit., p.6.

Source: D'après : Vuitel, Alain, "Doktrin und Technologie: Zwillings- oder Halbschwestern?", *Air Power Revue der Schweizer Armee* No.3, Beilage zur *ASMZ* 12, 2004: 6.

Tableau 2. Historiographie des Révolutions dans les affaires militaires (RAM)

Période	McGregor and Murray[8]	Krepinevitch[9]	Date
	• *Longbow*	Infanterie	1339-1346
	• Poudre à canon	Artillerie	1450
	• Révolution en mer	Artillerie et navires de ligne	1650
	• Nouvelles constructions dans les fortifications	Fortifications à l'italienne	
1648	• Réformes tactiques néerlandaise et suédoise • Réformes tactiques et organisationnelles françaises après la guerre de 7 ans • Révolution en mer • Révolution monétaire britannique	Armes à feu individuelles	1560-1660
1789	• Mobilisation politique et économique nationale • Guerres napoléoniennes	Armée de masse, conscription, standardisation de l'artillerie, création de divisions	1789-1814
1830	• Puissance financière et économique par l'industrialisation (GB) • Révolution technologique dans la conduite de la guerre terrestre (télégraphe, rail, armes à répétition, poudre sans fumée, artillerie, armes automatiques) • Révolution technologique en mer : cuirassés ("Dreadnought")	Chemin de fer et télégraphe Vapeur, cuirassés	1850-1905 1850-1914
1914	• Opérations dans la durée par air, terre et mer • Bombardement stratégique • Combat mobile, conduisant au concept du « *Blitzkrieg* » • Opérations aériennes et sous-marines	Mécanisation, puissance aérienne	1918-1939

[8] Ibid, p. 13.

[9] Krepinevitch, Andrew F, "Cavalry to Computer – The Pattern of Military Revolutions", *The National Interest*, fall 1994, p.31-36.

1945	• Précision • Accélération du rythme de la conduite des opérations • Amélioration substantielle de la létalité des munitions conventionnelles	Armes nucléaires et ICBM	1945
1991	• Furtivité	Précision, létalité	1991

Source : D'après : Vuitel, Alain, "Doktrin und Technologie: Zwillings- oder Halbschwestern?", *Air Power Revue der Schweizer Armee* No.3, Beilage zur *ASMZ* 12, 2004: 5.

Dans un article de synthèse, Andrew Krepinevitch[10] présente quatre causes principales de l'évolution et de la gestion des conflits :

- des changements techniques ou technologiques;
- des changements opérationnels;
- des adaptations de l'organisation ou des structures;
- des modernisations dans les forces armées;

Dans le cadre de cette communication, nous définissons la technologie selon la perspective de l'histoire sociale. La technologie peut ainsi être vue en tant que somme des rapports entre l'Homme et les instruments/innovations techniques.[11] Dans ce sens, deux facteurs principaux influent sur les conflits : la technologie (facteurs *push*, approche déterministe) et la stratégie (facteurs *pull*, approche traditionnelle ou entrepreneuriale). L'adaptation des organisations ou des structures, malgré leur importance sur le champ de bataille, sont donc le résultat de la combinaison de facteurs technologiques et stratégiques.[12]

Il s'agira donc d'examiner, tout d'abord, l'école positiviste qui a introduit la notion de « course à l'armement », puis

[10] Krepinevitch, Andrew F, "Cavalry to Computer – The Pattern of Military Revolutions", *The National Interest*, fall 1994: 31-36.

[11] Van Creveld, Martin, Op. Cit.

[12] Vautravers, Alexandre, "Strategy at a Crossroads," in Csurgai, Gyula (éd.), *Methods in Geopolitics*, L'Âge d'Homme, Genève, 2008.

d'étudier les auteurs relativistes qui nous mettent en garde contre les analyses mono-causales.

Progrès et déterminisme technique

Avant la Révolution industrielle, la plupart des armées se battaient avec des armes et des technologies similaires. La puissance musculaire et animale limitaient et définissaient les limites comme le cadre de la puissance des formations militaires. De nos jours, un fantassin porte un équipement très similaire en termes d'habits, de protection, d'armes, de munitions et de provisions qu'au cours des siècles passés. Cela vient du fait que l'équipement individuel du soldat est déterminé par trois variables : les besoins humains (confort, ergonomie, besoins biologiques, facteurs psychologiques et sociologiques), les capacités humaines (force musculaires, capacité de charge, sens – vue, audition, entraînement) et, finalement, par la technologie (miniaturisation, matériaux et tissus, technologie des armes). On ne sera donc pas surpris que l'équipement d'un combattant ait relativement peu changé depuis l'Empire romain : les légionnaires d'alors portaient 15 kg au combat et jusqu'à 35 kg de paquetage lors de longues marches. Malgré les changements technologiques, les améliorations dans le domaine de la santé et de mineures améliorations biologiques (accroissement de la taille, progrès médicaux ou encore le taux de myopie), ces valeurs sont remarquablement stables à travers les âges. Même la progression tactique des troupes n'a guère changé au cours des siècles : les légions romaines parcouraient une distance journalière d'une trentaine de kilomètres, ce qui n'est pas très éloigné des progressions « éclair » des divisions blindées allemandes du début de la Seconde Guerre mondiale.[13]

---

[13] Van Creveld, Martin, Op.Cit.

Avant le milieu du XIXe siècle, les armées s'affrontent avec des armes très similaires. En effet, l'industrie d'armement était alors essentiellement privée et peut-être davantage globalisée qu'aujourd'hui. Durant les guerres de la Révolution, pratiquement toutes les armées européennes se sont battues avec des mousquets conçus sur la base du fusil français modèle 1777 (An IX). Ces pays s'approvisionnaient alors en pièces détachées chez des marchands belges, français ou allemands[14]. Des armes similaires ont d'ailleurs été couramment utilisées durant la guerre de Sécession américaine de 1861…
Même avec la standardisation des calibres et la rationalisation de la production d'armements dans la première moitié du XIXe siècle, les armes sont restées très semblables. La plupart des armes d'infanterie utilisaient des projectiles de 18 mm jusqu'aux années 1850, puis 10,5 et enfin 7,6 mm au tournant du siècle. Le système de calibres britannique de l'époque, malgré un système de mesure différent –basé sur le poids et non sur le calibre-, est en réalité très proche du système millimétrique continental, à un point tel qu'au combat, les boulets de canons pouvaient être refroidis et, parfois, être utilisés contre leurs propriétaires.[15]

Avec la création de différences dans l'équipement et la puissance de feu, avec la nationalisation des industries de défense en Europe, l'efficacité au combat s'est détachée des facteurs traditionnels (nombre, entraînement, tactique) pour s'attacher à la qualité et à la quantité des armements.

[14] Vautravers, Alexandre, "Mondialisation et armements: la parenthèse nationale", in Hans-Jörg Gilomen, Béatrice Veyrassat, Margrit Müller (éd.), *Expansion - Intégration - Invasion. La globalisation, aspect central du changement économique et social depuis le Moyen Age,* SSHES, Berne, 2003.

[15] Wise, Terence and Hook, Richard, *Artillery Equipements of the Napoleonic Wars.* Osprey, Londres, 1997, p.21-22.

L'industrialisation et la nationalisation sont ainsi les deux causes principales des courses à l'armement des XIXe et XXe siècles.
L'industrialisation de la guerre peut être résumée par le *Materialschlacht* des deux Guerres mondiales, où les armes ont compté davantage que les hommes et où la quantité a prévalu sur la qualité. Même les améliorations techniques durant ces guerres ont eu, paradoxalement, une influence infime sur leur issue. On le constate dans le fait que le Haut commandement allemand, en 1941, a ordonné de cesser le développement de tout programme d'armement nécessitant plus de six mois pour être mis en production. Aux Etats-Unis et en URSS, des ordres ont été émis pour interdire le développement de nouveaux armements –des chars en particulier- car on pensait que ceci détournerait des ressources précieuses de la priorité d'alors, qui était de produire le plus grand nombre possible de modèles déjà disponibles.[16]

L'ère industrielle peut ainsi se subdiviser en trois sous-périodes, fortement marquées par des évolutions techniques[17] :

- La période industrielle (*Industrial warfare)* débute en 1853 avec le rail et le fil (télégraphe et téléphone de campagne), permettant l'accroissement de la mobilité stratégique et opérative, ainsi que la coordination de troupes sur des distances toujours plus grandes. Plus que des inventions techniques, il s'agit là de véritables systèmes techniques, modelant l'organisation des formations militaires (système binaire régimentaire), la stratégie (*Mobilization Warfare*[18]) et les tactiques (front linéaire).

[16] Vautravers, Alexandre, *L'impact de la Technologie sur la conduite de la guerre de 1830 à nos jours*. Lyon, these de DEA, 1998.
[17] Ibid.
[18] Van Creveld, Martin, Op.Cit.

- Le combat mécanisé (*Mechanized Warfare*) est issu de la confrontation de l'homme et de la machine. Les améliorations dans la technologie des armements ont alors changé la nature du combat. La puissance se mesure désormais en fonction de la supériorité numérique, technique ou matérielle (logistique). Toutes les ressources nationales doivent être mobilisées pour atteindre ce but. Des « systèmes d'armes » sont développés, intégrant hommes, machines, culture technique, concepts tactiques et organisations.
- La guerre artificielle (*Artificial War*) apparaît avec le développement de l'arme absolue : l'arme atomique. Les limites humaines de la puissance de feu sont alors atteintes. La valeur du feu devient relative et perd de l'importance par rapport aux autres facteurs tels que l'efficacité, l'efficience des ressources, la flexibilité, la compatibilité, le commandement, le contrôle et le renseignement (C3I). Puisque, désormais, la destruction des buts n'est plus un problème, l'acquisition d'information en temps réel devient le facteur déterminant. Ceci conduit au développement effréné des technologies d'acquisition et de gestion de l'information, ainsi qu'à la numérisation des réseaux de commandement, de renseignement, de surveillance, de désignation des buts et de reconnaissance (C4ISTAR).

La majorité des publications au XXe siècle sur l'évolution des conflits sont déterministes. Le sujet des transformations de la guerre a généralement été traité sous la forme d'une influence de l'amélioration des performances ou de la disponibilité d'armes nouvelles. Ceci a même conduit à la croyance que des armes « miracles » ou « décisives » seraient en mesure de renverser une situation tactique ou stratégique, voire politique.

Or la notion d'armes « miracles » est purement subjective et guidée par les intérêts de la communication et de la propagande des belligérants. Celles-ci sont désignées par des critères extérieurs esthétiques, voire photogéniques, tels que l'aérodynamisme, la vitesse, la puissance, la robustesse, la réputation du constructeur, la simplicité, le camouflage, etc. Elles sont généralement « superlatives » en ce sens qu'elles n'ont guère de concurrent ou peuvent être engagées dans une certaine impunité. Enfin, elles frappent avant tout moralement, par la terreur qu'elles inspirent.[19]

Relativisme : art ou système de la guerre ?

L'entrée des sciences et de l'histoire sociale dans le domaine de l'histoire militaire a produit de grands débats. Cet essor est dû en grande partie aux effets de la guerre du Vietnam. En Asie du Sud-est en effet, la technologie et l'armement supérieurs, un niveau d'entraînement et une capacité de renseignement supérieurs n'ont pas permis de remporter le conflit contre un adversaire armé de manière rustique. Les chercheurs attribuent cet échec à trois raisons :

En premier lieu, l'automatisation de la conduite et du combat, le recours à des modèles et des calculs mathématiques – en particulier ceux issus de la recherche opérationnelle (OR)- a induit une perception et une gestion « quantitatives » de la guerre, remplaçant les visions traditionnelles et politiques. Les ratios, les rapports coûts/efficacité et les bilans chiffrés ont pris le pas sur les victoires décisives sur le terrain. On trouve des traces de cette vision « managériale » dans la manière dont a été conduite la guerre des tranchées de 1914-1918 où les prévisions quantitatives, les gains de terrain et les pertes humaines ou de matériel étaient si élevées que les

[19] Vautravers, Alexandre, "De l'innovation technique à l'évolution des mentalités," in Chabloz, Michel (éd.) *Armée et technologie. De l'application des techniques ancestrales et traditionnelles aux développements futures*, CHPM, Lausanne, 2004.

chiffres sont progressivement devenus abstraits et inhumains.[20]
La seconde limite est l'utilisation de la recherche opérationnelle dans la conception des armements et des acquisitions, par le biais de l'élaboration de cahiers de charges théoriques et mathématiques. Les armements introduits dans les années 1960 –à l'Est comme à l'Ouest- ont été développé dans des tours d'ivoire, loin des réalités du terrain. Le fossé entre la « vraie guerre » (IST) et la « guerre réelle » (SOLL) s'est accru. Martin Van Creveld parle à ce sujet de syndrome « EFIBUP » car les armements ainsi développés sont devenus « trop efficaces, trop rapides, frappant de façon indiscriminée, trop grands, trop peu manouvrants et trop puissants » pour être réellement efficaces.[21]
Ceci fait dire aux relativistes que l'impact de la technologie sur la guerre est limité. George Raudzens avance que les chronologies basées exclusivement sur l'évolution technique des armements ne reflète pas la réalité. La technologie, seule, ne détermine pas l'issue des conflits.[22] Les chars allemands de la *Blitzkrieg* n'étaient pas intrinsèquement meilleurs que leurs équivalents français ou britanniques. Ils ont remporté la bataille parce que ceux-ci étaient mieux intégrés dans un système tactique, opérationnel et doctrinal – un « système » que l'on peut résumer sous la forme de la *Panzerdivision*.
Les recherches opérationnelles de Trevor Dupuy[23] démontrent que les armements sont le plus efficaces lorsqu'ils sont introduits pour la première fois. Mais Van Creveld tempère cette perspective avec le fait que leur impact, lors des premiers engagements, est limité par le manque de confiance du

---

[20] Vautravers, Alexandre, 1998. Op.Cit.

[21] Van Creveld, Martin. Op.Cit.

[22] Raudzens, George, "War-Winning Weapons; The Measurement of Technological Determinism in Military History". *The Journal of Military History* No.54, October 1990: 403-433.

[23] Dupuy, Trevor, *Numbers, Prediction and War.* Bobbs-Merrill, New York, 1979.

commandement, auquel il faut ajouter le manque de maîtrise des tacticiens et des servants. La valeur des armements diminue lorsque ceux-ci sont intégrés dans un système ou une organisation complexe. A cela, il faut ajouter que des contre-mesures sont généralement rapidement développées par l'adversaire, et que celles-ci sont généralement plus simples et moins coûteuses que les armements sophistiqués, dont le développement prend beaucoup de temps et nécessite de nombreuses ressources[24]. Certaines armes sont introduites avec beaucoup d'hésitation par les chefs militaires – souvent, seulement lorsque l'adversaire les possède ou les utilise déjà, comme le démontrent les travaux de John Ellis sur le développement et l'introduction de la mitrailleuse.[25] Les institutions militaires sont fréquemment conservatrices et évitent de prendre des risques. De nombreux armements sont d'ailleurs souvent maintenus en service bien après que celles-ci soient devenues obsolètes, pour des raisons liées à la tradition et à la culture militaire, parfois même pour des raisons plus émotionnelles que factuelles. Enfin, plus les armes deviennent sophistiquées, plus elles doivent être simples à utiliser pour être efficaces. Le développement de nouveaux armements prend donc de plus en plus de temps, en raison des délais nécessaires à la mise au point et aux tests, aux recherches d'une ergonomie optimale, à l'intégration et à l'évaluation de leurs effets. Ceci représente une autre limite à l'investissement dans les nouvelles technologies et dans la course à l'armement.[26]

---

[24] Van Creveld, Martin, Op.Cit.

[25] Ellis, John, *The Social History of the Machine-Gun*. Baltimore: Johns Hopkins University Press. 1975.

[26] De Landa, Manuel, *War in the Age of Intelligent Machines*. New York: Zone. 1992.

Conclusion : retour de la longue vue

Il existe différentes visions de la technologie. La perspective des scientifiques et des ingénieurs est positiviste et contribue, depuis le siècle des Lumières, à asseoir la croyance en un Progrès cumulatif. Or depuis les années 1970, les sciences humaines tentent de remédier à la presbytie des acteurs en relativisant la notion de Progrès, en dissertant sur la notion et la nature même de la technologie.
La technologie comporte des cycles marqués par des paradigmes techniques. Le passage d'un cycle au suivant se fait par la conjonction de plusieurs facteurs : l'opportunisme technique d'inventeurs individuels ou institutionnels, une impasse technique ou économique, la quête de la sécurité ou de la facilité, la saturation ou l'évolution de la demande sociale. Parallèlement, le passage d'un système technique à un autre et surtout sa diffusion doivent vaincre de nombreuses incompréhension et inerties. L'introduction de nouvelles technologies confère donc à leur camp un effet de surprise momentané, souvent pondéré par une doctrine ou une maîtrise inadéquates.

Ainsi dans le domaine militaire, l'amélioration technique n'est pas la seule réponse possible à la course aux armements. Il est possible de mettre en œuvre de nouvelles doctrines, une nouvelle organisation, une déception ou des contre-mesures efficaces à faible coût.
Les pays ne disposant pas des ressources techniques ou financières pour soutenir la course à l'armement doivent avoir recours à d'autres stratégies. Après la querelle des modernes et des anciens de l'immédiat après Seconde Guerre mondiale, l'armée suisse s'est résolument tournée vers la réalisation de grands programmes d'armement : avions à réaction, chars de combat, engins guidés, armes non conventionnelles. Le bilan mitigé de ceux-ci, dans les années 1960, n'a laissé d'autres

options qu'une évolution de la pensée stratégique vers une conception défensive et asymétrique.[27]

De même, depuis la fin de la guerre froide, à une époque où les Etats-Unis concentrent 50% des dépenses et de la production des armements mondiaux, les rivaux ou les opposants à ce monde unipolaire n'ont d'autre choix que des stratégies asymétriques. Ces mécanismes et ces tactiques –guérilla, insurrection, terrorisme, stratégies basées sur la masse et la durée- obèrent les avantages des armements de haute technologie.[28]

La technologie peut-elle contrer ces stratégies ? Elle peut se révéler, dans le contexte actuel, autant un atout qu'un fardeau et une vulnérabilité. En comparant quelques exemples récents –Tchétchénie, Afghanistan, Irak-, on constate que la fuite en avant technologique tentée par les Américains en Afghanistan marque le pas devant les stratégies anti-insurrectionnelles et le combat rapproché mises en place ailleurs.[29]

---

[27] Vautravers, Alexandre, "Améliorations, imitations et copies : Le développement des blindés suisses : 1942-1982," *Recherches et Travaux,* ASHSM, Berne, 2005.

[28] Vautravers, Alexandre, Rickli, Jean-Marc, "La défense américaine en crise," *RMS* No.4, 2003.

[29] Goya, Michel, *Irak, les armées du chaos*, Economica, Paris, 2009.

Ière PARTIE

LA POUSSEE DE LA GUERRE TECHNOLOGIQUE :
des années 1980 aux années 2000

1. Présentation théorique de la guerre « tout technologique »

« Le nouveau pragmatisme technologique en matière de défense des années 1980-2000 : la Révolution dans les Affaires Militaires (RAM) et la guerre en réseaux »

par

Nicolas ARPAGIAN
Rédacteur en Chef de la revue Prospective Stratégique.
Coordinateur des enseignements à l'IERSE ;
Auteur du livre « La Cyberguerre – la guerre numérique a commencé », Ed. Vuibert, 2009

La RMA – *Revolution in Military Affairs* – est une doctrine du Pentagone qui désigne l'adaptation du système militaire aux technologies numériques. Il s'agit de dissiper le « brouillard de la guerre » cher à Clausewitz.
Regarder de l'autre côté de la montagne.
C'est en tous cas, sous cette forme qu'elle a été popularisée.
Or, s'il faut rendre à César…, cette Révolution Technologique Militaire date des années 70 et vient d'URSS.
En effet, des théoriciens soviétiques parlent alors de « nouvelles méthodes tactiques ». Et pensent les Nouvelles Technologies de l'Information et de la Communication (NTIC) comme un changement de paradigme.
Au seuil des années 90, des spécialistes « étatsuniens » reprennent le thème et lancent le slogan de la RMA – *Revolu-*

tion in Military Affairs. Pour résumer, la RMA est le complément de la révolution numérique dans la société civile. Et incarne le passage à l'économie de l'immatériel.
Les militaires étaient déjà très présents.
Internet est l'enfant d'Arpanet, né de la guerre froide.
Les informaticiens ont mis à contribution la cryptologie pour casser les codes secrets.
La RMA désigne donc une phase historique tandis que « la guerre de l'information » constitue plutôt le modèle théorique des conflits futurs.
On distingue, notamment avec Arquilla & Ronfeld de la *Rand Corporation* :
- **La cyberguerre,** *cyberwar*, strictement militaire.
C'est conduire des opérations militaires suivant des principes relatifs à l'information. C'est-à-dire détruire ou détourner l'information et les systèmes de communication adverses.
- **La netguerre**, *netwar*.
Ce sont les conflits à grande échelle entre nations et sociétés. Ce qui suppose s'efforcer de changer ou pervertir ce qu'une population cible sait ou croit d'elle-même ou du monde qui l'entoure.
La vraie rupture de cette RMA :
On passe
- de « Faire la guerre qui correspond à ses armes », qui était la règle générale non écrite de l'Histoire de la guerre. C'est généralement après l'acquisition d'une arme qu'on commence à formuler la tactique qui lui correspond.
- à « Fabriquer les armes qui correspondent à la guerre ». C'est une percée majeure dans l'histoire de la préparation de la guerre. Mais que se passe-t-il quand les conditions de laboratoire ne se retrouvent pas dans la vraie vie ? Au mieux risque d'enlisement. Pire : la défaite malgré la technologie.
Quiao Liang & Wang Xiangsui, *La Guerre hors limites* (1999) : Sur les champs de bataille du futur, les forces numérisées risquent fort de se retrouver comme le grand cuisinier qui excelle à préparer des homards au beurre. Face à des

guérilleros qui s'obstinent à manger des épis de maïs, elles n'auront plus que leurs yeux pour pleurer.
Néanmoins les USA ont misé sur la Numérisation de l'Espace de Bataille (la France s'y met, depuis le début des années 2000 mais les contraintes budgétaires risquent de mettre à mal le déploiement du programme Félin).
Les « Sociétés de l'information » devaient réduire les risques, les conflits… Bref, les incertitudes.
Or, plus il existe de moyens de savoir et de transmettre, plus il y a de risques de dissimulation et de falsification.
A trop produire d'informations, le système tend à confondre
- les données
- les connaissances (c'est la capacité à mettre en relation et interpréter dans un cadre plus large des informations, pas à en accumuler)
- les croyances (dépendent des codes culturels d'interprétation des individus et non de la quantité d'informations disponibles).
- la décision.
Depuis 1997, on annonce un « Pearl Harbor informatique » ou un « Waterloo Digital »
Avec l'**infoguerre** on ouvre l'éventail des objectifs : il ne s'agit plus de vaincre des corps d'armées mais aussi de s'en prendre à des infrastructures civiles et, plus largement à l'esprit de populations entières.
Les conflits opposeront de moins en moins les Etats-nations mais feront intervenir des guérillas, des maffias, des terroristes, des fondamentalistes, des puissances financières, des ONG…Ces acteurs seront parfois difficiles à identifier mais leur structure de fonctionnement non hiérarchique et non centralisées renforceront cette logique de dispersion.
La gamme des actions offensives possibles est large :
- virus,
- actions sur les opinions publiques…

Les outils de la RMA : pour différents objectifs

1) Tous les systèmes d'écoute et de repérage permettant de connaître les positions et les messages ennemis (satellite, piratage informatique…pour espionner de l'état-major au fantassin numérique).
2) Simuler. Histoire de s'entraîner : séances d'entraînement dans des environnements de plus en plus réalistes. Objectif : préserver des vies.
3) Silencieux. Des technologies pour être furtif (indétectable) ou leurrer les systèmes d'écoute ou les radars ennemis.
4) Guidage ultra-précis des armements. Géolocalisation.
5) Faire en sorte que les déplacements soient de plus en plus rapides.

Obsession : s'affranchir de l'espace physique.

Mythes :

- de la guerre à Zéro mort.
- La technologie permettra d'épargner nos soldats.
- Plus besoin d'envoyer des hommes sur le terrain. Ou juste un minimum pour des opérations ciblées

On remet en cause la hiérarchie militaire fondée sur une circulation verticale des informations. Les futurologues d'alors parlent d'une armée en réseau. Sorte de corps où chaque membre participe à l'intelligence.

Tout élément engagé sait tout (il bénéficie instantanément de toutes les données), communique tout (il est relié), peut tout (la puissance de frappe globale est sa disposition).

L'armée qui doit lutter contre des insurgés ou des terroristes ne feraient alors rien d'autre que s'appliquer le mode « en réseau » de telles organisations. Un modèle qui vaudrait tant pour l'attaque que pour la défense.

La RMA intègre également la « judiciarisation » de la guerre et son évolution vers la guerre policière de contrôle et prévention des troubles. Développement des

armes non-létales, prise en compte des opinions publiques…
La guerre par d'autres moyens (WBOM, *War by Other Means* selon le jargon du Pentagone) est un mélange des antiques stratagèmes de la Chine et des double-clics (selon l'expression de François-Bernard Huygues in *L'ennemi à l'ère numérique*).
La RMA glisse vers une domination informationnelle avec l'intégration d'actions fondées sur la supériorité informationnelle : lobbying, *softpower* (normes....), domination culturelle, ONG, intelligence économique…
Avec l'idée selon laquelle, la surveillance et la prédominance idéologique garantiraient contre toute surprise stratégique.

La guerre en réseau de demain : le couronnement de la « Révolution dans les Affaires Militaires »

par

Pierre PASCALLON
Professeur Agrégé de Faculté

Il est clair que les conflits des années 90 ont été de plus en plus « cybernétiques » : qu'on pense déjà à la 1ère guerre du Golfe, au début de la décennie 90, qui apparaît comme la « vitrine » technologique des Etats-Unis affichant leur capacité à une guerre « propre » par la pratique de frappes chirurgicales au moyen d'armes dites « intelligentes ». Et, à l'heure de la « Révolution dans les Affaires Militaires » (RAM) et de la guerre « zéro mort » - d'où l'importance portée en particulier dans cette décennie 90 au développement des drones -, le conflit plus récent du Kosovo, en 1999, marquera en quelque sorte une première consécration de la progression de la guerre cybernétique « dopée » par la « révolution de l'information ».

Les opérations militaires les plus significatives au début du troisième millénaire – on pense bien sûr à l'Afghanistan et plus encore à l'Irak en 2003 – sont venues confirmer et amplifier ces caractéristiques des conflits contemporains, avec une armada de satellites et de drones, des avions dotés

d'armes de très haute précision, un délai très considérablement réduit par rapport à la 1ère guerre du Golfe entre la désignation de la « cible » et sa frappe, une synergie accrue entre les forces aériennes et la campagne terrestre consacrant l'avènement de la manœuvre aéroterrestre moderne en phase de coercition.
Les théoriciens, de la guérie de demain nous assurent que tous ces traits saillants de ces dernières opérations militaires vont encore s'accuser dans les conflits de haute intensité de l'avenir avec, en effet, omniprésence du renseignement aérospatial (satellites, drones,...), des capacités de frappe de plus en plus fortes et précises dans la profondeur avec les systèmes de missiles de nouvelles génération, ... tout cela permettant de neutraliser dans un délai extrêmement court la puissance militaire de l'ennemi.
On devrait ici – pour en persuader – détailler davantage la « boucle OODA » (« Observer, Orienter, Décider, Agir »), montrer comment les systèmes spatiaux présentent un très fort potentiel pour réduire de façon significative le délai de cette boucle OODA. On devrait, de façon plus large, indiquer – avec les analystes de l'avenir – que les conflits et les combats à venir seront marqués par ce nouvel art de la guerre qu'est la « guerre en réseau », nouveau concept clé qui devient le leitmotiv de la prospective militaire française.
« Guerre en réseau » ? Il faut une organisation en réseau, une gestion du combat en réseau, la mise en réseau des individus, des capteurs et des plateformes, une gestion et une utilisation des forces armées de plus en plus intégrées. Oui, tout doit désormais être décloisonné et, à l'inverse, tout doit désormais être connecté, rendu inter-opérable. Bref, tout doit être au mieux intégré.
Plus question dans cet esprit en particulier de planifier des actions indépendantes pour les trois armées (Terre, Air, mer). Désormais, la planification devient interarmées : les actions aériennes et terrestres – voire navales – seront intégrées. Comme doivent être intégrées les fonctions essen-

tielles aux opérations de défense : l'engagement stratégique et tactique des forces armées (commandement et conduite), la gestion de l'information (télécommunications et interopérabilité) et la diffusion du renseignement, avec des « solutions », des « architectures systèmes » du type –c'est le « système de systèmes » - *C4ISR (Commandement, Control, Communication, Computers, Intelligence, Surveillance et Reconnaissance),...* de telle sorte que, au total, ce « réseau de guerre » doit permettre – au niveau le plus décentralisé, sur le théâtre d'opérations – au fantassin français en terrain hostile d'interroger en temps réel en particulier les satellites espions à partir de leurs calculateurs portables, la « numérisation de l'espace de bataille » devant donner à chacun une véritable conscience de sa situation opérationnelle.

« La guerre en réseau » au niveau français ? A dire le vrai, on a pour beaucoup, avec cette perspective de « guerre en réseau », la déclinaison nationale des concepts américains : *« Net Centric Warfare » (NCW)* et *« Net Centric Operations » (NCO) : «* opérations réseaux centrées » qui correspondent à une nouvelle notion de l'emploi des forces — et de leurs moyens — visant à une meilleure efficacité en tenant compte des nouvelles avancées technologiques que sont les télécommunications, l'informatique et la navigation.

Les notions *« NCW – NCO »* entendent se définir en effet comme la traduction de la suprématie informationnelle en puissance de combat.

Il s'agit bien là aussi de concepts « intégrateurs », de concepts « catalyseurs », fondés au total sur l'échange continu et en temps réel d'informations entre les différents acteurs et les différentes plateformes afin de rendre le théâtre d'opérations « transparent ». L'axe central du système « réseau centré » se veut en effet la *« CROP » (« Common Relevant Operative Picture »)* alimentée en permanence par les données des drones, des satellites, des avions d'observation et les demandes de tous les acteurs du théâtre : la « CROP » synthétise la situation tactique et c'est sur la base de la *CROP* que se mènent les opérations et que fonctionnent les systèmes d'armes.

Demain donc, à suivre la prospective militaire de part et d'autre de l'Atlantique, nous serons donc avec la « guerre en réseau », la « guerre NCW/NCO » : il s'agit au vrai — dans ces deux cadres très voisins sinon identiques — de marquer la place de plus en plus décisive, nous dit-on, de façon liée – on l'a perçu déjà dans les développements précédents - :

1. de l'information et du renseignement ;
2. du spatial, sinon de l'aérien.

1. Place de plus en plus décisive de l'information et du renseignement ? La guerre en réseau, la guerre *NCW/NCO,* c'est la généralisation — démarrée au milieu de la décennie 90 — d'Internet et du GPS ; c'est, de façon plus large, l'utilisation à plein des nouvelles technologies de l'information au sens large, c'est-à-dire incluant les moyens de renseignement, de commandement, de communication, de guerre électronique, si bien qu'il s'agit ni plus ni moins, de faire entrer le domaine de la défense et de la sécurité dans l'ère de l'information.

Il n'est pas exagéré — avec l'apport de puissance de ces technologies de l'information dans les systèmes d'armes et la conduite des opérations, avec l'exploitation encore plus forte que par le passé de ces technologies de l'information - en témoigne l'acronyme *C4ISR* qui caractérise cette « révolution de l'information, au cœur du fonctionnement de la boucle OODA —, de dire que la « guerre en réseau » - centrée au vrai sur les réseaux de l'information : littéralement « *net work centric »* — sera bien une guerre « info-centrée », tous les acteurs devant être dotés d'un même environnement info-centré, avec mise en œuvre, sur le terrain militaire, des concepts de l'âge de l'information.

2. Place de plus en plus décisive du spatial, sinon de l'aérien ? Il est sûr que le spatial et l'aérien vont devenir de plus en plus le lieu privilégié de l'observation, de l'écoute et du renseignement. Il est sûr que le spatial en particulier constituera de plus en plus — soutient-on — le centre de gravité des

guerres de demain. On assiste, on assistera en effet de plus en plus à une évolution vers une militarisation de l'espace, avec 3 missions militaires principales :

- déni d'accès à l'espace,
- frappe spatiale,
- et protection de l'espace.

Il est non moins sûr que la guerre en réseau, la guerre NCW/NCO, devraient à l'avenir consacrer un rôle plus important à l'utilisation de l'espace.

Ce cadre militaire spatial, c'est bien entendu d'abord le cadre privilégié du satellite qui permet les communications mobiles à distance, fournit à la fois de l'imagerie, des capacités de navigation (GPS) pour la localisation des troupes, l'identification des cibles et le guidage pour les missiles de croisière, mais aussi des capacités d'alerte pour la détection des missiles, des informations météorologiques et enfin, la capacité de se « retourner » pour les unités sur le théâtre d'opérations.

Le satellite, avec une utilisation qui devra à l'avenir précéder, toute opération militaire pour s'assurer la suprématie spatiale, sous-jacente à la suprématie informationnelle.

Le satellite, mais aussi dans le cadre aérien, les drones en particulier, drones à utilisation accrue en complément, en synergie des satellites, drones qu'il faudra vouloir de plus en plus interarmées au service de l'ensemble des forces.

Espace et aérien qui devront, autour des satellites et des drones en particulier, assurer la permanence du « Renseignement, Surveillance et Reconnaissance » pour utiliser le concept (RSR) mis en avant par les Britanniques, avec l'objectif de diffuser l'information aux personnes compétentes, habilitées, en temps réel.

Il est sûr que les Etats-Unis sont à plein – nous le savons – dans la construction de ces outils du combat de demain, avec en particulier le projet général du département de Défense de constituer une « infosphère », la construction d'un réseau Internet militaire, connu sous l'acronyme « *GIG* » *(« Global*

Information GRID »).

Oui, les Etats-Unis entendent bien confirmer demain leur supériorité, leur domination écrasante dans tous les domaines de la guerre en réseau, la guerre de-réseau, la NCW/NCO.

- suprématie dans le domaine de l'information, autour de « l'information dominance »
- suprématie dans le domaine de l'espace, autour du paradigme de la « *space dominance »*.

La France et les Européens ont engagé des efforts dans le même sens.

La France seule ou en coopération avec ses partenaires européens. Notre pays développe –on le sait – des organisations et des technologies nécessaires à la guerre en réseau, à la guerre « info-centrée » :

- Centre Interarmées de Concept, de Doctrine et d'Expérimentation (CICDE)
- Système Aristide ; Système d'Information Terminaux Elémentaires (SITEL),
- Numérisation et gestion du théâtre militaire, avec le « NEB », le démonstrateur technologique du champ de bataille BOA (Bulle Opérationnelle Aéroterrestre),
- Effort dans le domaine spatial avec des satellites d'observation et de communication :

  - hier, *Skyned 5, Hélios II, Syracuse II, Sar Lupe, Galiléo, Terre Sar X,...*
  - demain, bien sûr, *Hélios III* et *Syracuse.*

Même si

- il semble y avoir aujourd'hui encore le manque d'une véritable stratégie européenne du domaine spatial militaire, avec un véritable partage de l'information stratégique à cet échelon européen ;
- les programmes des prochaines générations de satellites en particulier à l'horizon 2010-2015 paraissent manquer encore de « visibilité ».

On peut dire – sans prendre beaucoup de risques – que ce modèle de combat de demain constitue sans aucun doute le couronnement, l'étape ultime de la « Révolution dans les Affaires Militaires » (RAM), avec cette irruption massive des technologies de l'information au service de la mise en réseau des plateformes et vecteurs militaires.

« De la RAM à la Révolution de la Transformation. L'OTAN, la transformation et ACT »

par

Olivier KEMPF
Professeur à Sciences-Po.
Animateur du blog egeablog.net

Les années 1990 ont vu surgir aux Etats-Unis un débat autour de la « Révolution dans les Affaires Militaires » (RAM), centré autour des technologies, et qui a conduit à mener des processus de transformation. Ce fut vrai des forces américaines, mais aussi de l'Alliance Atlantique. Celle-ci est un excellent moyen de s'approprier les discours américains, même s'il y faut distinguer entre le discours américain et le discours otanien. Ce sont deux choses différentes, même si la confusion est souvent faite par les esprits français. Enfin, ACT[1], le commandement allié pour la Transformation, est promis à un général français : il est plus que jamais actuel de s'y intéresser.

Dès lors, que peut-on affirmer ? deux idées principales :

- A l'Otan, la transformation ne peut se réduire à la technologisation
- En dix ans, la Transformation otanienne s'est transformée

[1] Allied Command Transformation, basé à Norfolk.

I Les origines de la Transformation à l'Otan

Les racines de cette transformation de l'alliance sont multiples, et datent des années 1990 et du tout début des années 2000. Outre le débat sur la RMA, initié aux Etats-Unis et qui s'est propagé en Europe, et particulièrement dans l'Alliance, il faut aussi pointer plusieurs autres facteurs. Ainsi, la guerre du Kossovo en 1999 marque le premier ressentiment américain contre l'Alliance Atlantique, jugée à Washington comme compliquée et peu efficace dans la conduite des opérations : cette perception constituera un aiguillon puissant pour réformer l'organisation. Simultanément s'élève un débat sur les « capacités », résurgence modernisée de la vieille polémique sur le « partage du fardeau » : on évoque alors la notion de « *Capabilities gap* », voulant ainsi marquer la différence d'effort budgétaire entre les deux rives de l'Atlantique (cette différence s'est marquée dès la fin des années 1990, même si elle s'est considérablement accrue après le 11 septembre 2001). C'est d'ailleurs à cette époque que l'on entend le débat, strictement américain celui-là, autour de la défense antimissile (NMD devenue MD). Si Bill Clinton adopte une attitude prudente, il est remplacé par G.W. Bush. L'élection de ce dernier s'accompagne de la nomination à la défense de M. Rumsfeld, qui a des idées très arrêtées sur la réforme de défense. Il y avait là suffisamment de facteurs pour favoriser une profonde réforme du dispositif allié. Mais cette tendance est puissamment accélérée par les attentats du 11 septembre 2001. Tout est alors en place pour rendre inévitable une réforme majeure de l'Organisation.

Elle fut décidée à l'occasion du Sommet de Prague, qui apparaît comme le principal sommet de l'après-guerre froide. Il s'est tenu les 21 et 22 novembre 2002. Il intervient après une série de sommets des années 1990 qui ont surtout traité de la nouvelle architecture de sécurité européenne, qu'il s'agisse de l'émergence de l'UE, des relations avec la Russie, de l'élargissement de l'alliance ou des conflits balkaniques.

Dès fin septembre 2001 (soit quelques jours à peine après les attentats, ce qui suggère qu'il avait déjà son projet à l'esprit), R. Rumsfeld prononce sa doctrine : « c'est la mission qui fait la coalition ». Une telle doctrine revêt à l'évidence une grande portée politique. Les alliances établies et institutionnalisées ne bénéficient plus de la faveur des Américains, qui y voient plus une entrave qu'un outil efficace. On peut bien sûr relever dans cette doctrine des échos du vieil isolationnisme américain[2]. Mais en fait, c'est tout simplement une menace directe contre l'Alliance, afin de forcer celle-ci à se réformer radicalement. Cela explique l'importance du Sommet de Prague.

Ce Sommet fait la promotion de la transformation, articulée autour de plusieurs thèmes :

- La « déployabilité » : ce concept est articulé autour des principes de mobilité et de vitesse, à l'inverse de la structure fixe et statique qui datait de la guerre froide.
- La technologie : à cet égard, il suffit d'observer par exemple les « engagements capacitaires de Prague » :
    - défense contre les armes chimiques, biologiques, radiologiques et nucléaires;
    - renseignement, surveillance et acquisition d'objectifs;
    - surveillance air-sol;
    - systèmes de commandement, de contrôle et de communications;
    - efficacité au combat, y compris munitions à guidage de précision et neutralisation des défenses aériennes ennemies;
    - moyens de transport aérien et maritime stratégique;

[2] Voir O. Kempf, « Alliances et multipolarité » *Revue de Défense Nationale*, février 2004

- moyens de ravitaillement en vol;
- et unités déployables d'appui tactique et de soutien des forces au combat.

On constate ainsi que la transformation alliée a aussi des aspects technologiques, même s'il faut bien constater, à l'expérience, que les projets n'ont pas été aussi concluants que les Alliés s'y étaient engagés. C'est que l'investissement budgétaire des Européens n'a jamais été à la hauteur des ambitions affichées.

- Dernier thème, la réaction contre les menaces nouvelles : le terrorisme, le NRBC (c'est à peu près à cette époque que l'on introduit le R de radiologique dans l'acronyme NBC, afin de rendre compte de la possibilité de bombes sales menées par des terroristes), les cyberattaques (déjà), les antimissiles de théâtre.... Il s'agit, on l'aura compris, de répondre au nouvel environnement sécuritaire.

Quelles sont les principales décisions ? Pour modifier radicalement l'Alliance, le sommet de Prague décide de mettre en place deux outils :

- la Force de réaction de l'Otan, plus connue sous le nom de NRF
- la réforme de structure avec, notamment mais pas seulement, la création d'ACT

Nous allons les étudier successivement.

II La NRF : projet et limites

La NRF est la première citée dans la déclaration de Prague : elle est donc considérée par ses auteurs comme l'outil essentiel de la transformation.

Il s'agit d'un outil qui a plusieurs caractéristiques, ce qui en fait l'instrument de la transformation de l'alliance. Ainsi, il doit faire appel aux technologies de pointe, il doit être

souple, déployable, interopérable et apte à soutenir des opérations prolongées, il doit comporter des éléments terrestres, maritimes et aériens prêts à se transporter rapidement partout où il le faudra (c'cst une unité dont le champ d'action est interarmées et mondial). La NRF servira aussi de catalyseur permettant de cibler et de promouvoir l'amélioration des capacités militaires de l'Alliance : elle est adossée à l'effort industriel.
Ainsi, technologie, déployabilité, et polyvalence sont les maîtres mots de la NRF. Ce sont ces mots-là qui font la transformation : on note que la transformation ne peut donc se réduire à la technologie.

Ces principes étant posés, il s'agit dorénavant d'examiner la façon dont ils sont traduits dans la réalité. Si chacun sait qu'il s'agit d'une force interarmées et multinationales d'environ 20. 000 hommes, que dire de plus ?
Le commandement de la NRF est adossée aux EM (Etats Majors) opératifs de l'alliance (Brunssum, Naples et Lisbonne) et donc aux GFIM[3], qui étaient le précédent outil de « déployabilité ». Ceux-ci sont d'ailleurs maintenus (car ils vont jusqu'au corps d'armée, qu'ils interviennent plus tard et plus longtemps que la NRF, et qu'ils sont compatibles à la fois avec l'IESD et avec le Partenariat pour la paix). Un état-major opératif allié a ainsi des officiers qui sont « double-casquette » puisqu'ils participent au QG déployable du GFIM. A l'intérieur de ce QG de GFIM, on identifie un noyau[4] qu'on pourrait qualifier d'ultra projetable, et qui est voué à commander la NRF.
LA NRF obéit à un système d'alerte (des relèves de six mois) avec, pour chaque tour, une conférence de génération de force, un entraînement et une validation opérationnelle.

---

[3] Groupement de Forces Interarmées Multinationaux. CJTF en anglais. IESD : Identité Européenne de Sécurité et de Défense.
[4] Qui est appelé DJTF : Deployable Joint Task Force

Les textes affirment ainsi qu' « *elle pourra déployer des éléments de tête sur préavis de cinq jours et assurer son propre soutien pour des opérations pendant 30 jours. Il ne s'agit pas d'une force permanente, mais d'une force composée d'unités affectées par les pays membres par rotation, pour des périodes définies, entraînées et certifiées ensemble* ».
La brièveté du préavis et la durée d'engagement expliquent pourquoi l'alliance a prévu un certain nombre de missions génériques auxquelles la NRF est prédisposée : défense collective, entrée en premier, évacuation de ressortissants, gestion de crises, réaction à des catastrophes humanitaires,...
La NRF a reçu sa certification opérationnelle définitive (FOC : Full Operational Capability) lors du Sommet de Riga en 2006, malgré de vifs débats : elle connaissait ainsi des difficultés à armer les tableaux d'effectif dans la durée (avec des lacunes persistantes qui n'étonneront pas : hélicoptères, avions de transport, ...).

Derrière ces débats transparaissent les limites de la NRF.
L'emploi de la NRF soulève une question pratique, celle de planification. Or, la NRF est sensée intervenir immédiatement, sans avoir le temps de planifier le détail de l'opération, faute de temps. L'absence de plan est synonyme d'échec assuré.
L'OTAN inventa donc la notion de plan générique. Il s'agit de préparer des situations potentielles d'emploi de la NRF. Mais à l'épreuve de tous les exercices réalisés, la probabilité d'opérations de contre-terrorisme apparaît très faible. Il faudrait en effet, simultanément, le renseignement adéquat, un préavis suffisant, un mandat légal solide et un consensus allié, sans compter l'atteinte d'un effet de surprise suffisant pour donner un peu d'efficacité opérationnelle à l'engagement de la force. Autant dire que l'emploi de la NRF en haute intensité paraît peu probable.

Surtout, l'emploi réel de la NRF n'a pas été concluant : elle a été activée deux fois en 2005 (cyclone Katrina et tremblement de terre au Cachemire), et l'expérience a été décevante : c'était une mission du bas de la gamme des missions génériques (aide humanitaire), elle a mobilisé parcimonieusement les moyens inscrits au TUE[5], et nécessité d'une génération de force supplémentaire, et elle a rencontré des difficultés de financement.
Ainsi, à partir de 2007, les US ont retiré leurs offres lors des conférences de génération de force. En fait, elle est le vecteur officiel de la Transformation, mais on voit mal son lien avec ACT : en effet, elle est placée sous la coupe d'ACO (Allied Command for Operations).
En fait, la NRF paraît mal adaptée pour conduire une transformation qui semble s'opérer, dans les faits, en Afghanistan. Toutefois, il faut examiner l'autre outil décidé à Prague à travers la réforme de structure, à savoir le commandement pour la Transformation.

III La nouvelle structure et la création d'ACT

La décision la plus radicale prise à Prague a été d'abandonner le critère géographique (les vieux commandements pour l'Atlantique et pour l'Europe, ACLANT/ACE) pour adopter deux commandements stratégiques différenciés selon un critère fonctionnel : avec d'un part le commandement pour les opérations (ACO , avec le SHAPE à Mons) et celui pour la Transformation, ACT (à Norfolk)
ACT dispose

[5] On a utilisé quelques moyens de transport aérien, qui ont surtout été coordonnés par un état-major aérien, le JFACC, qui a donné toute satisfaction : il se trouve que ce JFACC était français, et que la France a donc été un instrument essentiel de la réussite de la NRF, ce que peu de gens savent. Pour plus de détails sur cet engagement, voir O. Kempf, « Les opérations de l'OTAN en 2006 », *Défense Nationale & Sécurité Collective*, nov. 2006.

- d'un Centre interarmées d'analyse et d'enseignements tirés (JALLC) situé à Monsanto, au Portugal, qui réunit les résultats des analyses interarmées et en tire les enseignements nécessaires ;
- d'un Centre européen de guerre interarmées (JWC), situé à Stavanger, en Norvège, qui appuie et dirige les processus interarmées et multinationaux de l'OTAN en matière d'expérimentation, d'analyse et d'élaboration de la doctrine ;
- d'un Centre d'entraînement des forces interarmées (JWTC, sous les ordres du JWC), situé à Bydgoszcz, en Pologne ;
- du Centre de recherche sous-marine de La Spezia, en Italie ;
- par ailleurs, plusieurs établissements de formation coordonnent leurs activités avec ACT, le Collège de défense de l'OTAN à Rome, l'École de l'OTAN à Oberammergau, et l'École des SIC de l'OTAN à Latina.

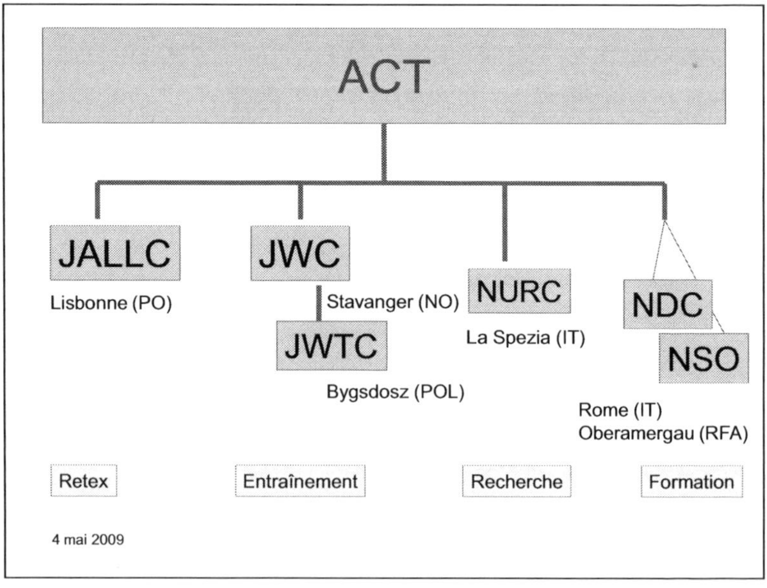

SACT est toutefois un état-major qui produit lui-même des doctrines.

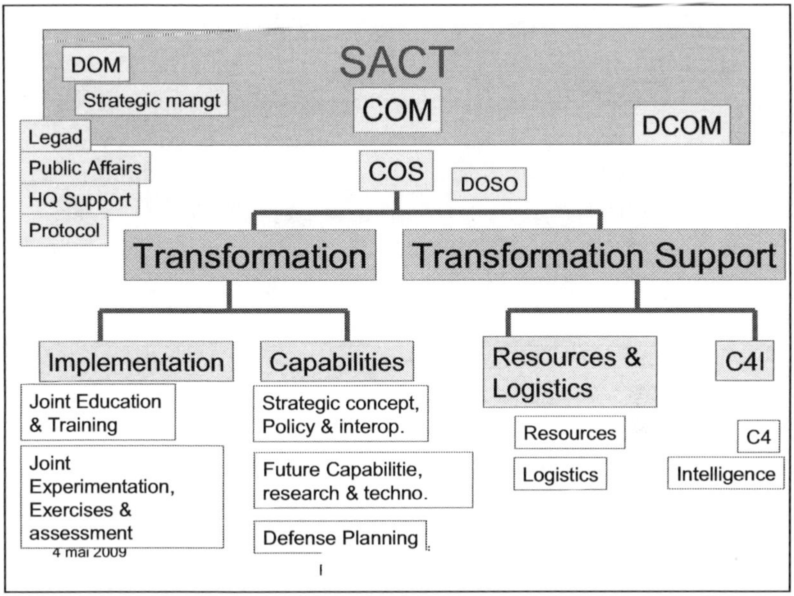

Il est colocalisé avec le JFC (*Joint Force Command*), le centre américain de doctrine, créé simultanément sur décision de M. Rumsfeld : les processus de transformation devaient être similaires.

SACT (Supreme Allied Commander for Transformation) est ainsi responsable de la prospective, vue avec des yeux américains, et donc teintée du primat donné à la technologie. Le principal concept qu'il a proposé est le concept d'EBAO (*Effect Based Approach of Operations*) : l'approche des opérations axée sur les effets a été retenu par la directive politique globale (DPG) lors du dernier Sommet de Riga.
Actuellement, il promeut le travail « interagence » (comprendre : interministériel) et participe aux MNE (expérimentations multinationales) avec certains pays alliés, mais en

n'étant qu'un acteur parmi d'autres, et non le point focal de ces recherches.

On peut alors se poser la question : est-ce bien nouveau ?
En effet, de nombreux organismes et agences de l'Otan ont toujours existé dans ces domaines. On peut citer par exemple :

- L'organisation de standardisation de l'Otan (NSO) existait avant la création d'ACT, mais aussi la NC3A, le processus de normalisation, la Conférence des directeurs d'armement, la NAMSA, l'organisation de recherche et de technologie, ...
- L'entraînement et l'instruction ont toujours existé (NDC de Rome, NSO Obermamergau) même si on assiste au développement des « centres d'excellence », centres nationaux certifiés par l'Otan.
- Le retour d'expérience préexistait au sommet de Prague avec le JALLC.

D'ailleurs, la plupart de ces organisations sont pérennes. La nouveauté de SACT tient donc à la volonté de rassembler des briques existantes par ailleurs. Il s'agit de donner une cohérence à des initiatives désordonnées qui manquaient d'unité conceptuelle. En ce sens, il y a là une vraie nouveauté. Toutefois, il y a tout de même des obstacles.

En effet, les difficultés d'ACT (Allied Command for Transformation) sont multiples.
Elles tiennent tout d'abord aux difficultés de la transformation à l'américaine.

Le rêve d'une rupture dans l'innovation et d'un rapide changement des mentalités, gage d'une interarmisation parfaite, s'est mué en une usine de génération capacitaire, où la technologie est reine. La préparation opérationnelle et l'intégration des capacités nouvelles ont de ce fait remplacé le développement de concepts et l'expérimentation[6]

De ce point de vue, le fait majeur a bien sûr été le remplacement de M. Rumsfeld par M. Gates au cours du deuxième mandat du président Bush. Il ne s'agissait pas seulement de raisons politiques, liées par exemple au fait irakien. Ce changement de responsables signait également la fin d'une certaine « transformation ». A cet effet, quoi de plus symbolique que la remise en cause des EBAO dans la doctrine américaine par l'Amiral Mattis, COM JFC, fin 2008.

Notons par ailleurs que la doctrine de contre insurrection a été initiée par le général Petraeus, hors du JFC. Ainsi, le renouvellement doctrinal actuel a-t-il eu lieu hors de l'état-major qui en était théoriquement responsable. QUI s'étonnera que cela ait des conséquences sur son jumeau allié, ACT ?

Par ailleurs, et cette difficulté est propre à CAT et à l'alliance, le lien de la transformation avec les opérations reste délicat à trouver : certes, on peut citer le processus Retex (Retour d'expérience). Mais par exemple, comment expérimenter les modules contre les bombes de fortune ? Dans les faits, la réalité du terrain (afghan) donne à ACO la primeur de la conduite de la transformation réelle. En quelque sorte, c'était la transformation qui devait modifier les opérations, mais ce sont les opérations qui mènent aujourd'hui la transformation.

ACT est en fait confronté à un problème de fond : il est confronté non pas à la guerre qu'il rêve de faire, mais à celle qu'il fait effectivement. C'est toute la question du rôle de la doctrine qui est ainsi posée, car un concept doit à la fois décrire une réalité mais imaginer les voies futures du succès. Il

---

[6] In Marc Humbert, « Que reste-t-il de la transformation ? », DNSC (*Défense Nationale et Sécurité Collective*), novembre 2007

faut donc tenir simultanément les deux fils du réalisme et de l'inventivité, et savoir se tenir au bon endroit entre ce qui est et ce qui n'existe pas.

Conclusion

Ainsi, la Transformation de l'Otan ne peut se réduire à une simple incarnation alliée de la « Révolution dans les Affaires Militaires », même si elle est aussi cela. Elle n'est donc pas que la technologisation de l'alliance. En fait, la transformation de l'Otan (NRF + ACT) permet de toucher du doigt la difficulté de l'organisation :

- ni totalement américaine, ni totalement européenne ;
- hésitante sur son action (défense collective ou intervention) et sur son lieu géographique (euro-atlantique ou alliance globale) ;
- mal à l'aise envers les conflits modernes (mais reflétant le trouble de nombre d'armées de par le monde)

Ces difficultés existentielles expliquent à la fois que la transformation paraisse inachevée, mais également plus nécessaire que jamais. Car au-delà des mots, au-delà de la doctrine de la transformation, très marquée idéologiquement, géographiquement et chronologiquement, l'OTAN a besoin de poursuivre le processus de réforme qui l'adapte au monde contemporain. En ce sens, elle demeure indispensable, même s'il lui faut pour cela s'éloigner des conceptions qui ont présidé à sa naissance, en 2002. Il faut transformer la Transformation

2. Illustrations effectives de la guerre « tout technologique »

« Les guerres "tout technologique" des années 1990-2000 : un besoin opérationnel »

par

le Colonel Jérôme PELLISTRANDI
Commandant de la Brigade multinationale d'appui au Commandement de l'Eurocorps
Chroniqueur à la revue Défense nationale et sécurité collective

Le durcissement de la guerre en Afghanistan avec des engagements de plus en plus violents a entraîné un débat parmi les Alliés sur les choix politiques et stratégiques de la coalition dirigée par Washington. Une remise en cause des modes d'action, en particulier autour des frappes aériennes –aux trop nombreuses victimes civiles collatérales- a amené un renforcement de l'action terrestre, et notamment avec le renouveau de l'infanterie, la « reine des batailles ». Simultanément, l'administration Obama s'apprête à remettre en cause certains programmes majeurs et emblématiques de la période Bush, de haute technologie, particulièrement coûteux comme l'avion de combat F 22, conçu à la fin de la Guerre froide pour dominer les chasseurs soviétiques et sans concurrent direct aujourd'hui.
Il serait cependant dangereux et contre-productif de croire que la technologie serait désormais dépassée face à des menaces asymétriques et qu'il faudrait revenir à l'époque des gros bataillons d'infanterie. De fait, plus que jamais, les opé-

rations actuelles nécessitent la mise en œuvre de technologies toujours plus perfectionnées dans des cadres tactiques plus exigeants et avec des soldats de plus en plus aguerris et expérimentés. Ce n'est pas un hasard si la Chine a décidé de transformer ses armées aux effectifs quasi-illimités en les réduisant et en les dotant d'armements perfectionnés et que l'Inde s'engage aussi dans l'acquisition d'armements modernes occidentaux alors qu'elle fut longtemps un client majeur de l'industrie russe.

En réalité, les évolutions actuelles des conflits s'inscrivent dans une continuité historique qui n'a cessé de devenir la référence : le modèle américain, dont l'un des principes majeurs est le recours systématique à la technique, permettant ainsi de limiter au maximum les pertes humaines dans les rangs de ses armées.

C'est ainsi que depuis la seconde guerre mondiale, la supériorité technologique a été un facteur essentiel de la compréhension de tous les conflits y compris ceux de la décolonisation. Ce n'est d'ailleurs pas un hasard, si, aujourd'hui face aux bourbiers irakiens et afghans, les stratèges américains se sont mis à lire et à étudier les écrits sur les conflits comme l'Indochine ou l'Algérie. Bref, comprendre Galula ou Trinquier, mais aussi Che Guevara et les écrits djihadistes à l'heure de la numérisation de l'espace de bataille. L'un ne s'oppose pas à l'autre, mais bien au contraire se complète. Comme l'affirme avec justesse le général Vincent Desportes, les Talibans ou le Hamas lisent le Jane's et toutes ses publications. Djihad et Internet participent aux crises d'aujourd'hui.

Il est donc nécessaire pour répondre à cette question complexe de la technologisation des conflits actuels de relire l'histoire des guerres récentes à travers ce prisme, sans pour autant omettre les autres facteurs de déclenchement et de déroulement des crises.

Trois conflits contemporains seront ici abordés : la première guerre du Golfe en 1990-91, premier affrontement post-guerre froide, mais qui vit la mise en œuvre de part et d'autre des deux modèles opératifs et tactiques de cette même guerre froide. Le deuxième conflit est celui des Balkans, dont la complexité politique permit à l'OTAN de retrouver sa légitimité alors remise en cause par la disparition de la menace soviétique, sa raison d'être. Enfin, le troisième chapitre – non encore clos- portera sur les conséquences du 11 septembre et sur la fameuse RMA « revolution in military affairs » dont le bilan –au regard de l'Irak et de l'Afghanistan- est complexe et ambigu mais pas si négatif que cela.

Le 7 décembre 1941, l'attaque de Pearl Harbor, marque non seulement l'entrée en guerre des Etats-Unis, mais aussi la mobilisation des savants et ingénieurs à un stade sans équivalent, même comparée à l'Allemagne nazie. Toutes les ressources technologiques et industrielles américaines vont être mises à contribution avec un succès sans équivalent comme l'a montré le projet Manhattan aboutissant à la mise au point de l'arme nucléaire. Le complexe militaro-industriel était né, au bénéfice des Alliés, dont la France, et de la victoire de la démocratie sur la barbarie. Cette course aux armements n'a dès lors plus cessé et a été amplifiée durant toute la Guerre froide avec l'apogée que constituât le programme Apollo et son triomphe du 21 juillet 1969 qui marquait définitivement la suprématie industrielle et scientifique des Américains sur les Soviétiques.
Cette victoire technologique se développe paradoxalement en même temps que les troupes américaines s'enlisent dans le bourbier vietnamien où les bombardements massifs des B 52 et le déploiement d'un arsenal toujours plus perfectionné ne sont pas arrivés à briser la volonté des combattants du Vietminh.
La défaite de Washington au Vietnam ne doit cependant pas occulter les progrès permanents des systèmes d'armes occidentaux d'autant plus que le principal adversaire restait le bloc soviétique où l'effort militaire est resté permanent qua-

siment jusqu'à son effondrement politique et stratégique au début des années 90. De plus, le Pentagone fut capable de tirer les enseignements[1] de la Guerre du Vietnam dans tous les domaines : doctrine, équipements, personnels et formation. L'une des principales réformes fut la fin de la conscription et le passage à une armée professionnelle. C'est ainsi que les généraux américains qui commandèrent lors de la guerre du Golfe étaient précédemment les commandants des bataillons au Vietnam, dont ils avaient perçu les faiblesses.
De plus, après l'humiliation de l'échec de la tentative de libération des otages de l'ambassade américaine à Téhéran, l'arrivée de Ronald Reagan à la Maison-Blanche sonne le changement avec son slogan « America is back ». En une décennie, les armées américaines connaissent une transformation majeure et profonde que l'on peut résumer de manière trop simpliste en Guerre des étoiles et Rambo. L'adversaire est clairement identifié : c'est l'Union Soviétique et ses alliés. Les Etats-Unis et leurs alliés européens, mais aussi israéliens[2] ou asiatiques, se considèrent comme les défenseurs du monde libre et de la démocratie face au péril totalitaire que constitue le communisme soviétique. L'élection à l'automne 1978 du Pape Jean-Paul II, premier Pape polonais, marque également le commencement de la défaite idéologique du marxisme-léninisme. Dès lors, la légitimité de l'action occidentale[3] ne peut plus être remise en cause.

[1] Les « lessons learned », ou leçons apprises, ont toujours constitué un point fort du système militaire américain capable d'une véritable autocritique et d'une remise en cause de ses méthodes pour ne pas connaître à nouveau l'échec.

[2] La Guerre des Six Jours de 1967 constitue un modèle de campagne et d'efficacité militaire.

[3] En Europe occidentale, c'est le début du déclin des différents partis communistes, notamment en Italie et en France, malgré la participation de ministres communistes aux premiers gouvernements du Président Mitterrand.

Le réarmement américain est alors une priorité afin de pouvoir contrer l'outil militaire soviétique à la fois en pleine expansion et dont les armements se vendent partout dans le monde. Le modèle américain s'appuie en particulier sur l'usage de la technologie, capable de diminuer le rapport de force défavorable quantitativement face au Pacte de Varsovie. Ainsi, de nouvelles générations d'équipements sont alors développées, prenant en compte à la fois les enseignements du Vietnam et la menace russe. La priorité est alors donnée à la lutte anti-char.

US Army :

Char M1 Abrams
Hélicoptère anti-char Apache

US Navy :

Porte-avions de la classe *Nimitz*
Chasseurs embarqués F 14, F 18[4]
Missiles de croisière
SNLE et SNA

US Air Force

Chasseurs F 15, F 16
Avions anti-chars A 10
Avions furtifs F 117
Bombardiers B1 et B2,...

Par ailleurs, la militarisation de l'espace devient une réalité avec d'une part le développement de nombreux systèmes satellitaires de télécommunications, de météo, d'observation et de géolocalisation à usage militaire[5] et d'autre part, l'Initiative de Défense Stratégique (IDS), communément appelée « guerre des étoiles » qui n'a pas abouti directement mais a permis d'injecter des milliards de dollars dans les industries aéronautiques et de haute technologie. L'IDS se poursuit d'ailleurs avec la défense anti-missile balistique qui

[4] Le F 18 a été vendu à d'autres pays en version déployée à terre.
[5] Le GPS.

permet d'accroître encore l'avancée technique de l'industrie de défense américaine.
Il faut cependant souligner que l'US Army a moins bénéficié de ces programmes en raison d'une évolution doctrinale où la stratégie de domination aérienne devient prédominante afin d'éviter le contact terrestre par nature plus risqué en termes de pertes. La « revolution in military affairs » (RMA) se développe ainsi à partir de l'ère Reagan.
En Europe, les années 70 et 80 sont marquées par la menace soviétique et l'accumulation de forces de part et d'autre du « rideau de fer ». C'est ainsi que pour l'Allemagne, la priorité est donnée à la lutte anti-char et donc au développement des chars de combat du type Léopard, dont l'excellence en fait un produit majeur à l'exportation, pour faire face aux hordes de T 72 de construction soviétique. Le champ de bataille théorique est alors le propre territoire européen à « deux étapes du Tour de France ».
Pour la France, les armées sont en pleine évolution avec la poursuite de la montée en puissance de la dissuasion nucléaire – prioritaire budgétairement- et le début des interventions outre-mer engagé par le Président Giscard d'Estaing[6] et poursuivi par le Président Mitterrand[7]. Cependant, le centre de gravité des forces françaises reste la défense face à l'Est et l'affirmation de la solidarité atlantique notamment lors de la crise des Euromissiles lorsque le Président Mitterrand s'exprima devant le Bundestag allemand en 1983 pour défendre le déploiement des missiles américains face aux SS 20 soviétiques qui avaient déséquilibré la situation stratégique sur le « vieux continent ».
Les principaux programmes français sont encore issus de la période post-Algérie et marqués par la posture gaullienne d'indépendance nationale.

[6] Mauritanie, Tchad, Liban et Kolwezi…
[7] Tchad, République Centrafricaine, …

Armée de terre :

Chars AMX 30 et dérivés
Véhicules blindés AMX 10 et VAB
Hélicoptères Gazelle et Puma[8]

Marine

Porte-avions du type *Clemenceau*
Sous-marins diesel de la classe *Agosta*
Frégates F 67, C 70

Armée de l'air

Mirage IV
Mirage 3, F1, 2000
Jaguar[9]

La création de la Force d'Action Rapide (FAR), à partir de 1984, marque une évolution importante dans la doctrine d'emploi des forces avec la mise en œuvre de nouvelles capacités s'appuyant sur des armements mobiles et sophistiqués comme l'AMX 10 RC et l'hélicoptère anti-char Gazelle armé du missile Hot et de nouveaux modes d'action dont l'aéromobilité. La FAR a alors pour vocation de pouvoir intervenir vite et loin face à un ennemi blindé mécanisé du type soviétique. De plus, les 5 divisions formant cette nouvelle grande unité sont en partie formées de régiments professionnalisés ou semi professionnalisés, permettant ainsi des projections sur les théâtres d'opération de l'époque situés essentiellement en Afrique et au Liban. La grande manœuvre en terrain libre conduite à l'automne 1987, Moineau Hardi – Kecker Spatz, visait à projeter la FAR en Allemagne du côté du saillant de Fulda, concrétisant le soutien stratégique français à l'Alliance Atlantique.

La fin des années 80 voit cependant le bloc soviétique se fissurer de l'intérieur, en raison notamment de l'incapacité des différents gouvernements à répondre aux aspirations politiques, sociales et économiques de leurs populations. L'été

[8] En coopération avec le Royaume-Uni.

[9] En coopération avec le Royaume-Uni.

1989 voit la Hongrie ouvrir ses frontières, ouvrant une brèche décisive dans la « forteresse communiste ». Très vite, le château de cartes s'est écroulé entraînant cependant de la part de l'Europe occidentale une certaine inquiétude vis-à-vis de changements brutaux, radicaux et déstabilisateurs mettant fin de facto à un équilibre stratégique fragile certes mais bien maîtrisé jusqu'à présent.
C'est alors qu'à l'été 1990, l'Irak de Saddam Hussein envahit militairement son voisin, le Koweït. Les Etats-Unis décident avec leurs Alliés occidentaux mais aussi arabes de ne pas accepter ce coup de force d'un régime qui jusqu'à présent avait justement bénéficié du soutien occidental durant son long conflit contre l'Iran des Ayatollahs (1980-1988).

La première Guerre du Golfe

Il s'agit du premier conflit majeur post-guerre froide avec deux aspects techniques prédominants :

Les puissances occidentales vont mettre en œuvre des moyens militaires conçus pour contrer la menace soviétique sur un théâtre non prévu mais particulièrement propice au déploiement de grandes unités blindées.

La projection logistique est importante mais conforme à la culture militaire américaine. Washington a ainsi projeté 450 000 hommes, un millier de chars et 1200 avions de combat. À l'inverse, pour le Royaume-Uni[10] et la France[11], il y a eu nécessité de mettre sur pied un dispositif de projection qui n'existait plus depuis la fin des conflits de la décolonisation.
La phase préparatoire est relativement longue puisqu'elle s'étend du mois d'août 1990 au début janvier 1991. Durant cette période, l'activité diplomatique est intense, chacun espérant un recul de l'autre. Les Alliés laissent ainsi à Saddam Hussein plusieurs portes de sortie honorables tandis que ce

[10] 36 000 hommes, 23 navires, 160 chars, 100 avions.
[11] 19 000 hommes, 14 navires, 100 chars, 60 avions.

dernier refuse tout recul, persuadé que ses forces militaires nombreuses et aguerries par le conflit avec Téhéran, sont suffisamment dissuasives pour éviter l'escalade militaire. Par ailleurs, malgré des armements occidentaux – principalement français-, le modèle organisationnel irakien est proche du système soviétique dont la réputation était encore très élevée.
Pour la France, les unités projetées appartiennent à la FAR. Une des questions immédiatement soulevées porte sur le statut des personnels. De fait, pour des raisons politiques, il est décidé de n'y engager que des professionnels et non les appelés du contingent, obligeant ainsi les armées à des mouvements de personnels pour remplacer les appelés dans les unités susceptibles de partir dans le Golfe. Ce choix va profondément modifier la relation entre la Nation et son armée et entraîner inéluctablement le passage au modèle professionnel cinq ans plus tard.
De facto, les moyens les plus modernes disponibles alors sont déployés dans le Golfe par tous les membres de la coalition. L'usage militaire de l'espace y est systématique par les Etats-Unis pour communiquer et acquérir du renseignement. Pour Paris, l'emploi des satellites est plus limité et se résume au système de télécommunications satellitaires Syracuse 1, permettant ainsi une liaison directe et permanente entre les autorités parisiennes et le commandement du théâtre. Par ailleurs, l'envoi du système de télécommunications tactiques RITA 1G marque une évolution importante dans l'organisation du commandement tactique en permettant une augmentation importante des échanges d'informations entre les différents éléments déployés dans le désert, facilitant ainsi la prise de décision. Le traitement des données reste cependant encore limité aux cartes « papier », à la radio en mode téléphonie et à la messagerie « papier ».
Les modes opératoires sont alors ceux qui avaient été préparés pour contrer la menace soviétique avec cependant des différences :

- Le milieu du déploiement est le désert avec ses contraintes thermiques et non le centre-Europe.
- L'offensive est indispensable pour délivrer le Koweït alors que la doctrine d'emploi de l'OTAN restait basée sur la défensive.
- L'absence de zones urbaines et donc de populations civiles et les grands espaces désertiques facilitent la manœuvre.

La conception et la conduite des opérations sont sous le contrôle américain[12], les autres nations se contentant d'approuver et de suivre au mieux de leurs intérêts.

Par ailleurs, un nouvel acteur est présent sur ce théâtre : CNN. L'information télévisée désormais en continue et disponible partout dans le monde oblige les Etats occidentaux à revoir leur communication institutionnelle puisque désormais l'opinion publique internationale peut suivre en direct le conflit.

L'opération « Desert Storm » se déroule par phases successives et non juxtaposées. Ce phasage débute par l'offensive aérienne dont la durée, de l'ordre d'un mois, a permis en fait d'anéantir le dispositif militaire irakien assommé par les bombardements permanents. L'offensive terrestre est menée en trois jours, faute d'un adversaire encore prêt à en découdre.

Cette victoire totale renforce alors la conviction dans la suprématie de l'« air power » et donc de la priorité à donner à la troisième dimension. L'action terrestre devient alors secondaire et uniquement nécessaire pour parachever la mission.

Par ailleurs, c'est la confirmation définitive de la supériorité du modèle américain, où la technologie est essentielle, sur le

[12] Washington s'efforce cependant de ne pas froisser la susceptibilité de l'Arabie Saoudite, nation hôte de la coalition et dont l'importance stratégique est vitale.

modèle soviétique basé essentiellement sur la force terrestre mécanisée et le quantitatif.

Les leçons tirées par tous les acteurs sont alors très nombreuses et diversifiées. Pour le Pentagone, l'effort de modernisation entrepris à l'issue de la Guerre du Vietnam a été brillamment validé et doit donc être poursuivi, d'autant plus que l'adversaire originel, l'URSS, a disparu. Pour Londres, le modèle professionnel déjà mis en valeur en 1982 avec la Guerre des Malouines, se justifie pleinement.

Pour Paris, de nombreux enseignements en sont tirés dont principalement les lacunes dans le domaine de l'acquisition du renseignement d'ordre militaire, privant les autorités d'une capacité autonome d'appréciation de la situation. La Direction du Renseignement Militaire (DRM) et les satellites Hélios 1 vont ainsi devenir une priorité pour permettre de diminuer la dépendance à l'égard des informations fournies par les Etats-Unis. D'autres programmes vont apparaître très vite indispensables. C'est ainsi que l'absence de moyens de vision nocturne a été très pénalisante tant pour l'armée de l'air que pour l'armée de terre. De fait, pour les Américains, les opérations étaient continues 24 heures sur 24. Un autre champ, où les technologies de l'information jouent un rôle majeur, est apparu pour la France comme un déficit capacitaire : celui de l'interopérabilité avec les Alliés et principalement les Etats-Unis. Le concept de C3I (Command, Control, Communication and Intelligence) est devenu une priorité absolue avec l'explosion des télécommunications et de l'informatique.

La Guerre du Golfe a donc été un révélateur puissant des capacités militaires des protagonistes de la crise avec l'affirmation durable de la toute puissance militaire des Etats-Unis, basée notamment sur l'emploi massif de la technologie à tous les échelons, du stratégique au tactique élémentaire. Dès lors, les nations à vocation militaire comme la France ou le Royaume-Uni, ont dû réadapter leur outil de

défense en leur donnant des capacités de projection et une nouvelle doctrine incluant le retour à l'offensive.
Or, paradoxalement, dès la défaite des armées irakiennes, un nouveau théâtre non prévu va s'ouvrir avec des conséquences majeures et durables pour toute l'Europe : les Balkans.

Les Balkans
Si aujourd'hui, cette partie de l'Europe n'est plus vraiment d'actualité[13], il ne faut pas oublier que durant plus d'une décennie, son embrasement a menacé la stabilité du continent incapable de venir à bout d'un conflit aux multiples facettes mais assez atypique quant à l'emploi des moyens militaires. D'un côté, les protagonistes de l'ex-Yougoslavie emploient des armements et une doctrine d'inspiration soviétique mais aussi s'inspirant de la « geste » résistante de Tito et des partisans. De l'autre, la communauté internationale, à travers l'ONU et les institutions européennes, s'avère impuissante à résoudre rapidement la crise, malgré le déploiement de forces militaires sérieuses et crédibles. De fait, l'impuissance organique de l'ONU a été dramatique, laissant le champ libre à toutes les factions et milices assoiffées de violence et de haine. La problématique n'était pas d'ordre militaire mais bien d'ordre politique.
Les moyens occidentaux mis en œuvre sont quasiment les mêmes que ceux utilisés dans le Golfe avec cependant un effort beaucoup plus limité et une renonciation volontaire aux blindés lourds, excepté lors de la campagne du Kosovo à partir de 1999.
C'est cependant le début d'une explosion de l'emploi des moyens informatiques et d'aide au commandement. Ainsi, pour la France, le déploiement des satellites espions Hélios 1 va permettre de gagner en autonomie et donc de mieux choi-

[13] En Bosnie, l'opération militaire est quasiment achevée. Au Kosovo, l'OTAN maintient un dispositif conséquent bien qu'en forte réduction.

sir les cibles à traiter. De plus, à partir du moment où, en raison de l'impasse militaire liée à l'ONU, l'OTAN va prendre en compte le théâtre balkanique, les conditions d'emploi de la force militaire vont complètement changer. En effet, l'Alliance Atlantique, bien qu'ayant gagné la guerre froide, se trouvait confrontée à une question existentielle sur son avenir et son utilité. Les Balkans vont permettre à l'OTAN de justifier son maintien, voire d'élargir son champ d'action.

Dans ce type de conflit asymétrique où les phases de combat alternent avec des phases plus politiques, l'acquisition et le traitement de l'information deviennent des priorités absolues et indispensables pour tous les acteurs. L'emploi de toutes les ressources technologiques n'a cessé de croître pour culminer avec la guerre du Kosovo. Il ne faut pas oublier que la Serbie et les milices qu'elle soutenait, avaient des capacités militaires non négligeables et en partie fournies par la Russie au nom d'une certaine identité commune slave et orthodoxe. C'est ainsi que la menace électronique serbe a toujours été une réalité et donc une menace pour l'OTAN.

Ce n'est pas un hasard si les Etats-Unis y ont perdu un avion furtif F 117 et la France un Mirage 2000. L'adversaire avait une réelle crédibilité militaire, accentuée par le sentiment d'être assiégé par l'Occident et donc de devoir lutter pour son existence.

L'emploi de l'arme aérienne ne peut plus donc être massif mais au contraire particulièrement ciblé pour minimiser les risques de dommages collatéraux. Le GPS et le guidage laser deviennent incontournables. Les erreurs de ciblage sont ainsi systématiquement utilisées par les factions adverses qui savent utiliser les médias pour déstabiliser une opinion publique occidentale fragile et versatile.

L'ordinateur devient en fait le principal vecteur et intermédiaire, au détriment même des troupes déployées sur le terrain. C'est désormais le déploiement de réseaux informatiques destinés à la conduite des opérations permettant la

collecte, le traitement et la diffusion des informations et des ordres. Internet apparaît désormais comme incontournable.
La guerre de l'information est au cœur de l'emploi des forces, d'autant plus que l'enjeu est désormais la population et que les affrontements se situent dans des zones urbanisées face aux caméras du monde entier. Un point peut focaliser l'attention et déclencher une crise majeure : c'est Srebrenica en Bosnie ou le pont de Mitrovica au Kosovo, où chaque incident est délibérément organisé par les factions serbes et kosovares albanaises pour obtenir un effet médiatique majeur.
Un autre facteur devient nouveau pour l'Occident : le conflit dure[14], sans pour autant signifier un enlisement insoutenable. À la campagne rapide du Golfe succède une série de crises dans les Balkans qui commence en 1990-91 et n'est pas encore complètement réglée puisque les troupes de l'OTAN sont toujours au Kosovo. Certes, l'intensité de la menace a baissé, mais seul le maintien de cette présence militaire garantit la sécurité de cette « province Etat », gage de résolution du conflit.
L'organisation du commandement devient, sous la pression organique et opérationnelle, un enjeu majeur de pouvoir. De fait, la première place est occupée par les Etats-Unis, mais les autres nations de l'OTAN ne veulent pas se faire marginaliser, en particulier les nouveaux états-membres issus du défunt pacte de Varsovie. Il est ainsi plus aisé de trouver des officiers d'état-major pour faire fonctionner les quartiers généraux déployés dans les Balkans que des bataillons d'infanterie ou des escadrilles d'hélicoptères. De plus, la spécialisation du soldat sur un métier et une tâche spécifique devient la règle, conformément au modèle américain d'inspiration jominienne. Le soldat devient un technicien et

---

[14] Il en est de même au Tchad avec l'opération française Epervier qui date de la fin des années 80 ou de la FINUL déployée au Sud Liban depuis 1978.

rares sont ceux qui sont réellement des combattants. L'Irak et l'Afghanistan démentiront cruellement cette approche exclusivement technicienne.
La période des guerres balkaniques correspond à l'explosion de l'Internet et à la mondialisation de l'économie. En presque vingt ans, l'irruption de la numérisation a profondément changé la donne opérationnelle en « virtualisant » la conduite des opérations au profit d'un Occident sûr de son avance technologique, persuadé de son bon droit et de sa légitimité. Jusqu'au 11 septembre !

Après le 11 septembre

Le 11 septembre marque un tournant historique avec une rupture majeure puisque pour la première fois de leur histoire, les Etats-Unis sont frappés sur leur sol par un adversaire asymétrique. Face à cette défaite médiatique, la mobilisation américaine de 2001 est très semblable à celle consécutive du 7 décembre 1941, à la différence près que l'ennemi n'est plus étatique mais d'une nature polymorphe et non directement rattaché à un Etat souverain. Le choc émotionnel est toutefois suffisamment puissant pour obtenir immédiatement un effet de coalition. Le titre de l'éditorial du journal Le Monde, « nous sommes tous Américains », illustre ce fait. L'Occident et ses Alliés, y compris du monde arabe, se sont senti menacés au point d'engager deux conflits majeurs au Moyen-Orient, avec une mobilisation importante des moyens militaires.
La guerre en Afghanistan apparaît alors comme légitime puisque le régime des Talibans abrite les camps d'entraînement d'Al Qaeda. L'opération visant à renverser le pouvoir islamiste est relativement aisée au début tant le déséquilibre stratégique est fort. Les actions sont simultanées, permanentes, avec une interopérabilité quasi totale de tous les vecteurs. Le processus de normalisation et de standardisation issu de la Guerre du Golfe aboutit à ce résultat, sous commandement et contrôle américain.

La numérisation de l'espace de bataille permet ainsi une suprématie totale, tant que l'effet à obtenir reste la destruction d'objectifs militaires.
Mais, la guerre en Afghanistan entamée à l'automne 2001, n'est pas à cette époque le principal objectif de l'administration Bush. En effet, l'ennemi à abattre est l'Irak de Saddam Hussein soupçonné de développer des armes de destruction massive. Dans une dramatisation permanente et bien orchestrée, Washington cherche à rallier un maximum de pays alliés avec un succès mitigé. Ainsi, la France, car elle dispose de ses propres capacités d'acquisition du renseignement issues des leçons de la première Guerre du Golfe, et l'Allemagne refusent de se joindre à cette nouvelle coalition.
Au printemps 2003, la victoire est totale sur l'armée irakienne, qui, en fait, n'était plus que l'ombre d'elle-même. C'est la victoire –temporaire- du Secrétaire à la Défense Donald Rumsfeld. C'est la victoire des tenants de l'Air Power, donc principalement de l'US Air Force, sur l'Army. Ce n'est d'ailleurs pas un hasard si le chef d'état-major de l'US Army, le général Shinsheki avait été limogé quelques mois auparavant car il estimait ses besoins à plus de 300 000 hommes pour contrôler le territoire irakien, en contradiction avec D. Rumsfeld persuadé que la RMA allait garantir une victoire définitive et que le temps des bataillons blindés lourds était révolu. Les mois qui suivirent apportèrent un cruel démenti, obligeant Washington à engager un effort militaire non prévu afin de contrer une guérilla urbaine de plus en plus organisée et bénéficiant du soutien indirect de la population. L'US Army s'est alors retrouvée en première ligne, menant des combats de contre-guérilla avec cependant l'emploi permanent de toutes les ressources des technologies militaires. En effet, ces dernières se révèlent indispensables pour contrer certaines menaces asymétriques et pour traiter l'information et le renseignement.
L'Afghanistan concentre désormais toute l'attention des pays occidentaux et de l'OTAN avec une inquiétude croissante

face aux difficultés provoquées par les Talibans jusqu'à présent non-vaincus.
Au cours de ces vingt ans, si les conditions de la conduite des opérations ont profondément évolué avec la numérisation de l'espace de bataille, certains équipements restent d'actualité et remettent en cause une théorie de l'évolution permanente du champ de bataille, imposant une course en avant dans la recherche du progrès technologique à tout prix.
Les processus de modernisation sont en fait permanents dans toutes les armées occidentales avec une limitation et une contrainte majeure et incontournable que sont les budgets disponibles en baisse permanente en Europe. À l'inverse, les Etats-Unis n'ont cessé d'augmenter leur budget militaire depuis 2001, leur conférant une avance technologique quasi irrattrapable. Ainsi, pour la France, le passage à l'armée professionnelle décidé en mai 1996[15] par le Président Chirac, a obligé à retarder de nombreux programmes d'équipements pourtant décidés, créant des difficultés au quotidien puisqu'il faut simultanément poursuivre les opérations, maintenir en service des armements anciens et donc coûteux en maintenance, tout en attendant l'arrivée des nouveaux systèmes d'armes.
L'armée de terre, principalement concernée par la professionnalisation, a ainsi vu sa modernisation retardée durant plusieurs années. Sous la pression notamment de l'Afghanistan, les régiments ont enfin reçu au cours des deux dernières années, des équipements neufs dont la conception a démarré pour certains, il y a plus de vingt ans.

- Hélicoptère de combat Tigre : premières études à partir de 1976 et projet franco-allemand en 1983. Le Tigre est entré en service en 2009 et est désormais déployé en Afghanistan.
- Véhicule Blindé de Combat de l'Infanterie (VBCI) : La Fiche de Caractéristiques Militaires

[15] Le processus de professionnalisation s'est étalé de 1997 à 2002.

(FCME) a été rédigée en 1989 dans le cadre d'une coopération avec l'Allemagne[16]. Après l'échec, le programme dont le besoin était essentiel, a été relancé en 2000 pour aboutir aux premières livraisons en 2008 et un premier déploiement opérationnel vraisemblablement à l'été 2010.

- Hélicoptère de transport NH 90 : le projet démarre en 1981 avec la signature d'un accord multinational[17] en 1991. Le premier vol a eu lieu en 1995. Les premières livraisons ont débuté en 2006 au profit de l'Allemagne. La marine nationale devrait recevoir son premier appareil au printemps 2010, tandis que l'ALAT devra attendre 2011.

Ces exemples de retard ont de multiples raisons dont la complexité technologique croissante et dont la maîtrise par les industriels n'a pas été toujours évidente avec des retards de mise au point très pénalisants pour les forces qui ont besoin de ces équipements.

Pour l'armée de l'air, il en a été de même avec le développement du Rafale qui a nécessité une vingtaine d'années. L'A 400M est lui aussi une illustration des difficultés de ces programmes d'armement multinationaux dont le fonctionnement est souvent chaotique, en raison du manque clair de leadership dans la conduite du projet. La durée de vie de ce type de programme est aussi un élément majeur, car elle se situe dans l'ordre de trois à quatre décennies.

Le porte-avions *Charles De Gaulle*, admis au service actif en 2001, est issu d'un programme initié dès le début des années 70 avec le projet du porte-hélicoptères PH 75 à propulsion nucléaire. L'objectif était de disposer d'un nouveau PA en 1990. Au final, le PAN *Charles De Gaulle* devrait avoir une carrière opérationnelle de plus de quarante ans, à l'image de

[16] Le Royaume-Uni s'était également engagé dans ce projet.
[17] Memorandum of Understanding (MOU).

la vénérable *Jeanne d'Arc* qui quittera le service actif après 46 années de navigation.
Ces temps de développement, souvent critiqués par les opérationnels, ne doivent pas faire oublier deux données aujourd'hui fondamentales :

- Un système d'arme aura une durée de vie d'un demi-siècle –hors développement- pour les plus complexes[18].
- Un système d'armes subira plusieurs modernisations durant sa vie opérationnelle, à condition que la plateforme soit conçue dès le départ pour pouvoir durer.

L'exemple américain est une bonne illustration de cet allongement des programmes qui devient la norme en raison de l'explosion exponentielle des coûts de développement des nouveaux programmes. Ainsi, le bombardier B 52, dont le premier vol remonte à 1952, devrait après de nombreuses modernisations, rester en service jusqu'en 2040. Les porte-avions de la classe *Nimitz*, conçus à partir de 1958, seront pour le dernier, encore en service au-delà de 2050, soit un siècle pour cette série. Le véhicule blindé transport de troupe M 113 conçu au début des années soixante reste, quant à lui, le principal blindé léger de l'US Army et d'autres armées dont Tsahal. L'avion de transport stratégique Galaxy, dont le prototype a volé en 1968, est loin d'achever sa carrière. L'avion de transport tactique C 130 Hercules est toujours en production cinquante-six ans après son premier vol[19]. Cette tendance est aussi valable dans le secteur civil. Le Boeing 747, le Jumbo, a vu une nouvelle version mise en service en 2010, soit quarante ans après le prototype.

---

[18] L'hélicoptère Puma a décollé pour la première fois en avril 1965 et les derniers exemplaires de l'ALAT devraient voler jusqu'en 2020. Les Mirages 2000, avec un vol inaugural en 1978, doivent durer jusqu'en 2025.
[19] En 1954.

De fait, ces matériels ont connu plusieurs conflits tous différents, obligeant leurs utilisateurs à des adaptations multiples et successives. Il n'y a pas en effet, de matériels dont la conception initiale corresponde exactement à l'emploi opérationnel qui a prévalu. Le char français AMX 30 conçu pour le combat en centre-Europe, a combattu sous le drapeau national, dans les sables du désert saoudien. L'hélicoptère Tigre étudié pour détruire les chars soviétiques devant déboucher depuis la trouée de Fulda tire désormais ses munitions en Afghanistan. La polyvalence devient ainsi la clé du succès d'un armement. Cette polyvalence n'exclut pas la technologie, mais peut également s'appuyer sur la simplicité et la rusticité. Le Véhicule de l'Avant Blindé (VAB) reste, par exemple, un engin solide plus de trente ans après son entrée en service et a participé à tous les déploiements opérationnels de l'armée de terre depuis plusieurs décennies.
Une des caractéristiques majeures de cette période est marquée par l'explosion des systèmes d'information et la numérisation de l'espace de bataille. C'est bien l'adaptabilité des plateformes et des systèmes d'armes à l'informatique qui fait désormais la différence. Les réseaux envahissent les états-majors et l'ordinateur devient l'outil de commandement incontournable, obligeant à repenser tant l'organisation que la doctrine des forces. L'accélération du tempo de la bataille devient la norme avec une permanence de l'action militaire. La nuit devient un cauchemar pour les adversaires des avions occidentaux qui bombardent jour et nuit les positions irakiennes ou serbes. Le « PC », en réseau, de l'officier d'état-major fait désormais la différence entre les armées, accentuant la suprématie technologique des Etats-Unis, y compris sur leurs Alliés.

Cette suprématie occidentale est certes souvent remise en cause. Le 11 septembre, l'enlisement en Irak puis les difficultés en Afghanistan sembleraient justifier l'idée que la technologique ne permet pas de gagner les conflits asymétriques. Cette approche serait réductrice. Il serait illusoire tout d'abord de croire que la guerre d'aujourd'hui s'affranchit de la technologie. Au contraire, la guerre accélère la technologie et tous les conflits actuels dont l'Afghanistan valident cet axiome constant de l'histoire de l'humanité. Par ailleurs, même dans les conflits asymétriques, l'adversaire le plus faible cherche les failles de son opposant, failles techniques et psychologiques. Le Hezbollah a ainsi mis en échec Tsahal avec une utilisation judicieuse de ses capacités militaires. Dès lors, c'est plus l'arrogance occidentale qui est en cause que ses capacités militaires réelles. La mauvaise préparation de l'occupation de l'Irak en 2003 en est une dramatique illustration avec une approche américaine ayant sous-estimé la réalité irakienne. La solution en Afghanistan n'est pas d'ordre militaire avec ses moyens technologiques, elle est d'ordre politique.

Au final, il ne faut pas oublier que la balistique d'une munition d'une Kalachnikov obéit à des lois physiques incontournables et que la numérisation ne constitue pas un blindage. Mais, à l'inverse, il serait illusoire de croire que la technologie n'est que secondaire dans les conflits. Elle les conditionne, elle en constitue souvent la nature. L'Occident espère ainsi que la technologie lui épargnera le prix du sang et accélérera le rythme des opérations pour aboutir à la table des négociations. Mais, c'est bien la volonté humaine et elle seule, qui alimente et conduit la guerre. C'est bien l'Homme qui peut sortir de la guerre et non la technologie.

« La guerre irakienne comme modèle de guerre "tout technologique" »

par

Alain DE NEVE
Attaché de recherches à l'Institut Royal supérieur de défense de Bruxelles
Membre du RMES

« *Aujourd'hui, les Etats-Unis s'apprêtent à engager le conflit le plus technologique de l'histoire* »[1]. C'est en ces termes que le quotidien français d'actualité économique, *Les Echos*, pouvait décrire à la veille du déclenchement de l'offensive coalisée contre l'Irak, les moyens supposés être mis en œuvre pour le renversement du régime Baasiste de Saddam Hussein. Presque que 6 ans jour pour jour après l'annonce officielle faite par le Président Georges W. Bush de la fin des combats majeurs en Irak, quels enseignements pouvons-nous extraire des opérations coalisées menées lors de la « guerre des 21 jours » ? Quelle place y a occupé la technologie ? Quels ont été les résultats de leur emploi/non-emploi lors des opérations sur le théâtre ? Quel bilan peut-on dresser de la guerre au regard du processus de Transformation engagé à partir de 2001 par les forces armées américaines ?

[1] « Les armes high-tech du conflit », *Les Echos*, 20 mars 2003, cf. http://archives.lesechos.fr/archives/2003/LesEchos/18870-137-ECH.htm.

Dresser un bilan de la guerre d'Irak, comprise dans ses opérations de haute intensité situées entre le 20 mars et le 1er mai 2003, s'avère un examen complexe. Et ce pour diverses raisons. Tout d'abord, des incertitudes demeurent quant à la nature exacte et précise des tous les moyens technologiques et armements qui furent mis en œuvre. Ensuite, les caractéristiques mêmes des opérations de haute intensité menées pendant quatre semaines appellent à de nombreuses relativisations. Ceci étant posé, la campagne *Shock and Awe* révèle un certain nombre de leçons sur les rapports entre la guerre, la technologie et les combattants. Tentons, dès à présent, d'en synthétiser les principaux enseignements.

Leçon numéro 1 : « Ceci n'est pas un exemple de Transformation »

La *Trahison des images*[2] : telle aurait pu être, il est vrai, l'intitulé de la campagne *Iraqi Freedom* dans sa double dimension technologique et matérielle tant le rythme et la pression mis en œuvre par les forces coalisées semblent avoir relégué au second plan les principaux enseignements sur le recours aux technologies militaires dans le cadre d'une force multinationale.

« *War puts transformation to test* », titrait dans son édition du 24 mars 2003, l'hebdomadaire *Defense News*. Le Chef des acquisitions du Département de la Défense (DoD) américain, Pete Aldridge, y indiquait que la stratégie *Shock and Awe* serait « *une validation et une démonstration du type de transformation [sur lequel le DoD] travaillait depuis 2 ans* »[3]. Je commettrais un affront envers l'audience ici présente en précisant que, en termes militaires et de développement technologique/doctrinal, deux ans constituent

[2] Pour reprendre le titre de l'œuvre célèbre de René Magritte.

[3] « War Puts Transformation to Test », *Defense News*, 24 mars 2003, p. 1. Traduction libre.

un intervalle de temps extraordinairement court pour permette la validation d'un modèle de force.
Une première remarque consistera donc à souligner que les opérations militaires coalisées conduites entre le 21 mars et le 1er mai 2003 n'ont pas tant conduit à la validation de la *Transformation* engagée par l'Administration Bush après 2000 qu'à la confirmation d'orientations technologiques et doctrinales approuvées par l'Administration Clinton et, avant elle, par les administrations républicaines de Georges Bush Sr et de Ronald Reagan[4]. La guerre d'Irak a été remportée grâce à des moyens qui ont principalement relevé de la *Legacy Force* constituée pour l'essentiel de forces lourdes équipées de chars *Abrams* M1A1 et M1A2, de véhicules de combat M1 et M2 Bradley, pour ne citer ici que les plates-formes terrestres. En d'autres termes, c'est une structure de forces modernisée de manière certes continue mais néanmoins graduelle qui a assené le régime baasiste irakien.
On est donc essentiellement resté dans une logique de type *forces-contre-forces*, archétype de la *Révolution dans les Affaires Militaires*, même si le déroulement des événements durant ces 21 jours de campagne comportait une énigme majeure : où se situaient donc les forces irakiennes ?
La déferlante de plates-formes et de technologies déclenchée par les forces de la coalition formée pour l'occasion – et essentiellement menée par les Etats-Unis – n'a, en effet, pas rencontré le niveau de résistance initialement attendu et craint. Si la première semaine de déploiement a pu révéler un certain nombre de surprises quant aux capacités de contre-attaques irakiennes, la suite des opérations a clairement dévoilé les incohérences, lézardes et carences de l'édifice militaire irakien.

---

[4] M. O'Hanlon, "Operation Iraqi Freedom and the Future of the U.S. Military",cf.
http://www.brookings.edu/papers/2003/0619iraq_ohanlon.aspx.

Au final, les combats de haute intensité de la campagne *Iraqi Freedom* auront, essentiellement, résidé en l'adjonction de technologies éprouvées à des doctrines d'emploi des forces innovantes.

Il est, enfin, utile de préciser que l'OIF (*Operation Iraqi Freedom*) constitua un compromis particulièrement hybride entre deux modèles d'intervention :

1. le premier, bâti autour d'une *Decisive Force* dont le principe repose sur la mise en œuvre d'une puissance de feu écrasante contre l'adversaire, typique de la culture stratégique occidentale et défendue par le Général Myers ;
2. le second, la *Rapid Dominance* (qu'a cherché à « implémenter », quoi qu'imparfaitement, *Shock and Awe*), qui s'appuie, il est vrai, dans une certaine mesure, sur les acquis de la *Decisive Force* mais dont l'axe principal est d'affecter la volonté, la perception et la compréhension par l'adversaire du champ de bataille.

Dans cette stratégie hybride dont l'une des principales vertus était avant tout de créer le consensus tant parmi les instances politiques/civiles que militaires, la technologie a joué un rôle certes décisif mais néanmoins ambigu. Les tentatives souvent réitérées de « décapitation » du régime irakien tendirent à indiquer qu'une résolution définitive et ferme à l'endroit d'une invasion terrestre n'était pas acquise. *Shock and Awe* – ici entendue comme l'intitulé de la stratégie mise en œuvre durant *Iraqi Freedom* – sera critiquée par les auteurs mêmes du concept pour qui la nature des moyens technologiques de frappes engagés, conjugués aux essais infructueux de suppression des dignitaires du régime baasiste, s'avéraient, a priori, antithétiques.

Leçon numéro 2 : la technologie fut tout autant un facteur d'unification qu'un critère de division des forces sur le terrain

Si elle a, dans une large mesure, permis la conduite d'un combat intégré et coordonné tant à l'échelle interarmes qu'au niveau multinational, la technologie s'avéra également un facteur de division au sein de la coalition multinationale formée par les Etats-Unis. La multinationalité, appuyée il est vrai, par les technologies informationnelles et des réseaux, semble avoir principalement servi à une répartition des fonctions et des zones et non à une intégration réelle des forces de combat sur le terrain. En ce sens, il peut être affirmé que le différentiel de degré de développement technologique entre les nations contributives à OIF a constitué un élément discriminatoire ; les Etats-Unis ayant manifesté des doutes quant à la capacité des unités britanniques à suivre le rythme d'évolution des unités américaines sur le terrain dans le cadre de la progression vers Bagdad. Parmi les principaux griefs formulés par les Etats-Unis à l'adresse de leurs alliés figuraient l'inadaptation de leurs moyens de communication à des opérations mobiles soutenues.

Aussi les forces britanniques se sont, pour l'essentiel, concentrées au Sud de l'Irak, dans la région de Bassora, où elles mirent néanmoins à l'œuvre des techniques innovantes et remarquables de contrôle des zones urbaines.

Leçon numéro 3 : le blindage fut la « technologie-clé » de l'OIF

Tandis que la controverse relative à l'utilité et à la pertinence de l'intégration de forces médianes (plates-formes *Stryker*) au sein du *Future Combat System* divisait les experts américains, l'opération *Iraqi Freedom* démontrait – une fois de plus – l'extraordinaire polyvalence d'emploi des chars lourds, voire même, comme dans le cas des britanniques, de chars surblindés (les fameux *Challenger* II) dans les zones urbanisées. Un éditorialiste de défense pouvait ainsi affirmer : « *armour has been the hot technology in this war* »[5]. Pour Théodore Stroup, la guerre d'Irak a permis de mettre un terme à l'idée fausse selon laquelle le but de l'armée de terre américaine est de mettre au rebus ses chars et autres plates-formes lourdes. Surtout, il apparaît que ce ne sont pas, pour ce qui concerne l'armée de terre américaine, les chars *Abrams* le plus modernisés qui ont combattu sur le sol irakien entre mars et mai 2003. Ce constat avait conduit le sénateur Joseph Lieberman à réitérer ses interrogations relative à la pertinence des orientations de développement du programme *Future Combat System*[6].

Il convient, par ailleurs, de remarquer que, dans le contexte précis des combats de haute intensité du printemps 2003, le char de combat s'est révélé le système d'arme de prédilection de l'armée de terre en vue d'appliquer une puissance tout à la fois écrasante et dissuasive sur le plan psychologique. Cette application de la technologie dans le cadre de la *Rapid Dominance* n'est pas sans présenter quelque paradoxe. En effet, dans sa version originelle, *Shock and Awe* était avant tout destinée à procéder à une rupture des principaux relais et systèmes de communication de l'ennemi pour tirer parti des incohérences de coordination résultant de telles actions ciblées. Or, comme a pu le confirmer un officier de l'U.S. Army, l'emploi qui fut fait du char de combat par les Etats-Unis n'a pas reposé sur une application exclusivement et prioritairement dissuasive de la mobilité et de la présence du char – procédé exploité, notamment, par le Royaume-Uni pour le contrôle des villes du Sud de l'Irak. L'engagement des chars dans le cadre de *Shock and Awe* a, étrangement, résidé en une application

[5] D. Mulholland, « Who Will Profit From War in Iraq? », *Jane's Defence Weekly*, volume 39, numéro 16, 23 avril 2003, p. 20.
[6] F. Tiboni, « U.S. Army Rethinks Armor Cuts », *Defense News*, 7 avril 2003, p. 19.

écrasante[7] de la puissance de feu pour, seulement dans un second temps, générer une empreinte psychologique forte destinée à dominer la volonté de l'adversaire.

Leçon numéro 4 : l'emploi de la technologie en vue de parvenir à l'infléchissement psychologique de l'adversaire trahit une ambiguïté quant à la solidité de la résolution coalisée sur le mode de déclenchement de l'OIF

Parmi les « surprises » qui ont pu entourer le contexte de l'opération *Iraqi Freedom*, a figuré l'annonce faite, quelques jours avant le déclenchement des opérations militaires coalisées, de la mise au point par les Etats-Unis d'une bombe conventionnelle dont la capacité de destruction et l'onde de choc furent présentés comme étant similaires à celles d'une arme atomique miniature (sa puissance étant, en réalité, cent fois inférieure à celle de la bombe d'Hiroshima). La *Massive Ordnance Air Blast* (MOAB), une bombe de 10 mètres de long, de près de 10 tonnes, a été conçue pour remplacer la BLU-82 (employée notamment à l'occasion de la guerre du Vietnam). Le 10 avril 2003, soit 10 jours avant le lancement de l'OIF, les Etats-Unis déclaraient officiellement la mise à disposition de cette bombe de nouvelle génération pour les besoins de l'U.S. Air Force. Des informations éparses, incomplètes et, très certainement, volontairement filtrées furent diffusées sur l'expérimentation de ce nouvel engin. Malgré la démonstration faite de cette bombe et l'intention exprimée par quelques officiels d'envisager l'emploi de la MOAB dans le cadre de la stratégie *Shock and Awe*, les événements ont attesté du non-emploi de la MOAB à l'occasion du conflit irakien. Son expérimentation à quelques jours du conflit doit, sans le moindre doute, être envisagée comme une tentative de manipulation psychologique des

---

[7] Selon des informations qui ont filtré des débats préparatoires au conflit, les Etats-Unis auraient envisagé le déploiement de bulldozers

dignitaires du régime irakien. Elle peut, par conséquent, être considérée comme l'une des diverses tentatives qui furent destinées à éviter l'engagement terrestre.

Leçon numéro 5 : si la part des munitions guidées de précision employée connut une augmentation sensible, l'ampleur de cette augmentation doit être relativisée

Parmi les différents points de focalisation des divers observateurs et commentateurs de l'OIF a figuré le niveau d'emploi des munitions guidées de précision et missiles de croisière. Les précédentes campagnes militaires (*Desert Storm*, *Allied Force* et *Enduring Freedom*) avaient assisté, en effet, à une augmentation sensible du nombre de PGMs délivrées lors des opérations. Si l'on pouvait raisonnablement penser qu'un accroissement de la part occupée par les munitions guidées de précision dans l'ensemble des vecteurs de frappes s'avérerait inéluctable, les prévisions selon lesquelles le ratio smart/dumb s'établirait aux alentours de 9 pour 1 étaient, nous le savons aujourd'hui, considérablement exagérées. Les estimations les plus récentes de l'emploi des différents éléments de l'arsenal militaire américain durant l'OIF montrent que les munitions guidées de précision ont « seulement » représenté 68% de l'ensemble des munitions délivrées par les forces armées américaines. Le tableau ci-dessous recense le nombre et le pourcentage des catégories de munitions employées dans le cadre de *Desert Storm*, *Allied Force*, *Enduring Freedom* et *Iraqi Freedom*.

Desert Storm (1991) – 37 jours	Non-guidées	245.000	92%
	Guidées par laser/electro-optique	20.450	8%
Allied Force (1999) – 78 jours	Non-guidées	16.000	66%
	Guidées par laser/electro-optique	7.000	31%
	GPS	700	3%
Enduring Freedom (2001) – 90 jours	Non-guidées	9.000	41%
	Guidées par laser/electro-optique	6.000	27%
	GPS	7.000	32%
Iraqi Freedom (2003) – 29 jours	Non-guidées	9.251	32%
	GPS	19.948	68%

Si l'OIF semble avoir attesté de la généralisation du recours au GPS pour le guidage et la localisation topographique, plusieurs éléments expliquent pourquoi les munitions guidées n'ont pas atteint un niveau d'emploi aussi élevé que le laissaient supposer certaines prédictions. Il convient d'ajouter que le recours extensif au système de radionavigation GPS a permis aux forces de résistance irakienne l'emploi de brouilleurs, apparemment de fabrication russe. L'une des principales leçons que nous pouvons donc retirer de l'utilisation des technologies avancées de navigation et de guidage dans le cadre de l'OIF est l'impératif du maintien et de la préservation des savoir-faire topographiques traditionnels[8].

[8] Lieutenant Colonel Zbienen, *Guerre d'Irak : premiers enseignements*, supplément à Objectif Doctrine numéro 40, *cf.* http://www.cdef.terre.defense.gouv.fr/publications/cahiers_drex/cahier_retex/supplement_objdoc40.pdf.

Leçon numéro 6 : les enseignements extraits de l'emploi des technologies informationnelles et des réseaux attestent d'une supériorité matérielle mais se révèlent peu indicatives de leur efficacité globale dans des schémas d'opérations futures contre des adversaires mieux préparés

Si elle fut, comme nous l'avons dit, la validation d'un modèle de guerre technologique, héritière des techniques, des moyens et des choix programmatiques définis, en majorité, au cours des années 1980, l'OIF a principalement attesté de la domination militaire que pouvait assurer une supériorité dans l'organisation des forces et les concepts d'emploi des hommes et des armements, indépendamment (ou presque !) de leur niveau de technicité. Les combats semblent, ainsi, avoir privilégié les groupements tactiques interarmes comme principal échelon de forces au niveau de l'engagement et l'exploitation des espaces lacunaires.

Pour garantir la coordination des hommes et structures de forces dans le cadre d'une campagne militaire caractérisée tout à la fois par un haut degré de synergie entre les forces aériennes et terrestres, un rythme de frappes et de progression soutenu (jour/nuit), une faculté réelle d'adaptation immédiate et une compression inédite de la boucle OODA, les technologies informationnelles et de réseaux ont joué à plein. Ainsi, l'intervalle de temps séparant la détection de l'objectif de son traitement a connu une réduction sensible par rapport aux précédentes opérations (*Allied Force*, *Enduring Freedom*). Cette prouesse fut rendue possible par la supériorité acquise par les Etats-Unis dans les systèmes de reconnaissance spatiale et réseaux de senseurs.

Deux précisions se doivent d'être mises en exergue :

1. il convient de souligner que cette mise en œuvre d'une *Network-Centric Warfare* put être permise grâce au recours extensif aux systèmes spatiaux civils/commerciaux (ainsi que le montre le graphique

ci-dessous). Cette extrême dépendance aux services spatiaux commerciaux constitue l'un des principaux talons d'Achille du système de forces U.S. Des puissances émergentes, à l'exemple de la Chine (projet de sécurité d'Etat numéro 998), ont pour objectif de développer les moyens de déni d'accès et d'exploiter ce qui est perçu comme la faiblesse des puissances technologiques. La menace que fait peser cette dépendance conduira les Etats-Unis à faire du *Space Control* l'axe principal de leurs investissements futurs dans le secteur spatial militaire.

2. *Iraqi Freedom* n'a pas permis de véritablement tester les dispositifs technologiques informationnels de la NWC, les forces irakiennes étant dans l'incapacité la plus complète de répondre ou de contrer les systèmes coalisés.

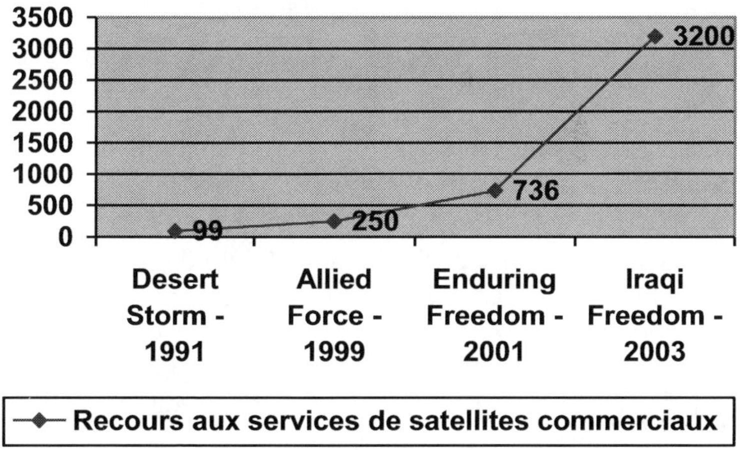

Source - Defense Information Systems Agency (DISA)

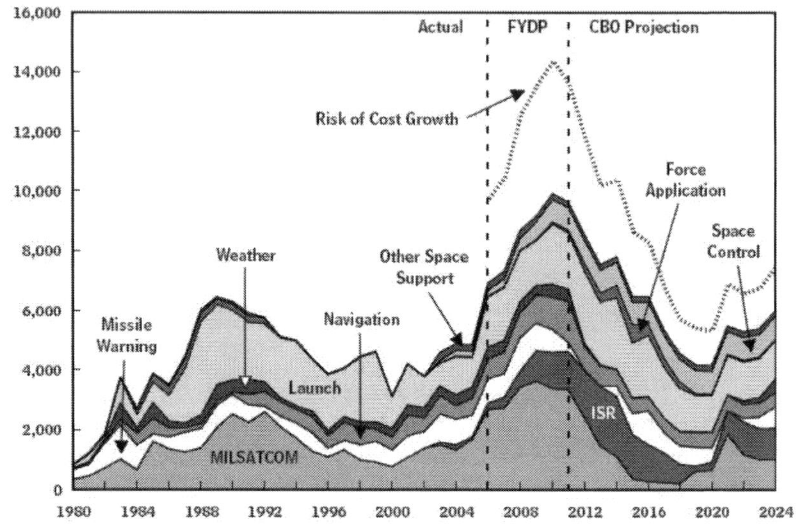

Conclusion

A bien des égards, OIF préfigure des modes d'action des forces armées de demain dans une logique intégrative et interarmées. Elle reste un exemple d'organisation, de mobilité, de synergie et d'adaptation qui peut servir les études relatives aux organisations militaires. Le modèle organisationnel et technologique de l'OIF affiche, toutefois, des limites évidentes. Les systèmes technologiques, nettement supérieurs aux moyens opposés par les forces de résistance irakiennes, n'ont pas intégré d'innovations de rupture. La question de l'efficacité des systèmes d'armes de nouvelle génération actuellement en phase terminale de production reste entière et se révélera peut-être remise en cause, demain, par suite des évolutions de l'environnement géostratégique. Surtout, la topologie spécifique du territoire où s'est conduite l'action coalisée, ajoutée à l'impréparation notoire de l'armée irakienne (sous-équipée et insuffisamment coordonnée) expliquent dans une large mesure la victoire écrasante et rapide des forces de la coalition. Plus qu'un modèle particulier de guerre technologique, OIF a principalement révélé le primat d'un modèle d'organisation des forces qui, servi par des technologies informationnelles et de réseaux, a permis l'application d'une puissance de feu écrasante et la mise en œuvre d'un format de forces extrêmement mobiles malgré le type de plates-formes engagées (notamment au niveau terrestre).

« L'innovation pendant la guerre américano-sunnite en Irak 2003-2007 »

par

le Lieutenant Colonel Michel GOYA
EMA
Auteur de « Irak : les armées du chaos » (Economica)

Le 2 mai 2003, sur le porte-avions Abraham Lincoln, le président Bush annonçait fièrement la fin des combats de la deuxième guerre du Golfe. En réalité, il décrivait seulement la fin d'une guerre interétatique, sans voir qu'un conflit asymétrique était en train de prendre sa place. Très rapidement durant ce même mois de mai, les attaques de harcèlement se multiplient contre les forces américaines dans les provinces sunnites de l'Irak.
Dans le diagnostic qui est fait à ce moment-là par l'état-major de la coalition, il ne peut s'agir que des derniers feux du régime déchu et une action volontariste doit y mettre fin en décapitant définitivement cette résistance par la capture des derniers dignitaires en fuite. Trois divisions américaines sur quatre se lancent donc dans de multiples opérations de recherche qui sont autant de désastres. Avec en moyenne un seul interprète par bataillon et sans l'aide de forces de sécurité locales, qui viennent d'être dissoutes, les unités américaines se comportent souvent de manière extrêmement maladroite et brutale. Les camps de prisonniers et notamment celui d'Abou Ghraib se remplissent de suspects dont l'immense majorité n'a rien à se reprocher. Ainsi, à la

fin de l'été 2003, force est de constater que non seulement la guérilla connaît une forte croissance mais aussi que sa motivation est plus dans le rejet des occupants que dans le rétablissement du régime de Sadam Hussein. Dans chaque camp commence alors un processus d'introspection et d'évolution.

De l'évolution des armées

Pour comprendre comment évolue une armée, il faut partir de l'idée que celle-ci est d'abord un système opérationnel dont le cœur est la Pratique, c'est-à-dire la somme des compétences des hommes qui la constituent et qui combinent étroitement, au sein de structures particulières et dans le cadre d'une culture, des équipements et des méthodes. Faire évoluer une armée c'est d'abord faire évoluer cette Pratique avec une double difficulté.

La première est que la Pratique est « vivante », ce qui signifie que, même sans intervention extérieure, les organisations militaires évoluent de manière autonome par circulation des hommes, apprentissages et innovations. Logiquement, cette propension à évoluer est très largement fonction du degré de sollicitation de l'environnement. Une unité qui doit remplir des missions dans un contexte dialectique face à un ennemi est beaucoup plus fortement « excitée », au sens physique du terme, qu'une unité en garnison sans défi particulier à relever. Il existe donc un processus autonome d'évolution que l'on qualifiera de premier niveau et dont le principal défaut est qu'il conduit souvent à la divergence entre les unités. La Pratique de l'organisation tend ainsi à se fragmenter en plusieurs pratiques autonomes.

La deuxième difficulté provient du fait que les compétences qui constituent la Pratique sont largement implicites. Ce sont surtout des habitudes inscrites dans les gestes et les esprits dont bien peu sont décrites par écrit. Dans le processus d'évolution de premier niveau, ces habitudes peuvent se transmettre par imitation, mais si on veut faire avancer dans le même sens l'ensemble des unités, il s'avère nécessaire d'abord de passer par une phase d'explicitation. Compte-rendu et rapports permettent ainsi de comprendre ce qui se passe et à partir des observations et des propositions de faire évoluer la Doctrine, c'est-à-dire le guide général qui doit orienter la Pratique. Dans un mouvement descendant, cette doctrine est ensuite transformée en habitudes par l'instruction et l'entraînement. On obtient ainsi un mouvement circulaire d'évolution, dit de deuxième niveau, qui, lorsqu'on est dans un contexte connu, part plutôt de la Doctrine vers la Pratique alors que lorsqu'on agit dans un contexte inédit, ce sont bien souvent les unités au contact de la réalité qui évoluent les premières, ne serait-ce que pour pouvoir remplir les missions qu'elles reçoivent. La Pratique précède alors la Doctrine. C'est clairement ce qui se passe en Irak à partir de l'été 2003.

Les premières adaptations américaines

Durant toute cette première phase, les divisions américaines ont été presque entièrement laissées à elles-mêmes pour expérimenter et innover, en partie par incompétence du commandement à Bagdad mais aussi parce que c'est la manière de faire américaine, très libérale. C'est ainsi que les grandes unités américaines se sont adaptées aux différents défis de la guerre en Europe en 1944, chacune d'entre elle expérimentant de son côté avec liberté et transparence, les meilleures innovations se diffusant très vite. Mais à l'époque la liberté d'expérimenter était encadrée par une doctrine cohérente et souple, ce qui n'est pas le cas en Irak en 2003 en matière de contre-guérilla. Or, dans ce type de conflit, les expérimentations s'effectuent au milieu de populations qui gardent en mémoire les maladresses et les bavures. Comme au jeu de go, les premières actions ont des effets stratégiques importants et il est très difficile de rattraper les erreurs initiales. Le volontarisme et les moyens américains

permettent d'enclencher un processus de premier niveau puissant mais sans grande cohérence initiale.
Les Américains sont toutefois tous d'accord pour admette que leurs principales difficultés proviennent de leur aveuglement et de leur maladresse lorsqu'ils agissent au milieu des populations. La première grappe d'innovations porte donc sur la transformation d'une structure de renseignement de type militaire classique, où l'on cherche des unités tactiques ennemies, à une structure de renseignement de type policier, où l'on cherche des individus clairement identifiés. Ils se dotent pour cela de certaines technologies policières comme les logiciels de réseaux ou les systèmes d'identification portables (par empreintes rétiniennes par exemple), mais surtout ils apprennent à modifier leurs méthodes, en jouant notamment sur le renseignement humain très largement négligé jusque-là, avec l'aide du FBI. Des unités de sécurité irakienne sont reconstituées pour épauler les soldats américains. Le nombre d'interprètes est multiplié et des structures spécifiques de « chasse », à base de forces spéciales, se surimposent aux unités de combat qui elles-mêmes apprennent à faire autre chose que du combat, notamment à renseigner sur l'environnement humain.
Une deuxième grappe d'innovations s'appuie sur l'action de la 101e division d'assaut aérien commandée par le général Petraeus et qui est la seule à avoir mené d'emblée une action efficace dans la région séparant le Kurdistan irakien, indépendant de fait, et l'Irak arabe. Le processus d'adaptation de premier niveau se fonde toujours sur des heuristiques, c'est-à-dire des méthodes fondées sur des analogies. Mais là où les autres divisions réagissaient à partir d'analogies très sommaires issues de ce qu'elles savent faire c'est-à-dire presque exclusivement du combat classique, le général Petraeus s'est inspiré d'exemples historiques de pacification qu'il a su adapter au contexte irakien. Au lieu de se concentrer sur la traque des chefs rebelles, la 101e division

s'est d'abord efforcée de reconstituer des institutions et une vie économique locales et les résultats s'avèrent très nettement supérieurs à ceux des autres divisions. La réussite de la 101e division constitue donc le modèle des « meilleures pratiques » à ce moment là. Mais si les divisions qui se préparent à la relève aux Etats-Unis s'en inspirent, les unités en Irak ont un peu plus de mal à dévier complètement de la priorité accordée initialement à l'action contre les forces ennemies, beaucoup plus conforme à la culture militaire américaine.
Ce processus reste largement localisé aux unités concernées. Il ne suscite pas pour l'instant de processus de définition d'une doctrine orientant la Pratique de l'US Army ou du Corps des marines, sans même parler de l'Air force et de la Navy, peu concernées par ce conflit et qui préfèrent mettre l'accent sur une hypothétique menace chinoise.

La guérilla sunnite et ses premières évolutions
Les Américains découvrent rapidement que la structure de la guérilla à laquelle ils font face est très différente de celle du Viet-Cong leur ennemi de référence en matière de guerre asymétrique. Il n'y a pas une organisation de guérilla mais plusieurs dizaines que l'on peut regrouper en trois mouvances : les milices tribales, surtout occupées à chasser l'étranger de leur propre territoire, les organisations nationalistes souvent composées d'anciens militaires ou d'anciens des services secrets, les organisations radicales djihadistes, comme Al-Qaida en Irak ou Ansar-al-Sunna. Contrairement aux organisations des guerres de décolonisation, cet ensemble est autonome en ressources, qu'elles soient humaines, financières et même matérielles puisque plusieurs millions d'armes légères circulent dans ce pays. Il s'agit là d'une technologie assez fruste des années 1960 mais suffisante pour combattre les Américains. La guérilla sunnite se contente ainsi d'une « juste suffisance matérielle » et on n'assistera à aucune percée en la matière

mais plutôt à des emplois toujours très imaginatifs et changeants de l'existant militaire et civil (technologies de l'information).
Cette guérilla surprend également les Américains par un mode de fonctionnement plus proche du jeu de go que du jeu d'échecs. Chaque organisation est organisée en noyaux durs de cadres permanents, d'un deuxième cercle d'intermittents payés à l'acte et d'un troisième cercle d'aides de toutes sortes (abris, renseignements, etc.). Cette guérilla agit ainsi comme un ensemble d'anticorps incrustés dans un tissu socioculturel dense qui lui assure sa furtivité mais l'empêche de manœuvrer loin de ces communautés-abris. De plus, si ces organisations communiquent entre elles, elles n'ont pas de stratégie autre que celle du rejet. Il n'y a pas de programme politique, ni de grands leaders identifiés.
A la fin de l'été 2003, cette guérilla effectue également son « retour d'expérience » pour constater combien il est difficile d'obtenir des résultats significatifs face aux unités de combat américaines puisqu'il faut généralement accepter la perte de 20 à 30 combattants pour tuer un seul Américain. Les modes d'action évoluent donc vers des cibles plus faciles, qu'elles soient militaires, comme les convois, ou civiles (infrastructures, chantiers de reconstruction, dirigeants politiques « collaborateurs », foules chiites, organisations non-gouvernementales, ONU, etc.). Les unités de combat elles-mêmes sont attaquées de manière beaucoup plus indirecte par tirs de mortiers, par snipers et de plus en plus par engins explosifs improvisés (ou *improved explosive devices*, IED), c'est-à-dire l'association d'un ou plusieurs obus, d'une charge explosive et un déclencheur à distance.
En octobre 2003, à l'occasion du ramadan, plusieurs des organisations sunnites tentent de coordonner leurs actions de façon à obtenir un effet de masse capable d'atteindre les opinions publiques à travers les médias. Les attentats, les destructions d'hélicoptères, les attaques directes ou indirectes se multiplient en quelques jours, rendant la

situation très délicate pour l'occupant. Les unités américaines réussissent pourtant à juguler la crise grâce aux innovations décrites plus haut. Saddam Hussein et les derniers grands dignitaires du régime baasistes sont capturés et la guérilla subit de lourdes pertes.

Les cygnes noirs

Le printemps 2004 voit la réapparition d'une certaine euphorie après celle de mai 2003. Il est vrai que tous les indicateurs sont favorables. Il est vrai aussi que tous ces indicateurs sont très « américano-centrés » (pertes américaines, attaques contre les Américains). Or beaucoup d'unités américaines s'apprêtent à revenir aux Etats-Unis et s'efforcent de conserver de bons indicateurs en réduisant leurs activités et donc les occasions d'être attaquées et de subir des pertes. D'un autre côté, la guérilla se place dans une position d'attente et s'efforce de contrôler le terrain de manière beaucoup plus souterraine. Ainsi la réalité se trouve-t-elle beaucoup plus menaçante que ne le laissent penser les indicateurs. Comme la situation semble s'améliorer, les effectifs de la relève américaine ont été revus à la baisse et cette même relève s'effectue d'un bloc, donnant naissance à une période « aveugle » pendant laquelle les réseaux de renseignement des divisions nouvellement arrivées n'ont pas encore remplacés ceux des divisions relevées.

Le mois d'avril 2004 voit ainsi l'émergence de trois « cygnes noirs »[1], ces événements totalement surprenants et qui font basculer une situation. Le premier choc provient de la révélation sur tous les écrans des exactions perpétrées à la prison d'Abou Ghraib en 2003. Le deuxième est

---

[1] Référence à l'exemple donné par Karl Popper du cygne noir, qui lorsqu'il est découvert, rend complètement obsolète le paradigme « tous les cygnes sont blancs » construit à partir de toutes les observations réalisées jusque-là (induction). Paradigmes et théories scientifiques ne sont ainsi valables que tant qu'ils ne sont pas réfutés par une observation contraire.

l'insurrection déclenchée par le leader chiite Moqtada al-Sadr dans tout le sud du pays, ouvrant ainsi un second front. Le troisième a lieu à Falloujah, ville moyenne de 200 000 habitants à 50 km à l'ouest de Bagdad, où quatre mercenaires de la société Blackwater sont sauvagement assassinés le 31 mars 2004. La 1ère division de marines, qui vient juste d'arriver, reçoit alors l'ordre de châtier les coupables mais alors que les marines s'apprêtent à pénétrer dans la ville, ils s'aperçoivent que celle-ci est solidement tenue par une guérilla qui a muté en infanterie légère urbaine et qu'inversement le bataillon de la nouvelle armée irakienne qui les accompagne n'a aucune valeur et déserte avant même le contact.

Le siège qui s'ensuit est alors peut-être le premier exemple d'une bataille enrayée par les médias, puisque la réunion des images de la chaîne Al-Jazeera (qui insiste sur les pertes civiles) et des chaînes d'information américaines (qui diffusent en boucle les images spectaculaires comme des frappes aériennes) crée une image de la bataille beaucoup plus violente qu'elle n'est en réalité. C'est cette fausse image de la bataille qui va décider l'administration Bush à faire relever les marines par une unité irakienne improvisée (la brigade de Falloujah) qui prend fait et cause pour la guérilla quelques jours après son entrée en ville. La levée du siège de Falloujah apparaît ainsi comme la première victoire arabe contre des Américains.

La guerre de Sisyphe

L'optimisme du printemps fait ainsi place à une situation de crise à quelques mois des élections présidentielles américaines et de l'assemblée constituante irakienne. Les unités américaines sont donc obligées de reconquérir une nouvelle fois les villes irakiennes. Tout l'été 2004 est ainsi consacré la stabilisation de la situation dans le sud chiite, puis, pendant un an, les Américains vont reprendre pied dans toutes les villes sunnites le long du Tigre et de l'Euphrate.

Une deuxième grappe d'innovations permet ainsi de renouveler complètement l'art du siège urbain. Alors qu'en avril 2003 il avait suffi de quelques jours pour s'emparer de Bagdad, il faut désormais des mois pour s'emparer d'une ville sunnite et surtout s'efforcer de la contrôler. La force brute n'est plus suffisante, il faut désormais, pour espérer avoir quelques résultats durables, réussir une insertion en profondeur dans le milieu social et y agir avec une grande précision.

Cette précision est d'abord celle des feux, obtenue à la fois par les technologies les plus modernes comme les drones et les outils de numérisation mais aussi par des « rétro-innovations » comme les armes d'infanterie en calibre 7,62 (munition qui ne rebondit pas sur les murs). A cet égard, la brigade Stryker, engagé dans le nord du pays depuis l'automne 2003, représente un mélange particulièrement efficace de haute technologie (il y a pour un million de dollars d'électronique et d'optronique dans chaque véhicule) et de retour à des solutions classiques (plus de troupes débarquées, plus d'armes antipersonnels).

La précision vient également de la modification du comportement. Les soldats américains apprennent à mieux maîtriser leurs feux et surtout à porter de l'intérêt aux Irakiens. Avant de venir en Irak, le colonel Mc Master a ainsi imposé à tous les hommes de son régiment de cavalerie de connaître parfaitement la culture arabo-musulmane en général et irakienne en particulier et à 10 % d'entre eux d'apprendre l'arabe. Les troupes américaines sont également de plus en plus épaulées par des unités spéciales de police formées par le gouvernement provisoire irakien en place depuis juin 2004 et bien plus efficaces que les unités régulières de la nouvelle armée irakienne.

Une campagne de reconquête urbaine combine désormais des effets dits cinétiques (emploi des armes) et non cinétiques (alliances politiques avec les chefs locaux, aide économique, soutien à la gouvernance locale, campagne

d'information, etc.) pour étouffer plus qu'éradiquer les résistances locales.
La deuxième bataille de Falloujah fait figure d'exception dans ce tableau par le caractère symbolique qu'a pris cette ville, devenue la capitale de la rébellion sunnite et symbole de l'alliance entre tous les mouvements de résistance, mais aussi par le fait que la population civile l'a presque totalement déserté entre août et octobre 2004. Précédé par plusieurs mois de siège essentiellement aérien, grande nouveauté, l'assaut peut ainsi se dérouler comme un rouleau compresseur particulièrement bien organisé de feux d'origines multiples. L'emploi des feux aériens en plein cœur des centres urbains y gagne ses lettres de noblesse grâce la mise au point de méthodes très performantes de liaison et de guidage. Mais si la conquête peut se réaliser ainsi en une semaine, il faut encore un mois de combats d'infanterie « à l'ancienne » pour nettoyer complètement les 30 000 bâtiments de la ville. Le retour de la population dans la ville est l'occasion d'expérimenter les techniques de recensement et de contrôle civil.

Un repli intérieur raté

La reprise de contrôle de toutes les villes irakiennes de 2004 à 2005 et le succès des trois rendez-vous électoraux de l'année 2005, donnent une nouvelle fois à penser que la situation va dans le bon sens et que les troupes américaines, à défaut de pouvoir encore se retirer du pays, peuvent au moins effectuer une sorte de repli intérieur dans leurs grandes bases et diminuer ainsi les pertes.
C'est une nouvelle illusion car la relève locale est défaillante. Il existe alors deux catégories de forces de sécurité irakiennes : l'armée régulière qui dépend du Ministère de la Défense et surtout des Américains et la police, aux mains du gouvernement irakien. L'armée régulière, largement constituée de chiites, est encore très fragile dans les provinces sunnites et se désagrège souvent

rapidement là où elle a pris la place des unités américaines. La police elle-même est divisée entre une police des rues infiltrée par le mouvement de Moqtada al-Sadr, en particulier à Bagdad, et une multitude de « forces spéciales » qui ressemblent de plus en plus à des « escadrons de la mort ». Il faut ajouter à ces forces l'armée invisible des sociétés militaires privées (SMP) qui emploient 160 000 *contractors* dont la moitié sont Irakiens et dont un quart a une fonction de combattants. Ces mercenaires, qui agissent pratiquement hors du droit et au nom d'intérêts purement privés, soulagent les forces américaines régulières en prenant à leur compte une partie de leurs missions mais leur compliquent également la tâche par un comportement qui suscite souvent le ressentiment irakien.

Ainsi, la coalition et ses alliés locaux perdent-ils à nouveau pied le long du Tigre et de l'Euphrate face à une guérilla plus souterraine mais toujours très active. Les pertes américaines ne diminuent pas non plus car l'emploi des IED par les rebelles n'a toujours pas trouvé de parade efficace malgré la dépense de plusieurs milliards de dollars dans trois domaines particuliers : les robots terrestres (utilisés pour le déminage) les brouilleurs et le blindage. Ces innovations techniques permettent de réduire la dangerosité de chaque attaque mais sans réduire la menace globale tout en produisant des effets négatifs (mobilité réduite par le blindage, coûts très élevés, effets peu connus des ondes des brouilleurs, etc.). Les rebelles contournent ces innovations en évitant les effets du brouillage (par déclenchement infrarouge ou par pression), en utilisant des charges plus fortes ou simplement en augmentant le nombre des attaques. A la fin de l'année 2005, les pertes américaines du fait de l'ennemi sont toujours en moyenne de 2 morts et 7 blessés par jour, mais la moitié d'entre elles sont désormais le résultat de l'action des IED.

Comme en 2004, la situation bascule à nouveau très vite, cette fois à partir de l'attentat perpétré contre la mosquée d'or de Samarra en février 2006. La guerre civile rampante depuis six mois prend alors une expansion considérable, en particulier à Bagdad, en proie au terrorisme, discret avec les multiples assassinats ou spectaculaire avec les attentats. Djihadistes sunnites et mahdistes s'affrontent pour le contrôle de la capitale. Entre ces deux forces, le gouvernement irakien qui tarde lui-même à se constituer en ce début de 2006 semble dépassé et les forces américaines ne sont plus dans les rues. L'Irak devient ainsi une mosaïque de chaos conjuguant les affrontements interconfessionnels entre sunnites et chiites, interethniques entre Arabes et Kurdes (qui veulent reprendre les territoires dont ils ont été chassés par Saddam Hussein, en particulier Kirkouk) mais aussi à l'intérieur de chaque communauté, puisque l'armée du Mahdi de Moqtada al-Sadr s'oppose plus ou moins ouvertement aux partis chiites au pouvoir tandis que du côté sunnite l'alliance entre nationalistes et djihadistes a fait place, depuis quelques mois déjà, à une guerre ouverte.

Malgré le retour dans la capitale de plusieurs brigades américaines, l'année 2006 se termine sur le constat d'une capitale en train de devenir un trou noir au cœur d'un pays en train de se fragmenter. Au même moment l'armée israélienne est tenue en échec au Sud-Liban par le Hezbollah et les contingents de l'OTAN engagés dans le Sud de l'Afghanistan subissent de plein fouet une contre-offensive des Talibans. La situation est critique pour toutes les armées occidentales opposées à des organisations non-gouvernementales dont aucune n'a été encore détruite depuis 2001.

Le succès du *Surge*

La situation bascule pourtant une nouvelle fois au printemps 2007 quelques semaines après la prise de commandement du général Petraeus et l'arrivée des premiers renforts américains dans le cadre de la politique dite du *Surge* (sursaut). L'origine de ce retournement de situation est à trouver pourtant avant le début de ce *Surge* lorsqu'à partir de septembre 2006 des chefs tribaux et nationalistes sunnites ont commencé à collaborer ouvertement avec les forces américaines dans la province d'Anbar.

De 2003 à 2005, la mouvance nationaliste sunnite n'avait qu'un seul ennemi à combattre : les Américains. La politique de terreur des djihadistes visant à la fois à prendre le contrôle du Sunnistan et à faire basculer l'Irak dans le chaos, en a ajouté un second. En même temps, les Sunnites se sentent pris en étau entre des Kurdes qui veulent reprendre le terrain perdu, en particulier dans la région pétrolifère de Kirkouk, et surtout la majorité chiite dont les grands partis sont au pouvoir à Bagdad et mathématiquement destinés à y rester.

Dans ce contexte, deux facteurs vont entraîner un changement radical d'attitude. Dans ce type de conflit, encore une fois comme au jeu de go, la campagne s'appuie sur les effets cumulés de la multitude d'actions des petits pions tactiques et non sur de grands affrontements classiques (à l'exception de la bataille de Falloujah). Plus particulièrement, le comportement des troupes américaines, de maladroit et brutal au départ, est devenu « honorable », faisant d'elles des adversaires acceptables (à l'inverse des organisations radicales qui, elles, se sont rendues odieuses). Le *Surge* lui-même en tant que signal fort de la détermination américaine constitue le deuxième facteur de ce retournement, nouveau cygne noir mais positif cette fois pour les Américains,

Au début de 2007, la quasi-totalité des tribus sunnites et des organisations nationalistes font allégeance aux Américains, en se transformant en milices dites des « fils de l'Irak ». Il se crée ainsi un cercle vertueux. Avec un front qui disparaît, les Américains peuvent concentrer leur effort sur Bagdad et surtout cet effort devient vraiment efficace grâce à la présence permanente dans les rues de cellules mixtes associant le nombre, la puissance de feu américaine et la connaissance du milieu de miliciens fiables. Les Mahdistes sont peu à peu chassés des quartiers de Bagdad à l'exception

de leur fief de Sadr City jusqu'à ce que leur leader, Moqtada al-Sadr décrète une trêve unilatérale avant d'aller lui-même se réfugier en Iran. Avec le rétablissement de la situation à Bagdad et la disparition de ce deuxième front, tous les moyens peuvent alors se concentrer sur l'étouffement des réseaux djihadistes qui disparaissent de la capitale et des provinces purement sunnites pour ne subsister que dans les zones mixtes du nord du pays.
Ainsi prend fin, à l'intérieur de cette mosaïque de conflits celui opposant les Américains aux organisations sunnites, non pas par la destruction de celles-ci mais par leur retournement. Cette victoire relative et peut-être provisoire est une nouveauté dans une histoire militaire américaine qui ne reconnaissait plutôt jusque là que les redditions sans conditions. Elle constitue cependant à ce jour la seule obtenue depuis 2001 par des puissances occidentales contre des organisations non gouvernementales armées dans le grand Moyen-Orient.

IIème PARTIE
LA MISE EN CAUSE DE LA GUERRE TECHNOLOGIQUE : les années 2000

1. La mise en cause théorique de la guerre « tout technologique »

« Le mythe de la supériorité technologique au service de l'hyperpuissance américaine »

par

Jean-Pierre MAULNY
Directeur Adjoint IRIS
Auteur de : « La guerre en réseau au XXIe siècle » (Edition du félin)

Tout d'abord une réflexion de base : pas de formation d'ingénieur : c'est une limite mais c'est aussi ce qui permet de prendre plus de hauteur.
La situation dont hérite le nouveau président américain et le ministre de la défense, qui est resté le même ce qui est quand même un signe de continuité, est la résultante de plusieurs phénomènes qui se sont cumulés.

1ere étape

1. une évolution technologique majeure : le développement des moyens d'information et de communication auquel s'ajoute aujourd'hui la numérisation : arrive au début des années 90

⇒ c'est la fin de la guerre froide : philosophie des dividendes de la paix ;

⇒ 1ère guerre du Golfe : la technologie a tué le nombre : début de l'utilisation des munitions de précision ;

⇒ mutation de l'outil militaire américain : suppression de garnisons, réduction du nombre de soldats, fusion des entreprises de défense. La mutation technologique est aussi un moyen de faire revivre un secteur en crise. C'est à ce moment que commence « la Révolution dans les Affaires Militaires »

2ème étape

2. C'est celle de la supériorité américaine absolue. Celle-ci n'est acquise que parce qu'il n'y a plus en face d'ennemi à la hauteur des Etats-Unis. Mais attention à ne pas commettre d'erreur d'analyse : c'est bien sous l'ère Clinton que cette supériorité est acquise. Cela se traduit de 2 manières :
   - les Etats-Unis tournent le dos au désarmement. Le désarmement c'est la sécurité à moins cher mais en partageant l'équilibre : ce fut le cas à partir des années 70 ;
   - développement des théories du « Network centric warfare » (NCW) l'amiral Cebrowski de 1998 : mythe selon lequel aucun ennemi ne peut défaire les Etats-Unis. Les théories sont militaires et infaillibles
   - • accélération du rythme des opérations ;
   - • utilisation massive des armes de précision ;
   - • impossibilité de l'ennemi de réorganiser son système de défense

⇒ défaite impossible.

Le Kosovo aurait du servir de témoin d'alerte : la victoire n'est pas massive. Même si le NCW est loin d'être parfait, les armes de précision sont déjà utilisées massivement et le soutien à Milosevic est faible.

L'arrivée au pouvoir du nouveau président George Bush ne fait qu'amplifier l'erreur d'autant plus que les ennemis se sont trouvés un ennemi mal absolu : le terrorisme. Enorme différence entre le terrorisme et l'URSS ? Brejnev et Nixon dialoguait, on imagine mal Bush dialoguer avec Ben Laden.

3ème étape : l'échec

L'Irak est symbolique : 3 semaines pour gagner la guerre de 2003. Après 6 ans nous ne sommes toujours pas sûr que la paix soit gagnée. Attention, ce n'est pas l'échec de la technologie, c'est l'échec des politiques. La 2ème guerre d'Irak est remarquable : 3 fois moins de soldats qu'en 1990, 6 fois moins de temps pour déployer, la victoire est gagnée en 2 fois moins de temps alors qu'il faut occuper un territoire 26 fois plus vaste que le Koweit.
Mais il n'y a pas de plan de reconstruction politique : c'est l'échec
Afghanistan : il en va de même.

4ème étape : elle s'ouvre aujourd'hui avec le nouveau président
1er signe : retour vers le désarmement

- mais attention ce n'est pas un désarmement d'équilibre, c'est un désarmement de supériorité

2ème signe : le multilatéralisme d'Obama

- mais attention, on discute mais on décide
  - Afghanistan
  - Israël/Palestine
  - désarmement nucléaire
  - Iran
  - Rapport avec la Russie

A chaque fois c'est une nouvelle politique américaine qui s'impose, ce n'est pas un vrai dialogue
Les doutes.
Au nombre de deux

- les Américains ont-ils compris que la puissance américaine ne peut rien sans projet politique acceptée par tous. Il est difficile notamment d'influer le cours des choses s'il n'y a pas de véritable démocratie : la présence militaire est rejetée beaucoup plus vite. Or les Etats-Unis interviennent dans des pays où la démocratie est embryonnaire, s'exerce selon des modes différents de ceux que l'on rencontre en occident.
- Le concept de terrorisme empêche tout dialogue politique : il empêche tout compromis, toute solution négociée, toute transaction politique avec les belligérants. Il ne laisse plus le choix qu'à la solution militaire

Les idées reçues à combattre :

Les concepts de guerre asymétrique et de terrorisme.

- La guerre asymétrique n'est pas une nouveauté, elle a été utilisée de tous temps : guerre d'Espagne avec Napoléon, concept développé par Mao durant la longue marche, théorie du poisson dans l'eau. La guerre asymétrique n'est pas l'échec de la guerre technologique, la victoire de ceux qui mettent en œuvre une stratégie asymétrique est une victoire politique et non militaire. C'est l'échec d'une politique de règlement des conflits.
- Le terrorisme. Pour moi c'est un moyen d'action, c'est simplement l'application de la théorie du faible au fort dans un conflit conventionnel poussé à son extrême. C'est aussi un concept de guerre totale où il n'y a plus de distinction entre la population et les combattants. En cela il y a une sorte de modernisme dans le terrorisme. Le terrorisme tient en lui-même les causes de son propre échec. Il faut à

un moment que les combattants quittent la clandestinité pour pouvoir négocier politiquement. La victoire des terroristes ne peut résider que dans l'abandon du terrorisme.

« L intervention des forces aériennes modernes dans les conflits récents : caricature et réalité »

par

le Général de corps aérien (CR) Michel FORGET
Auteur de plusieurs livres sur la défense

J'ai pris place à une table ronde dont le sujet est "la mise en cause de la guerre technologique" (théorique et pratique).
Le problème est que je n'ai aucune intention de mettre en cause la "guerre technologique".

- Il s'agit sans doute d'une déformation professionnelle, ayant servi pendant plus de 35 ans au sein des forces aériennes dont l'efficacité repose pour une large part sur leur recours à la technologie et même la très haute technologie dont elles sont la vitrine.

- Pour aggraver mon cas, j'avoue ne pas bien comprendre, malgré les excellents exposés antérieurs, ce que l'on entend par "guerre technologique" et encore moins par "guerre tout technologique".

- Il est un fait qu'un vent discret s'est levé depuis quelque temps tendant à mettre en cause ou à critiquer, ici et là, de façon plus ou moins voilée, l'importance prise par la haute technologie dans le domaine des équipements et des armements. Cela n'est pas innocent Même si les systèmes concernés sont aussi bien terrestres, navals qu'aériens, ce sont surtout ces derniers qui sont visés, et à travers eux, les forces aériennes, pour la raison précédemment indiquée. D'ailleurs, les critiques avancées se réfèrent à des exemples de conflits où les forces aériennes sont intervenues ou interviennent de façon déterminante, forces dont l'action est soit incomprise, soit caricaturée et le plus souvent minimisée:

- et de mettre en cause la réalité de leurs effets dans la guerre (guerre du Golfe)

- et de caricaturer leur action en omettant de rappeler les conditions dans lesquelles les forces aériennes ont été contraintes d'intervenir (campagne du Kosovo - guerre en Irak)

- et de s'étonner que l'on déploie sur certains théâtres d'opérations extérieures, des appareils haut de gamme et ce pour traiter des objectifs dont la valeur est sans rapport avec celle des moyens engagés (cas de I' Afghanistan.)

La guerre du Golfe: elle n'avait rien d'une guerre dite "tout technologie": 460.000 hommes déployés - 3500 chars - 1.500 pièces d'artillerie - 1900 avions de combat - 550 hélicos - 150 navires de guerre dont 6 PA. C'était un schéma digne de juin 1944! Cette guerre a révélé, il est vrai, l'importance de deux avancées technologiques dans la conduite des opérations:

- avancée d'abord dans le domaine de l'espace. Ce n'était pas nouveau mais ce fut une démonstration impressionnante de ce que les techniques spatiales apportent aujourd'hui dans la conduite des guerres -satellites de surveillance, de transmissions, d'alerte, de guerre électronique, de navigation (GPS), météo. Nul ne songe à le nier. Couplées au recours intensif à l'informatique (chaque officier du PC du général Schwarzkopf à Ryad disposait de son ordinateur, équipement encore rare dans nos propres PC), les techniques spatiales ont permis de conduire les opérations à une échelle encore inconnue jusqu'ici.

- avancée dans le domaine des armes air-sol guidées - et des missiles de croisière - généralisant le recours aux "frappes chirurgicales». Sur le plan tactique, c'était connu depuis la guerre du Viêt-Nam (1972). Ce fut une vraie révolution pour l'aviation tactique. La nouveauté a été la révélation du rôle de ces armes nouvelles sur le plan stratégique, armes qui ont permis de détruire au cœur de la capitale Bagdad, dès la première nuit du conflit,, des centres de décision et de commandement de l'adversaire sans causer de dommages collatéraux importants. Le B52, symbole du bombardement "en tapis" est devenu le symbole de la frappe chirurgicale! De là, certes, il y a eu des théories comme celle de John Warden avec ses cinq cercles (leadership national / fonctions vitales nationales / infrastructure / population / armées), théorie que l'on accepte ou que l'on n'accepte pas. Il convient de noter cependant que 9% seulement des frappes ont été conduites avec des armes guidées, par beau temps seulement. A la fin, les Jaguar attaquaient leurs objectifs en semi-piqué avec des bombes de 250 kilos classiques. On n'était pas dans le tout technologique.

Résultat: après cinq semaines d'offensive aérienne, il a suffi de quatre petites journées d'une offensive aéroterrestre pour conclure l'affaire en se débarrassant d'un adversaire dont les unités avaient été déjà disloquées, désarticulées, coupées de leurs PC, privées de tout secours logistique.

Cette guerre, elle n'a pas été pardonnée aux aviateurs! Il y eut deux types de réaction: pour les uns, cette guerre n'en était pas une !; pour les autres, il s'agissait de démontrer le rôle décisif de l'offensive aéroterrestre finale - ce qui était enfoncer une porte ouverte, personne ne niant que l'occupation du terrain est le rôle des forces terrestres, un terrain cependant "préparé" comme il ne l'avait jamais été par l'aviation.

Le Kosovo: 24 mars au 10 juin - 11 semaines d'offensive purement aérienne. Les forces aériennes ont aggravé leur cas. Elles ne furent pourtant pas responsables d'une stratégie qui leur fut imposée par les politiques.

Le but de l'opération était double: mettre fin à l'épuration ethnique entreprise par les forces serbes au Kosovo; obtenir l'évacuation de ces forces de la province au profit des forces de l'Otan.

Pour atteindre le premier but, il eut fallu d'évidence monter une opération aéroterrestre ou au minimum, engager des forces spéciales, les serbes se mélangeant au flot des albanais qu'ils chassaient devant eux. Les américains ne voulaient pas engager un seul GI dans l'affaire. On peut les comprendre. Quant aux européens, ils se sont adaptés avec délice à la position américaine.

Restait une seule stratégie possible: faire intervenir les forces aériennes de l'Otan, ce qui laisse penser que les aviateurs étaient plus ou moins considérés comme de la matière consommable. Jusqu'à 700 appareils ont été engagés, appareils haut de gamme avec toutes les ressources offertes par la technologie moderne pour planifier, contrôler et conduire les opérations et avec un large usage des armées guidées (35% dont les premières armes guidées par GPS, c'est-à-dire aptes au tous temps). La plupart des missions ont été effectuées de nuit, par un temps souvent exécrable, face à une défense ASA serbe redoutable.

Devant l'impossibilité d'empêcher les serbes de chasser les albanais, l'offensive aérienne de l'Otan a été progressivement dirigée contre des objectifs stratégiques du territoire serbe (y compris Belgrade) - centres de décision et de communication, usines, voies de communication. Guerre tout technologique? Non. La France en particulier s'est efforcée de conduire une "diplomatie coercitive", c'est-à-dire, dans le cadre des opérations de ciblage où elle avait voix au chapitre Otan, de doser l'importance des objectifs en fonction des actions de Milosevic pour faire comprendre à celui-ci que l'on ne rentrait pas dans son jeu et qu'il lui faudrait donc un jour céder en retirant ses forces du Kosovo. Cette "diplomatie coercitive a été conduite au niveau du Président de la République et du Chef d'Etat Major des armées, à charge pour ce dernier de transmettre aux autorités de l'Otan les décisions françaises. Milosevic a fini par céder, après sept semaines d'offensive aérienne. Cette stratégie a été certes efficace, mais elle ne saurait être généralisée: c'est en effet le peuple serbe qui en a subi les conséquences... et pas seulement Milosevic!

La guerre en Irak - 2003. Il y a accord sur le fait que les américains ont complètement raté "l'après-offensive" - à savoir la phase dite de stabilisation. Accord également sur l'échec patent de l'opération " choc et stupeur" consistant à ponctuer le démarrage de l' offensive aéroterrestre par des frappes violentes et spectaculaires notamment sur Bagdad destinées à faire capituler rapidement Saddam Hussein. Mais la guerre en IRAK ne saurait pour autant être appelée une guerre du tout technologique.

On a beaucoup glosé sur ces échecs. La campagne aéroterrestre menée par les forces américaines n'en a pas moins été remarquable. Elle a permis d'atteindre Bagdad en un peu plus de deux semaines seulement et ce à partir du Koweit pour les deux divisions mécanisées soutenues par deux autres divisions plus légères de paras, divisions dont l'objectif était la capitale irakienne, à 600 kilomètres de là. Elle n'a pas été une opération "tout technologique" - 150.000 hommes. Ce fut une campagne- éclair conduite selon le schéma classique des grands raids de panzers. Le commandement US ne s'est pas laissé détourner de son objectif en s'engluant dans des opérations de détail pour éliminer les poches de résistance irakiennes aux points de passage obligés sur l'Euphrate et le Tigre où ils laissaient seulement un rideau de troupes. A la fin de la première semaine, les unités de pointe étaient à moins de 100 kilomètres de Bagdad après avoir pénétré de plus de 500 kilomètres en territoire irakien. Il y eut presque une semaine d'arrêt, pour des raisons logistiques (eau et carburant). Quarante huit heures après la reprise de la marche en avant, les blindés US entraient à Bagdad.

L'action aérienne, puissante certes, a été déclenchée en même temps que l'offensive terrestre, jouant son rôle classique de frappe dans la profondeur pour repérer et détruire les forces éventuellement déployées , frappes sur et autour de la capitale pour isoler le pouvoir irakien, frappes également en appui direct et indirect des unités blindées. Ces actions ont été favorisées par une maîtrise absolue de la troisième dimension. 80% des frappes ont été effectuées avec des armes guidées et des missiles de croisière et un effort important a été enregistré pour réduire le cycle OODA[1] à quelques minutes.

Les Américains ont toujours joué sur la puissance de feu: feux aériens d'abord, feux des blindés et de l'artillerie ensuite. Ils ont connu, comme dans toute campagne de ce style, des échecs - tirs fratricides, erreurs de tir, problèmes logistiques. Leur campagne initiale n'en a pas moins été brillante.

L'Afghanistan. Dans l'Océan Indien, des pirates armés de kalachnikov, voire de RPG, pilotant de simples barcasses se permettent aujourd'hui d'arraisonner des tankers ou des navires de plaisance afin d'obtenir des rançons. Pour lutter contre eux, ce sont de flottes de guerre qui sont mises en œuvre avec, à bord, des commandos - notamment, pour la France, entre autres navires, une frégate moderne, "furtive"! Personne ne trouve à redire et notamment pas celui qui vous parle. Un tel engagement de moyens est normal. On conduit les opérations avec ce que l'on a. Qui peut le plus peut le moins.

En revanche, beaucoup s'étonnent qu'en Afghanistan, pour lutter contre des talibans armés de façon aussi rustique, on utilise des appareils à très haute performance pour appuyer les forces au sol - F16, F15, Harrier, A10, Mirage 2000D, Rafale, appareils à très hautes performances superbement

---

[1] Cycle entre le moment où un objectif est observé et celui où il est attaqué après analyse et prise de décision de le traiter : « observer, orienter, Décider, Agir »

équipés (liaison 16, capteurs avec leurs systèmes de transmissions au sol) et capables d'emporter des armes guidées tous temps. A cela s'ajoutent, de plus en plus nombreux, des drones à courte, moyenne et très longue portée et longue endurance.
Très peu d'informations filtrent sur la façon dont opèrent les forces aériennes au dessus de l'Afghanistan, sauf pour signaler des dommages collatéraux... Il se trouve que récemment, un capitaine pilote de Rafale a eu l'excellente idée d'écrire un livre où il raconte tout ce qu'il a fait pendant les trois mois de son tour d'opérations en Afghanistan[2] . Le lecteur est surpris par le taux élevé de sollicitations de l'aviation par les troupes au sol, notamment les convois, par l'avantage que procurent aux équipages les performances de leur appareils et celles de leurs équipements et armements, par la durée des missions (4 à 5 heures), par l'extrême souci du respect des règles d'engagement très contraignantes, par l'importance et la qualité des dialogues entre pilotes et officiers de guidage au sol compte-tenu du caractère souvent ténu des objectifs (une ou deux personnes suspectes parfois), par la multiplicité des interventions souvent séparées de 2 à 300 kilomètres au cours de la même mission, par l'importance du ravitaillement en vol. La haute technologie , c'est elle qui permet à cette aviation d'intervenir efficacement, si l'on en croit leur degré de sollicitation de la part de ceux qui opèrent au sol. Pour autant, cette guerre est loin de relever du "tout technologique". C'est la qualité des hommes, des équipages qui reste l'élément fondamental du succès.

Les problèmes. La haute technologie coûte cher. L'efficacité unitaire des vecteurs croît, certes, de façon exponentielle mais leur nombre diminue, ce qui tend à augmenter la vulnérabilité de l'ensemble de la force considérée. Pour limiter ces inconvénients, quatre conditions sont à remplir:

---

[2] Capitaine ROMAIN : « Rafale en Afghanistan », éditions Vario

1) Résister aux techniciens - civils ou militaires, opérationnels ou techniciens - et aux industriels qui présentent souvent, dès qu'un matériel est mis en service, des modifications destinées à rendre les équipements ou les armements toujours plus performants, toujours plus chers et toujours rapides à réaliser. Il s'agit de veiller pour cela à ce que le gain de performance annoncé justifie l'augmentation de coût estimé. C'est certes plus facile à dire qu'à faire et ce d'autant plus qu'il faut souvent compter sur les contraintes de l'exportation, lesquelles tendent à imposer des équipements et armements les plus sophistiqués, qu'ils conviennent ou non à nos propres forces.

2) Retenir qu'un nouveau système d'armes ou un nouvel armement aussi sophistiqué soit-il remplace rarement le système et l'armement qui le précède, à une époque donnée s'entend. Il complète la panoplie. Ainsi:

- le missile air-air ne remplace pas le canon ;
- le missile air-sol ne remplace pas nécessairement le canon, pas plus que les roquettes et les bombes classiques non guidées ;
- le missile sol-air ne remplace pas le canon antiaérien ;
- le drone ne remplace pas l'avion ;
- les satellites adaptés à telle ou telle fonction ne remplacent pas les vecteurs aériens adaptés aux mêmes fonctions (reconnaissance, guerre électronique notamment)..

Il est très regrettable par exemple que le Mirage 2000D ne soit pas équipé de canons, que l'armée de l'air ait renoncé aux roquettes... et à ses bitubes anti-aériens.

3) Retenir le principe de polyvalence. On fait la guerre avec ce que l'on a... à condition que ces moyens là soient capables de répondre à des styles d'opérations très différents. Cela est très important alors que le livre blanc vient de souligner à juste titre que nous vivons une période dominée par "l'incertitude stratégique" à laquelle il s'agit de faire face.

La polyvalence de nos moyens de combat, que la haute technologie permet désormais d'assurer - ce qu'elle ne permettait pas autrefois - apparaît ainsi comme une nécessité absolue. La présence du Rafale en Afghanistan et l'importance de son rôle le rappellent. Demain, dans quinze ans, contre quel adversaire sera-t-il engagé ? Les talibans ou un pays tiers qui aura acheté sur étagère des matériels haut de gamme? C'est pourquoi l'armée de l'air ne saurait être orientée vers une armée adaptée à l'appui de l'armée de terre d'abord, et, à l'occasion, capable d'effectuer des missions dans la profondeur ensuite, comme cela peut paraître nécessaire en se polarisant sur ce qui se passe aujourd'hui en Afghanistan. II faut penser à l'avenir.

4) La haute technologie entraîne nécessairement une diminution du nombre de nos moyens.

Dans le cadre multinational ou interallié dans lequel nos armées sont appelées désormais à travailler, l'important est moins d'être très forts dans un domaine et moins dans les autres, voire absents dans certains d'entre eux que d'être présents, même en faible nombre, sur tout les spectres des capacités requises pour une force aérienne - et spatiale. C'est la condition pour que, au sein d'une alliance ou d'une coalition, la France puisse faire entendre son point de vue dans les organismes de conception et de planification des opérations. L'exemple du Kosovo est éclairant: nos forces aériennes étaient, en volume - 100, appareils -, loin derrière celles de l'USAF mais loin devant celles de nos partenaires Otan. Elles étaient sans doute relativement modestes en nombre mais elles couvraient tous les domaines: défense aérienne, attaque au sol, armes guidées, reconnaissance, AWACS, guerre électronique, ravitailleurs, CSAR (hélicoptères), transport.
Pour conclure, j'ajouterai qu'il nous faut combler les déficits capacitaires enregistrés aujourd'hui dans certains domaines très importants comme les moyens de suppression des défenses anti-aériennes (SEAD - brouillage et missiles anti-radars) et la défense anti-missiles de théâtre. Ainsi, nous n'avons pas fini d'entendre parler de technologie et de haute

technologie, dont les développements sont inexorables, inévitables... et indispensables!

« Du Chemin des Dames à Kaboul : la même erreur stratégique »

par

Jean-Philippe IMMARIGEON
Avocat
Collaborateur revue Défense Nationale et Sécurité collective
Auteur de « la diagonale de la défaite » (Bourin, 2010)

« La technique hypertrophiée par l'abondance des outils accapare l'activité cérébrale de l'homme, et finit par en faire un esclave des machines qu'il croyait conduire... L'homme n'a pas encore compris la nécessité de limiter l'emploi des instruments qu'il a récemment inventés : il a cru, par exemple, que les appareils (téléphone, automobile, machine à écrire) étaient des outils de commandement, alors qu'ils ne sont que des moyens de renseignement et de vulgarisation, et que la multitude des détails qu'ils apportent est nuisible à la création de la pensée »[1]. Ce texte est vieux de quatre-vingt ans, il date de 1929. Depuis, le téléphone et la machine à écrire ont été remplacés par l'informatique, mais rien n'a changé. L'homme serait-il condamné, dans le domaine de la guerre comme dans tous les autres, à être tributaire de la machine, et à ne plus savoir s'en passer ? Le progrès technologique serait-il devenu une contrainte, une sainte obligation ? « "Nous sommes en retard de cent ans sur nos inventions, cet

[1] Lucien Souchon, *Feue l'armée française*, Arthème Fayard, 1929.

écart ne fera que croître", s'irritait Georges Bernanos. Telle est la puissance et la malfaisance de ces images, à la fois ingénieuses et sommaires, que les imbéciles accueillent avec tant de faveur, parce qu'elles leur tiennent d'idée générale. Que signifie, à la réflexion, cette avance de la civilisation sur les hommes ? La civilisation n'est pas une chose après laquelle on court »[2].

Sans doute. D'autant que dans le domaine militaire, le résultat est loin d'être à la hauteur des espérances et des projets. La technologie n'a-t-elle pas abouti à ce que la guerre, que nous avions peu ou prou domestiquée, nous échappe, ou plutôt, pour reprendre un mot de Hitler à la veille de l'offensive de mai 1940, nous a été arrachée des mains par des adversaires aux méthodes et aux objectifs frustres ?

Mais relevons que ce débat a lieu dans d'autres cénacles, concernant d'autres modèles tout aussi raisonnés, et je pense à ce qui fut nommé *révolution conservatrice* puis *ultralibéralisme*. Et les termes du débat ne sont pas différents que l'on discute de la guerre, de la finance ou de la planification industrielle. Ils se ramènent alors à une même problématique : l'Occident ne s'est-il pas totalement fourvoyé ? Et si tel est le cas, depuis quand ?

DE L'ININTELLIGENCE HISTORIQUE

Débattre de l'explosion de la bulle militaire, qui intervient après celle des bulles informatiques, immobilières, financières et même écologiques, c'est en effet mettre en cause un modèle vendu comme universel et définitif, celui de la « Fin de l'Histoire », hier porté au pinacle mais aujourd'hui accusé de tous les maux, lors même qu'il reste l'horizon indépassable de nos prétendues élites. Il en découle une schizophré-

---

[2] Georges Bernanos, *L'Esprit européen et le monde des machines,* conférence de 1946, Gallimard, 1953.

nie bien française qui consiste, à l'heure où la France réintègre le commandement intégré de l'OTAN, à accuser les Etats-Unis de nous précipiter dans le mur, dans la finance comme dans la guerre, tant par leur refus de changer les règles du capitalisme que par leur obstination à sauver les *RMA* et autre *Transformation*. Et je n'entends ici que vitupérations contre un mode de pensée dénoncé, verrouillé et obtus, pour ne pas dire totalitaire. Or cette vindicte utilise le vocabulaire qu'elle dénonce, ce qui trahit l'acceptation liminaire de ces mêmes erreurs, fixe les limites de l'exercice et surtout empêche de voir le vrai problème.

Il suffit de prendre la manière dont est abordée la question des combats menés au sein des populations civiles, et de s'étonner de ce que l'on s'étonne de découvrir que, lorsqu'on va se battre chez les autres, les autres soient là. La France a pourtant depuis 1830, si l'on excepte les trois invasions allemandes et quelques expéditions du style Crimée ou Suez, mené une longue succession de guerres de projection dans des conditions qui ne diffèrent pas radicalement de celles de nos engagements actuels. La résistance d'Abd-el-Kader ou la révolte d'Abd-el-Krim présentaient déjà les mêmes particularités que celles que nous rencontrons en Afghanistan. Et c'est en Indochine que l'armée française a compris et anticipé le contexte post-colonial qui perdure actuellement et qu'il faut avoir constamment à l'esprit, à savoir l'impossibilité qu'il y a à lutter contre un adversaire qui se trouve comme un poisson dans l'eau au milieu d'une population qui ne peut que lui être acquise, et au sein de laquelle l'Occident en armes n'est plus légitime et ne le sera jamais plus. La France y a appris les premiers rudiments de ce « nouveau » mode de guerre, ce qui ne l'a pas empêché de perdre à l'issue d'une vraie bataille rangée en 1954.

La surprise actuelle est donc surprenante. Oui, dès lors qu'on choisit de faire la guerre chez les autres, on viole un lieu de vie où se trouvent femmes et enfants, civils et commerçants. Oui, quelles que soient ses possibles bonnes intentions, une armée étrangère qui se bat au milieu d'un peuple qui n'est pas le sien est, qu'elle le veuille ou non, une armée d'occupation. Et oui, lorsque nous sommes attaqués par les Talibans sur la route de Kandahar, ils sont chez eux et nous sommes aussi chez eux. Ces évidences semblent avoir été oubliées. On s'offusque : vous rendez-vous compte, les Talibans, le Hezbollah et le Hamas se servent des populations civiles comme de boucliers humains ! Cela évite de trop s'étendre sur la dérisoire faiblesse des moyens et des armes dont ils disposent au regard de l'écrasante supériorité, y compris numérique, des Occidentaux. Mais si on ne veut pas se heurter à ce problème, il ne faut pas entrer dans les villages afghans, les hôpitaux libanais ou les écoles de Gaza. Car si dans notre modèle de guerre, la place d'un gamin palestinien n'est pas d'être assis sur son banc d'école, quelle est donc sa place ?

Il ne s'agit pas de porter un jugement moral qui de toute manière ne nous aide en rien à résoudre le problème posé, mais de savoir quel type de guerre voulons-nous faire, nous. Jean Jaurès écrivait que la grande faiblesse de la France sur l'Allemagne était qu'elle ne savait pas ce qu'elle voulait, alors que son adversaire lui, le savait, et « à fond » [3]. Le Taliban sait ce qu'il veut, et il le sait à fond : que nous ne frappions plus à sa porte. Et nous, savons-nous au moins pourquoi nous y frappons ? Pour ne plus nous battre chez nous, et c'est très louable pour une Europe dont chaque fondation depuis un millénaire doit tant à la guerre. Aller la faire chez les autres permet à nos écoliers de profiter d'un continent enfin en paix avec lui-même. Fort bien, et après tout, bravo ! La logique et le bon sens commanderaient alors d'adapter nos armes et nos tactiques aux terrains et aux adversaires que nous allons chercher chez eux. C'est tout le contraire qui est fait depuis trente ans : l'Occident a décidé que la guerre se-

---

[3]Jean Jaurès, *L'armée nouvelle*, 1911, réédition Imprimerie Nationale, 1992.

rait ce qu'en ont décidé ses bureaucrates, décrétant que l'adversaire devrait être contraint de se plier aux nouveaux paradigmes – le mot à la mode. C'est à l'adversaire de venir là où nous excellons, et nous allons faire en sorte qu'il en soit ainsi en le disséquant, en numérisant son terrain, en le dépossédant de son territoire, en violant son intimité. Et voilà pourquoi par-delà les acronymes de la *RMA* qui prétendent à la nouveauté, cette guerre reste, dans son esprit et sa conception, aussi vieille que celle de Nivelle au Chemin des Dames, avec ses cartes d'état-major qui modélisaient déjà le terrain, ses dénivelés et des cotes, ses « trucs follement orthodoxes, ses heures zéro et toute la suite des mouvements », ironisait alors Lawrence d'Arabie [4].

SEDAN - KABOUL

Nous voulons une guerre que nous appelons technologique, parce que la guerre doit être « progressiste ». Derrière cette prégnance du complexe militaro-industriel et du maintien du plan de charge de ses bureaux d'études, il y a tout de même un projet plus ambitieux qu'exposent les *Reviews* américaines depuis plus de vingt ans : il faut que plus personne n'ait l'idée folle de nous faire la guerre. Elle doit devenir impossible parce qu'impensable. Et la vitrine de ce nouvel âge a été non pas la seconde guerre d'Irak mais la guerre d'Afghanistan.

Au tout début de celle-ci, le numéro de *Science & Vie* de janvier 2002 a publié un long dossier au titre évocateur : « le pouvoir absolu des armes électroniques ». On y vantait les bombes GPS, les drones et les mini-bombes atomiques (*sic*), photos et diagrammes à l'appui, montrant l'Afghanistan encerclé, représentation à relent colonialiste accompagnée de légendes au racisme à peine refoulé (Ben Laden fuyant les

[4]Thomas Edward Lawrence, *Les sept piliers de la sagesse* [1922], traduction Robert Laffont, 1993.

drones à dos de mule tel Fernandel dans *Ali Baba*...). Il faut relire, pour bien comprendre l'échec d'aujourd'hui, ces délires de médias occidentaux saisis au lendemain des attentats du 11 septembre 2001 d'un mélange de trouille à prétention eschatologique et d'orgueil prométhéen. Cet article de *Science & Vie* – qui n'aurait pas déparé dans un vieux *Match* ou *L'Illustration* de la Drôle de guerre vantant les mérites de la Ligne Maginot ou du dernier modèle de chasseur Dewoitine – détaillait par le menu les technologies d'un Occident enfin maître du monde : B.61-11 nucléaires, mais aussi bombes à dispersion CBU-87B, ou cet écorché de C-130 Hercules *Gunship* étalé sur une double page, autrement dit un système d'armes dont la raison d'être est de frapper les populations civiles. Car la *RMA* et la *Transformation* n'avaient pas simplement comme objectif de doter les Etats-Unis d'armes sans concurrents possibles « par le haut », mais également d'interdire tout contournement « par le bas ».

On se plaint que nous sommes pris en défaut par un adversaire qui semble avoir trouvé une faille et s'y engouffre. Le modèle technologique serait contourné « par le bas » : plutôt que de relever le gant et nous suivre dans la voie de l'hypertechnologie, l'adversaire abaisse son niveau de réponse et nous oppose une guerre frustre et barbare. C'est exactement comme lorsque les Allemands renoncèrent en 1940 à taper dans la Ligne Maginot. Après tout, nous devions nous y attendre, nous savions que l'adversaire ne pourrait pas nous suivre dans la course technologique : n'avions-nous pas également anticipé la percée par les Ardennes ? Elle avait été jouée en *Kriegspiel* par notre état-major à deux reprises, et l'on connaît la réponse de Philippe Pétain : « On les pincera à la sortie ! » On nous assure pourtant, pour l'Irak et l'Afghanistan, que cette possibilité de contournement « par le bas » avait été mal évaluée, et qu'on n'a finalement pincé personne.

Mais c'est se donner bonne conscience à peu de frais : à quoi servent les *Gunship* inventés au Vietnam, si ce n'est à terro-

riser une population supposée complaisante pour les rebelles, insurgés, résistants, c'est comme on voudra ? Il est faux de prétendre que la guerre américaine n'avait pas prévu l'intervention des populations dans les nouveaux conflits. Elle s'est équipée pour résoudre la question par une méthode très simple : on tire dans le tas. Ensuite, les *spin doctors* du Pentagone s'excusent pour la « bavure », jusqu'à la prochaine fois. La puissance américaine n'est pas contournée « par le bas », comme il lui plaît de le faire croire : elle a échoué sur un terrain où elle se croyait en position de suprématie absolue, et où elle a utilisé tous les moyens possibles, toutes les armes disponibles. L'adversaire est non seulement là où nous sommes allés le chercher, mais il utilise des méthodes que notre guerre technologique devait précisément neutraliser grâce à cette quincaillerie de ferraille et de puces électroniques dont une presse spécialisée se vante toujours. Et l'échec n'est pas celui du contournement qui n'avait pas été envisagé, il est celui du contournement qui a été réalisé alors que tout le système avait été pensé pour le rendre impossible. Comme à Sedan.
Faut-il adapter la guerre technologique au défi qui nous est posé, concrètement, mettre davantage de moyens pour colmater les failles et boucher les trous ? Cela voudrait dire que le choix du modèle était correct. Est-ce en prolongeant la Ligne Maginot jusqu'à Zuydcotte que nous aurions pu empêcher que les *panzers* ne passent dans ses failles ? La faute fut-elle dans l'incomplétude de la « Muraille de France », ou dans son principe même ? On croyait connaître la réponse, et pourtant : les Talibans ne trouveront plus à se faufiler dans notre dispositif, dit-on au Pentagone, lorsque nous aurons mis suffisamment de drones au-dessus de leurs montagnes. Admirable obstination que cette course au précipice, tant il est bien connu qu'on ne change ni une équipe qui perd ni un modèle en faillite : « Modifier le plan et les décisions prises dans ces conditions, c'est céder aux sollicitations de l'ennemi, disait déjà ce pauvre Nivelle ; c'est nous subor-

donner à la volonté de l'ennemi au lieu de continuer à lui imposer la nôtre. C'est la pire défaite que l'on puisse subir. A moins d'y être forcé, on ne renonce jamais à une décision prise »[5].

TAPER DANS DU MOU

Tentons d'expliquer les causes de cet aveuglement, nous qui avons été élevés dans le culte de la honte des années trente, et qui répliquons pourtant les erreurs de nos anciens. Si nos adversaires sont dans l'asymétrie, pense-t-on, c'est qu'ils n'ont finalement pas d'autre choix. C'est d'ailleurs la preuve qu'ils sont eux-mêmes des barbares, que de ne pas pouvoir nous suivre dans le progrès. La théorisation de la guerre asymétrique relève d'une auto-justification de la supériorité occidentale : nous échouons parce nous sommes trop en avance, trop développés, trop supérieurs, trop… civilisés. Et nous sommes engagés dans un combat global, forcément global : nous avons perdu une bataille, mais nous finirons par gagner cette guerre. Ce n'est même plus le : « Nous vaincrons parce que nous sommes les plus forts » de 1940 ; c'est : « Nous restons les plus forts quoique nous soyons vaincus ». Avec deux corollaires : nous avons d'ores et déjà remporté une demi-victoire, car nous avons « canalisé » les Talibans en leur interdisant tout débordement « par le haut », et les avons acculés à une guerre primaire. Et ceci est finalement rassurant et nous conforte dans nos choix : s'ils le pouvaient, ils choisiraient notre type de guerre. Autrement dit, saisis un jour prochain par le progrès, ce grand fleuve qui emporte le genre humain, ils finiront par nous ressembler et venir enfin sur notre terrain, et alors nous pourrons les vaincre militairement. Tout le discours sur les menaces de cyberguerre et autres inepties des experts ne vaut que par ce

---

[5]Général Nivelle, déposition devant la Commission d'enquête sur l'offensive ratée du Chemin des Dames d'avril 1917, *Rapport 16 N 1586.*

besoin de valider leurs propres prémices. D'ailleurs, nos adversaires ne réussiraient que lorsqu'ils consentent à nous singer. On nous dit que les Talibans usent de téléphones portables pour gérer leurs embuscades, ce qui, dans un pays où les rares communications sont surveillées par tout ce que la panoplie américaine possède de moyens d'écoute – CIA, NSA ou DEA – est en soi un nouveau signe de notre échec. En attendant, les Talibans sont aux portes de Kaboul, détruisant les convois de ravitaillement de l'OTAN dans une « petite guerre » qui n'a pas changé depuis les détrousseurs de diligences, et usant pour cela, téléphones portables ou pas, des seules informations utiles : sur quelle route et à quelle heure passera le prochain convoi ? Nul besoin de drones pour cela : mais Guderian ou Patton n'y auraient pas davantage eu recours, eux qui firent à quatre ans d'intervalle grand usage des cartes routières Michelin ? Aller au plus court : c'est le principe de moindre action de Maupertuis, et l'asymétrie n'est rien de plus.

Car même si souvent nécessité fait loi, l'asymétrie n'est pas ontologiquement fondée sur la faiblesse : elle est un choix. Bien sûr, c'est souvent le faible qui choisit, ou plutôt qui n'a pas le choix. Mais on attaque toujours l'adversaire là où il est fragile, quelque soit sa propre force. « La règle unique est absolument la même que celle des voleurs qui, au coin de la rue, se trouvent trois contre un autour du passant, à cent pas d'une patrouille de dix hommes, écrivait Stendhal ; qu'importe la patrouille qui arrivera dans trois minutes au malheureux volé [6] ! » Or les malandrins seraient dix ou vingt, qu'ils ne s'en attaqueraient pas pour autant directement à la patrouille. L'asymétrie n'est pas l'apanage du faible au fort, c'est aussi le *modus operandi* du fort au fort, et même du fort au faible. C'est toujours le principe de moindre

[6] Henri Beyle (Stendhal), *Mémoires sur Napoléon* [1837], Éditions du Vieux-Paris, 1932.

action sur lequel ironise René Goscinny dans *Astérix chez les Bretons* : pourquoi les Légions de César, qui peuvent aisément écraser les tribus anglaises, se lanceraient-elles dans d'interminables sièges et batailles rangées meurtrières, alors qu'il leur suffit d'attaquer à l'heure du thé ? C'est exactement ce que Marc Bloch avait constaté : les divisions blindées allemandes ne tapèrent jamais que « dans du mou » [7]. Comme les *Stosstruppen* de Ludendorff en 1918, lorsqu'ils s'infiltrèrent, presque sans préparation d'artillerie, dans la jointure entre les armées françaises et britanniques. C'est la loi première de la nature, que l'Amérique semble ignorer quand elle s'obstine à faire exactement l'inverse, à l'exemple de Nivelle en 1917 : tenter de passer en force dans une stratégie d'attrition. Déjà au Vietnam, il fallait 10 $ de dépense militaire pour causer 1 $ de dégâts au potentiel nord-vietnamien et vietcong ; et la guerre d'Afghanistan coûtera en 2009 davantage que n'a coûté celle d'Irak au début : un milliard de dollars tous les six jours. L'Amérique, ou le contre-exemple parfait du productivisme, qui ne comprend pas comment font les autres tout simplement parce qu'elle n'a jamais su faire autrement.

Ainsi à la question : « Pourquoi les Iraniens auraient-ils besoin d'armes nucléaires et de missiles ? » ; on serait tenté de répondre que vu la proximité des Emirats et des voies de navigation des pétroliers, deux à trois centaines de canots rapides montés par un millier de Pasdarans, traversant de nuit le détroit d'Ormuz pour débarquer à l'aube sur la *skyline* du front de mer de Dubaï, sont effectivement amplement suffisants pour prendre en défaut l'Occident. Qui se récriera : on vous l'avait dit, ces gens sont des tricheurs !

---

[7]Marc Bloch, *L'Étrange Défaite* [1940], Gallimard, 1990.

Nous mettons le doigt sur la vraie faille du modèle de guerre américain : ce n'est pas qu'il a technologisé la guerre, c'est qu'il l'a modélisée et verrouillée. C'est l'aboutissement de la *managed battle*, ou guerre conduite de Nivelle, Pétain puis Gamelin, celle que les historiens militaires américains admirent tant. Elle se déploie autour et à partir de cette *novlangue* du management qui est devenue la *lingua franca* des armées otanisées, et qui joue parfaitement son rôle de carcan intellectuel, et empêche de penser « *out of the box* ».

Prenons le terme *Improvised* de *IED*, pour *Improvised Explosive Device* ? Bombes artisanales ou bricolées, traduit-on en français, toujours incapables que nous sommes d'entrer dans la logique de la pensée américaine. D'abord, un véhicule à l'arrêt ou en mouvement, un camion banalisé mais chargé d'explosif qui saute avec ou sans kamikaze au passage d'un convoi, d'une foule ou d'un blindé, ce n'est jamais qu'une « machine infernale » de la rue Saint-Nicaise. Rien de nouveau sous le soleil, même si les Américains adorent réinventer l'eau tiède. Comme l'écrivait encore Stendhal, « tous les trente ans, selon que la mode fait donner plus d'attention à telle ou telle recette pour battre l'ennemi , les termes de guerre changent et le vulgaire croit avoir fait un progrès dans les idées quand il a changé les mots »[8]. En s'inventant de la modernité là où il n'y en a pas, la pensée américaine s'imagine changer les termes de l'équation, et réussir là où d'autres nations ont échoué avant elles : les choses étant différentes, l'issue en sera différente. Sauf qu'« *improvised* » ne veut pas dire bricolé mais bien improvisé. Pour qui ? Rien n'est plus planifié, minuté que ces attentats, les engins sont méticuleusement préparés, vérifiés et leur mise à feu déclenchée à la seconde près. Mais

---

[8] Stendhal, *op. cit.*

parce que ce n'est pas dans le modèle américain, c'est donc que c'est improvisé ? Un général autrichien disait déjà lors de la Campagne d'Italie de 1797 : « Il n'est pas possible de méconnaître, comme ce Bonaparte, les principes les plus élémentaires de l'art de la guerre. » Ben si ! Aussi lorsqu'un officier américain s'étonne en mars 2003 que « l'ennemi que nous affrontons n'est pas le même que celui que nous avons rencontré lors des exercices sur papier »[9] , il explique en quelques mots pourquoi son armée trébuche en Orient.
La surprise des Américains est totale et non feinte lorsqu'ils découvrent que « le malappris ne fait jamais ce qu'on attendait de lui »[10]. Ce fut déjà celle de Gamelin qui croyait, au matin du 10 mai 1940, que l'ennemi attaquait selon ses plans à lui. La rhétorique américaine reste invariable : si rien ne fonctionne comme prévu, c'est toujours la faute de ceux d'en face, qui ne se trouvent jamais là où ils devraient être, ou qui ne font pas ce qui est rationnellement prévu pour eux et à leur place, et qui n'ont pas compris qu'ils doivent se contenter de n'opposer à l'occupation de leur terre que le seul silence de la mer. Les Talibans, plutôt que de parler en pachtoune sous notre nez, n'ont qu'à parler anglais *comme tout le monde*, ou faire en sorte, dans leurs embuscades, de ne pas aller au corps-à-corps pour neutraliser notre appui-feu, mais de laisser la distance de sécurité réglementaire prévue par les manuels d'instruction du Pentagone. Et surtout, surtout, il faut qu'ils restent sur place en attendant l'arrivée du *7th Cavalry*. Etc etc.

L'asymétrie n'est jamais que la décision de l'adversaire de se placer, quoiqu'il arrive et quelque soit le modèle, en dehors de celui-ci. Du coup le chef taliban est terroriste comme le fut le commandant de panzers, non parce qu'il s'introduit par effraction dans une case vide qu'on avait

---

[9]Cité par Seymour Hersh, *Chain of command*, 2004, *Dommages collatéraux*, traduction Denoël, 2005.
[10]Bloch, *op. cit.*

négligée, mais parce qu'il ne tient pas le rôle qui avait été prévu pour lui. Le Pentagone, jamais à court de concept, a même trouvé un terme qui désigne les insurgés irakiens ou afghans : « *reluctant and unwilling participant* », autrement dit mauvais joueurs. Le technologisme semble avoir atteint son but : fermer l'horizon de la pensée, tout simplement parce que, originellement, il a été créé par une pensée formatée. C'est cet *hubris* qui aboutit à l'échec dont nous discutons, davantage que la dérive technologique qui n'en est qu'une des conséquences civilisationnelles.

Il exclut par principe et *a priori* la liberté de l'Autre, qui ne peut être que structuré comme nous, moulé dans la même matrice, égal parce que semblable comme le proclame l'homothétie de la Déclaration américaine de 1776, et non pas égal parce que différent comme le postule le syllogisme de notre Déclaration française de 1789. Lorsque le Pentagone dépêche en 2007 des ethnologues et des anthropologues auprès de ses troupes, ce n'est pas, comme le firent nos Massignon, Foucault ou Lawrence, pour comprendre les différences, mais pour traquer les points communs. Et lorsqu'il est impossible de faire rentrer l'Autre « *in the box* », c'est qu'il est irréductiblement un barbare hors du monde et appelé à disparaître, comme les Amérindiens, « ces sauvages sans pitié » que Thomas Jefferson vouait au génocide dans son texte fondateur. D'où l'utilisation conjointe dans la stratégie américaine de la technologie la plus poussée et des armes de destruction les plus massives.

CONDORCET À WEST POINT

L'échec de la guerre en Irak, en Afghanistan et au Pakistan n'est pas l'échec de la technologie, mais de la pensée qui nous a précipités vers le tout-technologique. Pourquoi alors nous obstiner à suivre une manière de faire la guerre si contraire au sens commun ? Parce que derrière tout cela, il y a une certaine philosophie occidentale, parce que derrière ces concepts américains, c'est l'illusion d'un monde déterminé donc déterminable qui se profile, celui de Laplace, un monde de progrès continu, celui de Condorcet. Ce n'est pas simplement le mépris de l'adversaire qui nous piège, c'est l'utopie qui nous porte vers l'idée qu'il se trouve comme nous dans un système globalisé, et que ses actions sont, comme les nôtres, conditionnées par cette universalité. Et que si ce monde semble incertain et chaotique, c'est qu'il nous manque encore des informations, ces variables cachées dont la connaissance nous ouvrira les portes du savoir total.

Cet abandon à un déterminisme mou ou, ce qui est la même chose, à une sur-détermination, connaît sa traduction militaire à partir de 1916 dans le concept de guerre totale, protéiforme, managée, gérée comme une entreprise, depuis la fonte du boulon jusqu'à l'obus qui explose. « Le but à atteindre était la confection de tableaux exempts de ratures, ce qui donna la possibilité de se dire approuvés par les techniciens »[11]. Ce sont, pour reprendre une excellente formule de Jean Lacouture dans son *De Gaulle*, les parterres de ce beau « jardin à la française » que le « colonel moteur » vint piétiner. En pure perte. Car l'idée était déjà ancrée dès cette époque qu'il fallait refermer le monde parce que le monde était un. Cette pensée totalitaire doit éviter de se confronter à la réalité pour prévenir toute réfutation : en un mot, faire de la *nouvelle guerre* un concept infalsifiable au sens où Karl Popper l'entendait. La leçon de Sedan n'avait servi à rien, celle de Kaboul n'a pas davantage de chance d'être comprise, tout simplement parce qu'admettre l'échec remettrait en cause les fondations mêmes de la pensée qui l'a provoqué. D'où le déni de réalité.

Georges Bernanos n'avait pas tout à fait raison : l'Occident américain ne se rue pas aux machines comme vers un aimant, il met sa technologie au service d'un vieux

---

[11] Souchon, *op. cit.*

projet. Ce n'est pas l'accélération du progrès qui l'a précipité dans le culte de ses objets de puissance, c'est l'esprit déterministe qui a trouvé dans la technologie un instrument tout à la fois efficient et probatoire de la justesse de son parti-pris. La guerre américaine ne participe-t-elle pas de cette utopie, qui avait déjà été développée par Jomini et Bülow, et non d'un tropisme hobbésien ? Que veut l'Amérique : vaincre l'ennemi ou contrôler le monde ? Pour vaincre il faut certes contrôler : mais n'est-ce pas là le but ultime voire unique ? Ce dont nous parlons, est-ce de la guerre des temps derniers, ou de l'instauration d'une société de « poursuite du bonheur » sous haute surveillance, celle devinée outre-Atlantique dès 1830 par Alexis de Tocqueville, construite sur le modèle panoptique d'un Guantanamo planétaire ?
Quoi qu'il en soit, l'addiction à la technologie, forme dégradée de l'optimisme scientifique dont Jules Verne fut le plus grand vulgarisateur, est une impasse, et on le constate à chaque nouvelle information révélant que nos systèmes, de plus en plus complexes, sont bel et bien contournés tous les jours. Outre, dans une logique de réciprocité quantique qui n'est pas de notre propos, que la guerre informationnelle nous rend également transparent à ceux-là mêmes que nous surveillons (le prisonnier finit par en savoir autant sur son geôlier que ce dernier n'en découvre sur son détenu, ce que ne comprendrons jamais des Américains butés sur les concepts classiques de la physique newtonienne, persuadés qu'ils peuvent se planquer derrière leurs écrans d'ordinateurs comme derrière une glace sans tain), cela a fragilisé nos armées en ce sens qu'elles ne savent plus opérer sans. C'est une véritable drogue, comme celle que nous connaissons tous avec le téléphone portable : comment faisions-nous avant ? Eh bien, nous faisions ! Mais ce ne sont pas les nouvelles technologies d'information qui vont transformer un Grouchy en un Desaix : il y a ceux qui savent, marchent au son du canon sans avoir besoin de drones (Desaix, s'il en avait attendu des informations, serait très certainement arrivé

une demi-heure trop tard à Marengo), et ceux qui ne sauront jamais marcher à l'intuition, et resteront suspendus à leurs téléphones portables comme ils guettèrent naguère les estafettes de l'Empereur. Or les Desaix, les Turenne ou les Leclerc semblent avoir disparu, et il faudra au moins deux générations pour les retrouver. Comment faire dans l'intervalle, tant que nous ne formerons dans nos universités et nos écoles de commerce que ces Nivelle qui ont investi les gouvernements et les entreprises, et qui s'étonnent des batailles qu'ils s'obstinent méticuleusement à perdre ?

« Opex, guerilla et technologies avancées »

par

le Général (CR) Henri PARIS
Président du club Démocraties

INTRODUCTION

Opex, guérilla, guerre de partisans, maquis, guerre asymétrique, résistance armée, guerre insurrectionnelle, terrorisme, autant de termes divers d'une litanie comprise dans un champs sémantique traduisant un genre de conflit armé auquel correspond une litanie semblable d'autant de protagonistes que sont les insurgés, les partisans, les maquisards, les terroristes, les guérilleros, les hors-la-loi, les résistants.... Les dénominations employées ne sont pas neutres car elles indiquent sans ambages le camp de ceux qui les utilisent. Cependant, à travers la diversité et les différences de vocabulaire, un point leur est commun : il s'agit d'un conflit armé de basse intensité.

Il n'en demeure pas moins que cette définition n'est pas suffisante pour caractériser la lutte. Il s'agit de s'interroger, en premier lieu, sur la nature exacte de ce genre de conflit, puis sur la technologie mise en œuvre, plus particulièrement les technologies avancées. C'est l'ordre que va suivre l'analyse.

La nature du conflit arme.

Tout conflit armé est en premier lieu un combat qui se caractérise par son intensité. En l'occurrence, il s'agit d'un conflit de faible ou de basse intensité, ce qui transparaît à travers le vocabulaire utilisé pour énumérer la diversité des termes. Ce type de conflit se retrouve dans des affrontements qui relèvent de l'ère contemporaine comme de l'antiquité : Indochine, version française puis américaine, Algérie, Irak, Afghanistan, Vendée 1793, Espagne 1807, la « guerre des juifs » au premier siècle, décrite par Flavius Joseph... Il est possible d'en reprendre une nouvelle litanie, ce qui démontre bien qu'il ne s'agit pas d'un fait nouveau.

Une guerre de haute ou de faible et de basse intensité répond à la même finalité et partant, à la même définition donnée par Clausewitz, penseur, stratège et auteur su XIXème siècle, souvent décrié maintenant ou être réputé passé de mode. « La guerre est une simple continuation de la politique avec d'autres moyens, *Der Krieg ist eine bloBe Fotrsetzung der Politik mit anderen Mitteln »* écrit Clausewitz dans son ouvrage « De la guerre, *Vom Kriege »,* livre 1, 1er chapitre, paragraphe 24. Il y a lieu d'insister sur les termes employés : Clausewitz écrit bien « avec », synonyme de « conjointement » et non « par », ce qui amène une nuance exclusive. En effet, il emploie la préposition *« mit »*, « avec » en français et non *« durch »,* « par », en français. Clausewitz souligne ainsi que la guerre est un acte politique aboutissant à une finalité tout aussi politique, qui ne supprime en aucun cas d'autres actes politiques tels que des négociations avec l'ennemi ou des alliés comme une modification de la finalité et du but de la guerre. Pour ne pas laisser une quelconque ambiguïté, il ajoute dans le livre 7, chapitre 6, sous-chapitre B que « la guerre n'est rien d'autre que la continuation des relations politiques avec le mélange d'autres moyens, *Der Krieg ist nichts als eine Fortsetzung des politischen Verkehrs mit Einmischung anderer Mittel ».*

En effet, quelle finalité peut avoir une guerre, quelle que soit son intensité, sinon un but politique ? Il s'agit bien d'imposer à l'adversaire une volonté politique qui peut être, entre autres, l'exigence de l'instauration d'un gouvernement ami, conforme à la politique du vainqueur. C'est bien le but poursuivi par les Américains en Afghanistan en soutenant par les armes le gouvernement Karzaï en 2009. Quelques années auparavant, les Américains avaient développé leur concept du « Grand Moyen-Orient », visant à transformer tous les Etats islamiques, de l'Océan atlantique au Pakistan y compris, en autant de démocraties parlementaires inspirées de leur modèle socio-politique.

La lutte peut aussi prendre l'aspect et la dénomination de maintien de l'ordre ou d'interposition ! Mais de quel ordre s'agit-il, si ce n'est celui voulu par une politique. Quelle interposition veut-on mettre en place si ne n'est entre factions ou adversaires qui poursuivent un but politique ! Même une Opex visant l'évacuation de ressortissants est un acte certes humanitaire, mais aussi politique, puisque les ressortissants en question sont des nationaux sujets à une menace qui relève d'une politique.

Un demi-siècle avant Clausewitz, un stratège français, Guibert, dans son « Essai général de tactique» et dans son « Traité de la force publique », exposait le même concept que Clausewitz quant à la définition et au but d'un conflit armé, fut-il de basse intensité. Guibert appliquait le concept à une guerre, quelle que soit son intensité, y compris à une « petite guerre », terme utilisé alors, puisque « guérilla » ou « petite guerre » en espagnol ne sera mis à la mode qu'en 1807 avec la guerre d'Espagne des Français.

La définition de la guerre de Clausewitz a été oubliée sciemment. C'est que le but politique qui définit et caractérise un conflit de basse intensité a été quelque peu gommé par les recherches menées à l'occasion des guerres d'Irak et d'Afghanistan commencées respectivement en 1991 ainsi qu'en 2003 et en 2001. Ces deux guerres débutent par un

conflit de haute intensité de très courte durée mettant aux prises des forces coalisées contre un ennemi irakien ou afghan-taliban qui se veut de la même stature. Cet ennemi est vaincu, chaque fois, en moins de 40 jours, mais la guerre n'en est pas finie pour autant. S'engage alors la phase de guérilla marquée par des attentats, des embuscades, de petits accrochages... opposant un ennemi fugace et volatil, sommairement armé, à des troupes réglées et organisées, dotées d'un armement de haute technologie.
En 2009, la guerre d'Afghanistan en est à son 8ème anniversaire. Autant de temps qu'y ont passé les Soviétiques, 20 ans auparavant et avec les mêmes modalités.
Le degré d'armement et plus généralement ses capacités militaires imposent à l'un des adversaires de mener une guérilla, car il ne peut faire autrement : il n'a pas le choix. Il utilise tous les moyens en sa possession, y compris ceux dictés par le fanatisme, ce qui explique les attentats-suicides, étrangers aux conceptions occidentales.
Il y a là asymétrie. Le terme a été appliqué à la guérilla par les chercheurs américains, puis répandu dans le monde. Ces chercheurs n'avaient pas compris qu'en Irak comme en Afghanistan, le conflit de haute intensité à l'origine se transformant en guérilla par la suite ne fait qu'une seule entité. La guerre simplement se poursuit avec d'autres moyens, pour paraphraser Clausewitz.
A mener une analyse approfondie, toute guerre présente un aspect asymétrique. En 1940, les Allemands menaient une guerre éclair basée sur le couple avion-char, soutenu par l'infanterie. A l'inverse, les Français employaient l'infanterie soutenue par des chars et n'avaient pas d'avions de bombardement en piqué. L'asymétrie peut atteindre l'incohérence. En mai 1940, lors de l'offensive déclenchée par les Allemands et de leur passage de vive force de la Meuse, le généralissime français Gamelin avait son poste de commandement établi au château de Vincennes. Difficile de se trouver plus loin des troupes françaises attaquant alors en Belgique !

C'est de là qu'il lança un ordre du jour à ses troupes commençant par « sans vouloir intervenir dans la bataille en cours... » On est sidéré ! Le généralissime ne veut pas intervenir dans la bataille en cours. A quoi sert-il alors ! En revanche, de Gaulle, dans son célèbre appel du 18 juin 1940 est cohérent : il fait référence à l'empire français. En effet, les colonies avaient bien été conçues pour venir en renfort de la métropole. En Espagne, de 1807 à 1913, les Français disposaient de troupes réglées avec un armement de haute technologie pour l'époque. Les guérilleros espagnols n'avaient qu'un armement rudimentaire.
Le même raisonnement peut être tenu pour la guerre que les Américains ont menée au Viêt-Nam et dont le retour d'expérience a été négligé, une trentaine d'années après, en Afghanistan et en Irak.

LA TECHNOLOGIE AVANCEE

La technologie avancée est un fait caractérisant la course aux armements, dont l'innovation, qui commence dès la plus haute antiquité et qui n'a jamais cessé. Glaive d'airain, de fer, d'acier, arbalète, baliste, mousquet, mitrailleuse, arme nucléaire... Un armement n'est abandonné que lorsqu'il est obsolète, remplacé par un autre plus performant.
La technologie avancée détermine donc la qualité de l'équipement et de l'armement d'une force armée. Elle dote donc très naturellement une armée moderne du type Otan contre les Talibans. Ainsi, une arme, quelle qu'elle soit, y compris donc de haute technologue, fait partie de la dotation en service dans une force armée opérant dans une guerre, elle-même un moyen de la politique.
On en revient derechef à Clausewitz qui traite du sujet pour estimer dans « De la guerre », livre 1, chapitre 1, paragraphe 24, que « jamais le moyen ne peut être pensé sans le but, *niemals kann das Mittel ohne Zweck gedacht werden ».* Autrement, le moyen est contre-productif. C'est ainsi qu'au

cours de la Grande Guerre, les gaz de combat n'étaient utilisés qu'en cas d'une météo favorable à l'utilisateur. C'est ainsi encore que l'apparition de la possibilité de l'emploi d'une arme nucléaire sur le champ de bataille amenait à tenir compte de l'irradiation des sols dans le concept de manœuvre. Au plan stratégique, la prévision d'une frappe nucléaire était soumise à l'inévitable radioactivité dont la propagation ignore les frontières.
Les mêmes principes sont valables dans le cas d'une guérilla et de tout conflit de basse intensité. La tactique considère deux buts possibles : le terrain comprenant son environnement et l'ennemi. Ceci est également valable en guérilla, à l'exception près qu'est le terrain qui n'a aucune valeur intrinsèque et ne représente pas un but. Par contre, l'ennemi en est un et qui a une valeur primordiale. De plus, le contrôle du terrain ne peut être réalisé que par la destruction de l'ennemi. Le but tactique ne peut être contraire à la finalité politique qui est l'objet du conflit, pas plus qu'être en incohérence avec elle.
En Afghanistan, en 2009, le but est le soutien du gouvernement Karzaï en obtenant l'anéantissement du mouvement taliban avec sa traduction militaire et la finalité politique est l'instauration d'un gouvernement ami. Le gouvernement Karzaï administre tant bien que mal une population qu'il veut gouverner. L'enjeu est la population pour les forces de l'Otan comme pour les Talibans et il en est ainsi dans la plupart des guérillas.
L'entreprise que mènent les guérilleros talibans n'est certes pas de vaincre par les armes leur ennemi, une armée réglée et organisée dotée de plus d'un armement de haute technologie que les guérilleros sont incapables de posséder et tout autant de manier. Le but qu'ils poursuivent est d'aboutir à la démoralisation de leur adversaire, de traîner le conflit en longueur, sans espoir de solution autre que l'évacuation par le truchement ou non d'une négociation. Leur finalité politique est d'instaurer un régime islamiste. Les Talibans ont déjà ainsi

agi en Afghanistan avec diverses alliances et ont obtenu l'évacuation des Soviétiques au bout de 8 ans de guérilla. Le gouvernement communiste s'est maintenu deux ans, avant de céder la place, après défaite militaire, à un gouvernement de coalition. Et ce gouvernement de coalition est resté en place 4 ans avant d'être remplacé par les Talibans vainqueurs. Cela nous amène au 11 septembre 2001.

Ce schéma est pratiquement celui de toutes les guérillas victorieuses. C'est perpétuellement l'épuisement du pouvoir politique, la perte de tout espoir de solution, les coûts constants devenus insupportables du conflit et la démoralisation des troupes qui amènent une armée organisée à évacuer le terrain, malgré sa supériorité en armement et l'excellence relative de sa structure opérationnelle. La population, dans sa majorité, est attentiste et représente l'enjeu majeur. C'est elle qui, en basculant dans un camp ou dans l'autre, est maîtresse du sort du conflit qui a pris figure d'une longue guérilla.

Alors, toute frappe aveugle, bien plus même, toute erreur de tir, causant des dommages dits « collatéraux », est contre-productive. La haute technologue permet des frappes à longue distance, mais avec des erreurs que l'on peut qualifier d'inévitables. C'est ainsi que des tirs de missiles américains visant des bases arrières de Talibans au Pakistan ont fait des victimes parmi la population pachtoune non impliquée dans le conflit, en 2008 comme en 2009. En Afghanistan même, des drones de combat, tels le *Predator* ont également commis des erreurs de tir amenant des dommages collatéraux. Le gouvernement Karzaï proteste. Les Américains présentent des excuses qui n'y font rien : les victimes ont des proches qui se dressent contre les auteurs qualifiés alors de forces d'occupation.

Les représailles aveugles effectuées à la suite d'attentats ou d'embuscades sont également généralisatrices de vengeance conduisant la population à basculer du côté des insurgés qui de plus opèrent du recrutement parmi elle. Les tortures et les arrestations arbitraires produisent le même effet.

A titre d'exemple, et sans y voir une autre intention, que l'on se souvienne de l'attentat réalisé par le jeune militant communiste Fabien, le 21 août 1941 dans le métro parisien, qui coûta la vie à un officier allemand. L'attentat était opéré à l'aveugle, visant n'importe quel officier allemand. La fuite de Fabien par les couloirs du métro était bien organisée. En représailles, les Allemands fusillèrent des otages, ce qui en fit des martyrs engendrant des vengeurs. Ainsi, fut engagée la spirale de la violence amenant la création des Francs-tireurs et partisans. C'est toujours ce que recherche un mouvement insurrectionnel, quel que soit la dénomination qui lui est donnée. Combien de vengeurs ont suscité les tortures et les sévices commis par les Américains dans la prison d'Abu-Graïb à Bagdad après 2003 ! Et le centre de détention de Guantanamo !

Le concept de « zéro mort », zéro pour les troupes amies évidemment, peut être concrétisé grâce à la haute technologie militaire. Il a l'inconvénient d'habituer les troupes amies à des frappes sans retenue et sans recherche de discrimination. C'est une véritable fabrique de martyrs, dénomination répandue par la propagande islamiste.

D'une manière générale, toute action militaire, contraire à la morale politique et à l'idéologue dont se prévaut le camp occidental, est profitable à l'adversaire.

La technologie avancée, en revanche, permet de discriminer les cibles. En cas de doute ou de risque de commettre des dommages collatéraux, il y a lieu de renoncer à l'action. Ne pas faire le jeu de l'adversaire est la première des règles tactiques.

Cette technologie permet une détection précise, donc des frappes étroitement ciblées. La population est alors impressionnée tant par l'efficacité que par la rectitude d'une armée organisée.

La haute technologie permet aussi d'obtenir un renseignement efficace, notamment grâce à des drones. La station au sol du drone peut être poussée en avant, avec les troupes de tête et les renseigner au mieux. Le même résultat ne peut être procuré par un avion, qui même volant à une vitesse subsonique est incapable d'une détection aussi précise et valable que celle d'un drone héliporté pouvant opérer un vol stationnaire. Le fait était déjà avéré lors de la guerre d'Algérie, dans les années 1950 et 1960 : les Français employaient spécialement des avions T6, à vol lent mais encore trop rapide, pour effectuer une détection absolument efficace d'un adversaire se dissimulant dans la broussaille du djebel.

La force de prédilection pour ce genre de conflit, la guérilla, est l'infanterie. Elle est transportée en véhicules blindés qui procurent également un appui par le feu, mas elle combat à pied et effectue les ouvertures de route également à pied. Elle est équipée de ce que la haute technologie apporte de plus efficace dans la première décennie du troisième millénaire : l'équipement « Felin ». Cependant, cette infanterie exige un personnel très instruit et possédant à l'origine, une culture générale permettant l'excellence de l'instruction. En effet, lorsque le fantassin, équipé du système « Felin », abaisse sa visière translucide pour y lire des coordonnées, recevoir des ordres,, savoir où sont ses camarades de combat et effectuer par un canal semblable un compte-rendu à son chef, il utilise des ressources intellectuelles qui le distinguent d'un soldat à qui l'on ne demandait que de marcher, porter un sac, savoir tirer et manier la baïonnette.

La guérilla est un conflit de basse intensité, intensité variable d'ailleurs, qui ne dépareille pas les autres conflits, de haute ou de très haute intensité, opposant des forces semblables dotées de la plus haute technologie.

Elle exige de bien maîtriser et concevoir la politique qui y préside et de savoir discriminer moyen, finalité et instrument.

L'on ne peut qu'être confondu par l'intelligence politique, stratégique et tactique de Napoléon Bonaparte, mettant fin à la guerre de Vendée. Par sa politique et sous ses ordres,

l'armée engagée dans les départements de l'ouest avait abandonné la pratique des massacres, des représailles et des exactions. Plus de colonnes infernales ! Les troupes disciplinées menaient une action conforme au Concordat, mettant fin aux oppositions irréductibles d'origine religieuse ainsi que l'amnistie générale et sincère ramenant les possibilités de paix civile.
L'on est d'autant plus stupéfié que quelques années après, Napoléon Bonaparte soit tombé dans le piège espagnol.

La seule explication est qu'il n'est pas le seul, à travers les siècles. Il semble bien que l'aventure américaine au Viêt-Nam n'a pas donné de retour d'expérience, que l'insuccès soviétique en Afghanistan n'ait pas donné lieu à études.

2. La mise en cause effective de la guerre « tout technologique »

« L'échec de la guerre en réseaux : le cas de l'Irak »

par

Julien MATHONNIÈRE
Journaliste indépendant spécialisé dans les questions de défense et de géopolitique

En guise de préambule…
J'ai pris la liberté de rajouter un point d'interrogation au titre de ma communication (*L'Echec de la guerre en réseaux : le cas de l'Irak*) que j'ai reformulée, pour plus de clarté, par : « *La guerre en réseaux a-t-elle échoué en Irak ?* ».
La guerre réseau-centrée (NCW ou *network-centric warfare* en anglais) est un terme qui décrit une manière de conduire des opérations militaires en s'appuyant sur les nouvelles technologies de l'information et de la communication (NTIC) et sur les réseaux électroniques, et en reliant entre elles toutes les composantes d'une force armée jusqu'aux plus bas échelons, c'est-à-dire jusqu'au simple soldat. Et tout cela en temps réel.

I. Comment la NCW est-elle arrivée en Irak ?
a) Petite mise en perspective
Pourquoi le « point d'interrogation » ? Parce que 3 détails me chagrinent un peu concernant les débats sur la NCW.
- Le premier, c'est l'impression persistante d'être enfermé dans une dichotomie selon laquelle une armée moderne aurait à choisir entre une doctrine de

guerre réseau-centrée hyper technologique d'un côté et de l'autre, une doctrine de contre-insurrection tournée vers des savoir-faire humains. C'est une idée assez peu féconde, en tous cas peu stimulante et qui, envers toutes les apparences, est fausse. C'est malheureusement celle qui semble dominer les débats aux Etats-Unis.

- Le deuxième détail, c'est qu'il semblerait qu'on attribuât injustement aux idées d'Arthur Cebrowski et de John Gartska, les deux principaux géniteurs de la NCW, la responsabilité indirecte de l'échec américain en Irak. Une querelle s'est ainsi ouverte en Nov. 2007 autour d'un article très polémique de Noah Schachtman dans le magazine américain WIRED, où l'auteur reprochait ouvertement aux deux théoriciens d'avoir propagé le fétichisme technologique dans toutes les armées, au détriment de savoir-faires qui seraient aujourd'hui plus utiles.
  Or, l'un de ces 2 penseurs n'est plus en mesure de se défendre, l'amiral Cebrowski étant décédé en 2005. Pour autant, la NCW est un concept dont la portée s'étend bien au-delà de ce que ses concepteurs ont pu imaginer il y 10 ans.
- Avec ce biais majeur - troisième détail qui me chagrine – que l'on semble reprocher aujourd'hui à des théories militaires des erreurs qui ont été commises en premier lieu par des politiques. Je ferai donc mienne la phrase de François Géré lorsqu'il rappelle que « *la technique n'apporte jamais la solution aux problèmes que le politique ne parvient pas à régler*[1]. »
  Ce qui n'invalide pas pour autant des concepts qui, malheureusement, sont adoptés avec souvent plus d'enthousiasme que de compréhension.

---

[1] François Géré, *Demain la Guerre*, Calmann-Lévy, 1997, p.5.

b) La querelle entre historicistes et technicistes

Un assez large consensus existe pour affirmer que les institutions militaires sont excessivement conservatrices et donc lentes à réformer. D'où la nécessité de faire de l'expérimentation un leitmotiv, en particulier si l'on considère l'importance que les Américains accordent à la technologie.

Il était donc assez naturel que les concepts de NCW finissent par faire irruption en Irak : c'était une chance inespérée d'éprouver des idées jusqu'alors purement théoriques.

Le véritable débat oppose plutôt ceux que l'on pourrait qualifier d' « historicistes », qui estiment que les guerres se gagnent d'abord par les vertus martiales des combattants – le courage, l'art du commandement ou de la manœuvre…etc. - et les « technicistes » de l'autre, convaincus que la supériorité technologique représente un avantage décisif.

Naturellement, la marine et l'armée de l'air, qui croient beaucoup plus volontiers aux promesses technologiques de leurs machines, comptent un plus grand nombre de technicistes, quand l'armée de terre ou le corps des *Marines*, de leur côté, restent convaincus que les guerres se gagnent avant tout avec des tripes et du sang. C'est un détail qui a son importance, car si le concept de NCW est sorti tout droit du cerveau d'un marin, ce sont très souvent des terriens qui l'ont mis en pratique en Irak.

c) L'aboutissement de deux logiques complémentaires

On sait donc aujourd'hui lequel des deux camps l'a emporté. Ce que l'on comprend moins, c'est pourquoi la guerre en réseaux en a spécifiquement émergé comme concept dominant.

La NCW a très rapidement gagné une large audience au Pentagone, non seulement sous l'impulsion d'Arthur Cebrowski et de son *Office for Force Transformation*, mais aussi sous celle de son principal sponsor, Donald Rumsfeld, qui s'en est fait le chantre dès 1999.

La raison pour laquelle elle a fini par rallier plus de partisans que d'autres écoles de pensée concurrentes, notamment celle de la guerre de quatrième génération (4GW), c'est parce qu'elle apparaissait alors en symbiose (1) avec les raisonnements intellectuels de l'époque, (2) avec le besoin de renouvellement technologique et (3) avec une nouvelle économie imbue de rationalisme managérial, en particulier dans le contexte de gueule de bois qui a succédé à la guerre froide.

1. Elle est d'abord venue combler un vide doctrinal

   Après la guerre du Viêt-Nam, les cadres de l'armée américaine se sont appliqués à purger la mémoire institutionnelle de l'armée de terre des doctrines de contre-insurrection, d'où l'inconfort intellectuel face à toute théorie reprenant tout ou partie de ces idées.

   Dans l'Amérique post-Reagan, le caractère vieillissant d'armements et de doctrines stratégiques héritées de la Guerre Froide se fait jour, et plus particulièrement l'inaptitude des militaires américains à communiquer entre différentes armées de manière simple, rapide et efficace. En 1991, cette inaptitude va coûter des vies puisque 24% des pertes alliées seront dues à des tirs fratricides.

   La panacée d'une solution technologique devient donc d'autant plus séduisante que le Pentagone s'évertue à planifier la guerre future contre des forces militaires à quasi parité avec les armées américaines, dans un effort d'interopérabilité et de coordination systémique des forces (le fameux « système des systèmes » de l'amiral Owens) et l'usage de NTIC sur le champ de bataille.

2. Un concept idoine dans un contexte de renouveau technologique

   L'absolue nécessité pour les Etats-Unis de conserver leur avance en matière de technologie militaire, avec des retombées majeures sur l'économie américaine, a

largement joué en faveur de la NCW. Les nouveaux marchés dans le domaine des technologies de l'information qui ont émergé dans les années 1990 sont directement issus d'applications initialement militaires comme l'Internet, le GPS et les jeux vidéo.
A titre de comparaison, le budget recherche et développement militaire, qui comptait pour plus de 35 milliards de dollars lorsque Reagan est arrivé au pouvoir est aujourd'hui, en 2009, de 80,7 milliards de dollars. Si bien que la recherche de défense s'est à la fois imposée comme point de fuite de la politique de défense américaine, mais paradoxalement, comme moteur de croissance de toute l'économie civile.

3. Economie civile qui, depuis les années 90, s'est puérilement entichée du rationalisme budgétaire lié au plein essor du libéralisme et à la vogue des théories managériales

Le concept de NCW est sous-tendu par l'idée d'ajustement en temps réel entre l'offre et la demande : on remplace la main invisible d'Adam Smith par le partage d'informations en temps réel et ce, grâce aux technologies de l'information. On parvient ainsi à compresser les délais entre une demande et son exécution. On travaille donc en flux tendus, mais à des niveaux de précision et de tempo jamais encore atteints avant la généralisation d'Internet.
Et bien lorsque les armées américaines parlent de réduire le *teeth-to-tail ratio* ou le *sensor-to-shooter cycle*, respectivement la traîne logistique et le délai entre la détection d'une menace et l'ordre de tir, elles travaillent aussi en flux tendus, grâce à des réseaux de communication plus performants. Avec un inconvénient majeur, qui consiste à ne s'attaquer qu'à un problème de synchronisation, c'est-à-dire à un problème de méthode et non de stratégie. Or, c'est un aspect qui s'est avéré très problématique en Irak.

II. Pourquoi la NCW n'a pas fonctionné en Irak ?

Si la NCW n'a pas entièrement réussi à « dissiper le brouillard de la guerre », c'est peut-être parce que ses géniteurs ont eu le fol espoir qu'elle évacuerait la tragédie du champ de bataille.

Et pour la deuxième fois depuis Sept. 2001, c'est précisément la tragédie qui est venue frapper là où les Américains ne l'attendaient pas. D'une certaine manière, l'Irak a ouvert des lignes de faille dans une théorie qui semble avoir pêché à la fois par son excès d'optimisme et sa négligence et ce, nonobstant son application pourtant brillante et prometteuse dans la première phase offensive de la guerre.

a) Les Américains n'ont pas compris qu'il était moins important de posséder la supériorité informationnelle que d'empêcher celle de l'adversaire

   Les insurrections locales en Irak s'appuient en premier lieu sur des réseaux tacites et dignes de confiance, non sur des systèmes électroniques sophistiqués. L'asymétrie se joue donc sur le plan des réseaux informels qui vont - ou non - déterminer le succès d'une opération tactique, parfois par le biais d'ordinateurs ou de téléphones portables, mais beaucoup plus souvent sur le seuil d'une maison ou derrière le comptoir d'un café.

   Il ne faut pas donc perdre de vue que les actes de violence sont toujours commis par le biais de réseaux sociaux et visent presque toujours la cohérence sociale de l'adversaire, qu'ils soient le fait d'une armée parfaitement hiérarchisée ou d'une insurrection complètement décentralisée.

   Une théorie trop optimiste, donc, en cela qu'elle a sans doute négligé les frictions dues au fait de l'adversaire, aux limites des équipements ou aux conditions d'engagement – impact de la météo, comme les tempêtes de sable, encombrement de la bande passante, comme lorsque vous surfez sur Internet aux heures de pointe. Le fait que la NCW ait été imaginée par un marin puis adaptée aux forces terrestres est un détail qui a son importance car si les mers et les airs sont des espaces parfaitement fluides et ouverts, ce n'est pas le cas du milieu terrestre, où les stratèges se sont rendu compte que la réalité géographique des terrains d'engagement offrait une résistance physique majeure au bon fonctionnement de la théorie.

Une théorie négligente, aussi, parce qu'il semble évident qu'en Irak (comme en Afghanistan d'ailleurs), la lutte contre des menaces asymétriques requiert des tactiques de contre-guérilla que la NCW n'a pas encore pleinement intégrées. Or l'une et l'autre théorie ne sont pas mutuellement exclusives. C'est d'ailleurs la raison pour laquelle les militaires américains ont fini par réapprendre les tactiques de contre-guérilla qu'ils s'étaient efforcés de laisser derrière eux au Viêt-Nam.

b) <u>Les technologies en-dessous du seuil ont été systématiquement négligées</u>

« Best weapons don't shoot »

Les meilleures armes ne tirent pas, ont coutume de dire les militaires Américains.

Autre ironie de cette guerre d'Irak, à la NCW, les insurgés irakiens ont substitué la guerre basée sur l'entropie (les Américains parlent d'*entropy-based warfare*), un concept un peu voisin des principes chinois de *guerre hors-limites* évoqués par Vincent Desportes[2], et que la NCW était censée englober. Or, c'est exactement l'inverse qui s'est produit en Irak : c'est l'adversaire qui est venu perturber la cohérence des armées alliées par tous les moyens à sa disposition.

En l'occurrence, ce sont les guérillas sunnites qui ont le mieux saisi, peut-être involontairement, le sens de la guerre basée sur l'entropie. Elles l'ont fait en comprenant

[2] Vincent Desportes, *La Guerre Probable*. Economica, 2008

les vertus des engins explosifs de fabrication artisanale contre une force aussi sophistiquée que l'armée américaine. C'est une façon efficace pour elles de compenser le gap technologique avec les Américains et donc de contourner ou de refuser leurs règles du jeu.

C'est aussi, sur le plan militaire, l'application réussie de ce que le journaliste Chris Anderson[3] appelle « la longue traîne ». Même si elles restent de faible intensité, le cumul de toutes ces micro-attaques finit par élever fortement le coût de la guerre pour les américains, (1) parce qu'elles sapent leur motivation, (2) parce qu'elles sapent leur moral et (3), parce qu'au final, elles ont plus d'impact qu'une attaque massive.

En outre, les insurrections locales ne connaissent pas les problèmes liés au fonctionnement de la technologie (compatibilité, interopérabilité, saturation des bandes passantes, etc.). Un économiste parlerait de faibles « barrières d'entrée » au marché de la guérilla. Les techniques mises en œuvre sont simples, standard et s'appuient principalement sur des réseaux sociaux préexistants et des technologies facilement disponibles, y compris des TI, car évidemment, celles-ci sont à double tranchant.

c) Et c'est justement ce double tranchant qui a fait perdre aux Américains le monopole de l'amoralité

Si la façon américaine de faire la guerre est si meurtrière, ce n'est pas seulement par la supériorité des armes mais en partie parce qu'elle est amorale, et donc rarement entravée par autre chose que la nécessité militaire. Or la mondialisation a mis un terme à cette supériorité absolue de l'Occident sur ses adversaires, et ce pour au moins deux raisons.

[3] Chris Anderson, La *Longue Traîne : La nouvelle économie est là !*, Pearson Education, 2007.

- La première, c'est qu'elle a mis à la disposition d'un nombre croissant de pays les technologies de l'information.

L'INFOSTRUCTURE dans laquelle se joue la NCW est donc l'espace virtuel où l'on échange l'information tactique, à savoir les intentions du commandement, mais c'est aussi le lieu où l'adversaire sanctuarise ses informations.

L'Internet permet ainsi de créer un véritable *hinterland* stratégique ; Michel Goya parle de « *sanctuaire électronique* » et le compare aux arrières-bases du FLN en Algérie ou du Viêt-Minh en Indochine[4]. Cet hinterland là, en revanche, est virtuel et donc hors d'atteinte des forces américaines ou des gouvernements nationaux, avec des effets extrêmement difficiles à contrôler.

Les prosélytes de la NCW ont peut-être négligé le caractère véritablement global de la révolution numérique : nous sommes tous, quoique à des degrés divers, connectés aux réseaux électroniques planétaires. La plupart des maisons, dans les villes irakiennes, sont équipées d'antennes satellites et certaines de l'Internet.

Le web et les téléphones portables facilitent énormément la coordination des guérillas locales. De plus, elles ont désormais la possibilité de se connecter au *net* pour y échanger du renseignement, des recettes de fabrication d'explosifs ou y faire de la propagande à des fins de recrutement ou d'appels de fonds. Elles en ont d'ailleurs parfaitement compris les avantages : adresses électroniques résiliables, comptes de messagerie anonymes, radios portables, etc.

- La seconde raison, en forme de corollaire, de cette perte de supériorité, c'est que la mondialisation a décuplé la puissance de disruption massive de l'image et de l'exploitation qu'en font les médias et

[4] Michel Goya, *Irak, les Armées du Chaos*. Economica, 2008.

que les militaires américains y ont perdu le monopole de l'amoralité.

Certaines des attaques les plus spectaculaires portées aux forces américaines en Irak ont pu semblé délibérément scénarisées pour des médias qui, même s'ils ne sont pas présents, pourront en diffuser les images prestement *uploadées* sur le web, comme par exemple l'attaque des 4 salariés de *Blackwater* à Falloujah ou la décapitation en direct, le 11 Mai 2004, de Nicholas Berg, tous sous-traitants du Pentagone en Irak.

Ce sont précisément les réseaux (internet, mobiles) qui ont permis aux insurgés de promouvoir presque instantanément leur cause vers tous les points du globe. Les embuscades de convois en Irak n'ont d'ailleurs pas d'autre but. Elles n'étaient pas destinées à priver les militaires américains de l'un de leur *Humvees* – ils en ont pléthore -, mais plus simplement à produire des images spectaculaires d'un véhicule blindé en miettes et si possible en feu.

La diffusion de ces images permet de stimuler de véritables pics de financement et de recrutement On a même parlé, peut-être exagérément, de levée en masse électronique. Certains experts en terrorisme, comme Bruce Hoffman, estiment que les jihadistes ont mis en ligne quelques 5000 sites web susceptibles de réagir rapidement et de manière créative à l'actualité à des fins de propagande.

Et finalement en Irak, les réseaux jihadistes les plus efficaces sont ceux qui ont mené le jihad par l'épée, par la main et par le verbe à travers les 3 modalités de la guerre urbaine, de l'aide humanitaire aux familles victimes de dommages collatéraux et d'une propagande de la haine par médias interposés.

III. La NCW finit-elle pour autant en Irak ?

L'armée américaine est allée en Irak avec les forces terrestres qu'elle a voulues et qu'elle a financées au cours des vingt dernières années. Or, ces forces terrestres ont été largement négligées dans presque tous les développements de la RMA et ce, au moins jusqu'à la deuxième guerre d'Irak. Certes, des partisans enthousiastes s'y sont ralliés assez tôt, y compris dans l'armée de terre et le corps des Marines où des milliards d'investissements ont été réalisés, mais sans doute sans vraiment en comprendre toute la portée.

Si bien que le problème n'est pas tant le concept de NCW en lui-même – même s'il est encore loin d'être abouti –, que la difficulté, en tous cas pour les théoriciens du Pentagone, de se recentrer, dans les phases de stabilisation, sur une approche tournée vers la culture et non plus vers la technologie. Relever le défi de l'après-guerre en Irak ne consiste pas, à mon sens, à détrôner ou à discréditer la NCW. Nous avons tous plus ou moins tendance à nous rallier à des théories et des idées souvent à l'exclusion des écoles de pensée adverses, avec des conséquences assez funestes.

D'une part parce que, comme le rappelle très justement Vincent Desportes, et c'est peut-être l'une des phrases les plus importantes de son dernier livre, « *nous conduirons très rarement les guerres dans les formes que nous préparons parce que le fait même que nous les préparions les rend improbables* »[5].

Ce qui rend un peu vaine la critique selon laquelle les Américains se prépareraient à la guerre qu'ils souhaitent et non à celle qu'ils ont. En réalité, si l'on en croit le général Desportes, ils se préparent au contraire à la guerre qu'ils ne souhaitent pas, ce qui, après tout, ne parait pas complètement idiot, à condition que les concepts testés ne deviennent pas une ligne Maginot du raisonnement stratégique.

---

[5] Vincent Desportes, *op. cit.*, p.39.

D'autre part, la croissance exponentielle, la disponibilité commerciale et l'adoption quasi universelle de la technologie à travers le monde est une réalité à portée de main de tous ceux susceptibles d'y investir un peu de temps et d'argent. Aussi les technologies de l'information seront-elles adoptées par tous les protagonistes d'une guerre et ce, quelle que soit leur philosophie du combat. C'est le cas en Irak où ces technologies ont été littéralement retournées contre leurs inventeurs. Néanmoins, des forces conventionnelles qui ne les intégreraient pas sont menacées d'obsolescence.

Cependant, quelle que soit la doctrine envisagée, ni l'Amérique ni l'Occident en général ne pourront se contenter d'une solution militaire à des problèmes de nature politique. Après la chute de Saddam Hussein, 45 à 55% des musulmans avaient encore une image positive de Ben Laden, une statistique qu'aucune victoire militaire – en réseaux ou non - n'aurait pu contredire.

« Les ratés de la technique militaire dans les conflits après la fin de la guerre froide »

par

Georges LE GUELTE
Ancien secrétaire des gouverneurs de l'AIEA

La plupart des méfaits dus à la guerre technologique tiennent à ce que l'on a employé des armes très élaborées pour tenter de résoudre un problème de nature politique auquel l'emploi de la force ne permettait pas de répondre. Une autre partie des erreurs commises est due à la confiance excessive dans l'emploi de techniques très élaborées pour vaincre militairement un adversaire alors que le recours à des méthodes classiques dans la conduite des opérations aurait été plus efficace.

La confiance aveugle faite à la technique a conduit à d'autres échecs parce que les décideurs ont oublié que la technique n'est qu'un maillon dans une chaîne logique entre la décision d'agir et le résultat escompté. Ils se sont préoccupés uniquement des performances techniques des équipements utilisés, sans assurer de cohésion entre la technique et les facteurs humains qui interviennent en amont ou en aval. Ils ont négligé aussi les limites de ce que la technique peut apporter, les mécanismes qui peuvent la mettre en défaut, ses défaillances possibles. Et ils ont trop souvent mis en place des dispositifs très élaborés, sans se soucier de la logique d'ensemble. Des épisodes précis de l'histoire des vingt dernières années illustrent chacune de ces causes d'échec.

1. INEXACTITUDES EN AMONT

Les armes guidées par laser ont été un des éléments majeurs dans la « Révolution dans les Affaires Militaires » des années 1980, et les Américains les ont beaucoup utilisées dans les conflits dans lesquels ils étaient impliqués. Les services de propagande se sont complaisamment étendus sur la précision avec laquelle ces missiles peuvent effectuer des frappes chirurgicales. Toutes les télévisions du monde ont montré à leurs spectateurs les images très spectaculaires de tirs effectués de nuit et touchant leur cible avec une marge d'erreur extrêmement faible.

Ce sont pourtant ces mêmes armes qui ont été l'instrument des « bavures » les plus spectaculaires au cours des vingt années écoulées. Les engins ont parfaitement fonctionné et la qualité des techniques employées n'est pas en cause. Mais la désignation des cibles est nécessairement tributaire des informations fournies par les services de renseignement. Or le commandement militaire américain, entièrement absorbé par les performances de la technique, semble souvent ne pas s'être soucié de vérifier l'exactitude des informations dont il disposait.

- Au cours du printemps 1995, les services de renseignement américains relèvent une recrudescence de l'activité de Ben Laden en Afghanistan, et insistent sur le risque d'une opération impliquant l'emploi d'armes chimiques et biologiques. En riposte aux attentats du 7 août 1995 contre les ambassades américaines en Tanzanie et au Kenya, attribués au réseau de Ben Laden, Bill Clinton ordonne la destruction de l'usine d'Al Shifa, au Soudan, considérée comme une installation de production d'armes chimiques. L'usine est effectivement pulvérisée le 20 août 1995. Toute la partie technique de l'opération a été parfaitement réussie, mais il se trouve que l'usine fabriquait en réalité des médicaments, et le résultat n'a pas été du tout celui qui était recherché. Bill Clinton a été jugé impulsif et mal inspiré. Comme il était à l'époque embarrassé par l'affaire Monica Lewinski, ses adversaires l'ont accusé d'avoir lancé cette opération uniquement pour faire diversion, et ont parlé de « frappes Monica » (Monica strikes). Son prestige personnel en a souffert, et celui des Etats-Unis au Soudan et dans toute la région n'en a pas été grandi. La technique a été parfaite, mais elle ne suffit pas.

- Une erreur semblable est commise pendant l'intervention de l'OTAN au Kosovo. Le 7 mai 1999, l'aviation américaine bombarde, par mégarde, l'ambassade de Chine à Belgrade. Comme pour l'usine d'Al Shifa, l'opération est techniquement un succès, mais les relations entre la Chine et les Etats-Unis en sont affectés. Officiellement, les Américains ont affirmé que c'était le résultat d'une erreur, les militaires ayant utilisé de vieux plans de Belgrade qui donnaient une information erronée. D'autres ont affirmé que le personnel en place dans l'ambassade de Chine n'était pas constitué uniquement de diplomates, et que les Américains avaient fait une vraie fausse erreur. Il arrive souvent que les membres des services de renseignement affirment que les observateurs extérieurs ont été naïvement influencés par d'autres services. Ils ont sans doute raison ; il est également compréhensible qu'ils ne puissent pas livrer à la presse les informations exactes. Mais c'est aussi une réalité que les observateurs extérieurs ne connaissent que les informations dans le domaine public, dont ils peuvent citer la source, et raisonner à partir des éléments dont ils disposent, même s'ils ne sont pas exacts.

- Entre le 19 mars et le 20 avril 2003, l'aviation américaine a procédé à une cinquantaine de frappes ciblées contre des immeubles situés à Bagdad, dans lesquels Saddam Hussein était supposé se trouver. Aucune de ces frappes n'a atteint son but[1], non pas que les immeubles n'aient pas été détruits, mais Saddam Hussein ne s'y trouvait pas. Il est évident que, pour des opérations de ce genre, les militaires américains ne

[1] International Herald Tribune, 14 juin 2004, page 5.

pouvaient s'appuyer que sur des renseignements fournis par des indicateurs irakiens. Certains d'entre eux peuvent avoir délibérément communiqué des indications erronées, d'autres ne savaient sans doute pas que l'information était fausse. C'est cependant la responsabilité du commandement de savoir si une opération doit être entreprise sur la base de données aussi fragiles.

- Bien d'autres mésaventures semblables se sont produites au cours des opérations en Irak, à partir du mois de mars 2003. La presse s'est fait l'écho en particulier de la méprise qui a abouti à la destruction d'un véhicule britannique et à la mort des soldats qui l'occupaient. Là encore, les munitions ont été dirigées avec une très grande précision, et la frappe a été chirurgicale, mais la cible atteinte n'était pas celle que les aviateurs américains pensaient avoir visée. L'affaire a été d'autant plus vivement ressentie par l'opinion britannique qu'aucune sanction n'a été prise contre les responsables de cette bavure.

Au cours des opérations en Afghanistan, les méprises et les erreurs ont été nombreuses, surtout celle qui a abouti à la mort des invités d'une noce, considérés à tort comme des ennemis tirant sur l'aviation américaine.

Il n'est pas question de condamner l'action des services de renseignement qui, en Afghanistan comme en Irak, travaillent dans des conditions extrêmement difficiles. Mais force est de constater qu'en se concentrant exclusivement sur les performances techniques du matériel dont ils disposent, les militaires américains sont parvenus à des résultats matériellement satisfaisants, mais diamétralement opposés aux objectifs politiques poursuivis.

2. ERREURS EN AVAL

Certains échecs sont dus à l'inadaptation des capacités de la technique aux hommes qui sont chargés d'analyser les résultats obtenus et d'en tirer des conclusions.

- C'est ainsi qu'après les attentats contre le World Trade Center et le Pentagone, la presse américaine a rapporté que les services de renseignement américains avaient accumulé des quantités impressionnantes de documents sur les échanges entre des militants islamistes. Il s'agissait en particulier d'écoutes téléphoniques de conversations entre des personnes se trouvant aux Etats-Unis ou à l'étranger, et soupçonnées d'appartenir à des réseaux potentiellement dangereux. On n'a jamais su ce que contenaient ces documents, ni s'ils auraient permis d'éviter les attentats, car les services américains ne comportaient pas, ou pas assez d'interprètes capables de comprendre l'arabe, le farsi ou le pachtoune, sans compter les dialectes locaux dans lesquels les personnes écoutées pouvaient s'entretenir. Les archives constituées grâce à des techniques d'écoute très élaborées n'ont servi à rien.

- Le résultat n'est guère meilleur quand les données recueillies sont interprétées, de façon erronée, biaisée, partisane. Le meilleur exemple en a peut-être été donné par la prestation de Colin Powell devant le Conseil de Sécurité. Une fois encore, ce sont les écoutes de conversations entre des militaires irakiens qui ont été fournies aux membres du Conseil comme preuves que l'Irak poursuivait des activités illicites. Or même après avoir été traduites en américain, les paroles échangées ne constituaient en rien les preuves escomptées, elles étaient même d'une grande banalité. Les camions censés avoir été conçus spécialement pour permettre la dispersion de germes ou de bactéries se sont révélés destinés à l'envoi de ballons météorologiques. L'AIEA a mené une longue enquête sur les tubes d'aluminium, dont la découverte devait prouver l'intention de faire des centrifugeuses, et elle a conclu qu'ils devaient en réalité servir à fabriquer des lance-roquettes. La même étude aurait pu être faite par les spécialistes américains eux-mêmes, ce qui aurait évité à Colin Powell de subir un cuisant démenti.

- Les interprétations erronées données aux informations recueillies par les services de renseignement auraient pu avoir, quelques années plus tôt, des conséquences irréparables. Au début de mois de novembre 1983, l'OTAN organisait, comme tous les ans, un exercice simulant la mise en œuvre des forces nucléaires stratégiques, et portant le nom d'« Able Archer 83 ». C'était après le discours de Reagan sur « l'empire du mal », peu après le lancement de l'IDS. Persuadé que les Etats-Unis préparaient une attaque surprise, le Kremlin avait demandé à ses services d'être particulièrement vigilants pour recueillir tout élément allant dans ce sens. En outre, l'état-major soviétique a toujours été convaincu que si les Etats-Unis lançaient une frappe préventive, ils la dissimuleraient jusqu'au dernier moment en un exercice de l'OTAN. L'écoute des communications entre les militaires occidentaux participant à Able Archer a conduit les responsables soviétiques à mettre leurs forces stratégiques en état d'alerte maximale pendant trois jours.

- Le 25 janvier 1995, un officier russe détecte le lancement d'un missile, et donne l'alarme. Le Président de la Fédération de Russie, Boris Eltsine et le Ministre de la Défense se préparent à toute éventualité, toutes les forces stratégiques sont une nouvelle fois mises en état d'alerte. Finalement, il apparaît que l'engin ne se dirige pas vers la Russie. En réalité, il s'agissait d'une fusée météorologique norvégienne lancée pour étudier le phénomène des aurores boréales. Les autorités norvégiennes avaient notifié à tous les pays la date de l'opération en fournissant toutes les données nécessaires, mais le message s'était perdu dans la bureaucratie russe.

3. LA TECHNIQUE PEUT ÊTRE MISE EN DEFAUT

La confiance aveugle que certains peuvent avoir dans la technique n'est pas toujours justifiée, car les équipements les

plus élaborés peuvent être mis en échec par des moyens beaucoup plus simples.
- A la fin des opérations de l'OTAN contre la Serbie, le Pentagone a déclaré que les bombardements aériens ciblés avaient permis de détruire 120 chars serbes, 220 véhicules blindés et 450 pièces d'artillerie. Cependant, quelques mois plus tard, il a fallu reconnaître que le bilan réel était plus modeste. Seuls 14 chars, 18 véhicules blindés et 20 pièces d'artillerie ont été détruits, ainsi que les Serbes l'affirmaient[2]. Cela ne signifie pas que les munitions guidées aient été défectueuses, mais simplement que l'armée serbe a utilisé des camouflages adroits, les avions américains ont bien touché la cible qu'ils visaient, mais cette cible était un leurre et non une arme.
- Une douzaine de scientifiques américains ont affirmé qu'un pays capable de fabriquer un missile intercontinental aurait les connaissances nécessaires pour fabriquer des leurres capables de tromper une défense anti-missiles[3]. La preuve n'en a jamais été apportée, puisque les intercepteurs ont toujours été testés dans des conditions différentes de ce que serait la réalité, puisque les missiles assaillants n'étaient pourvus d'aucun système de leurres.
Pour l'instant, ce sont surtout les décideurs politiques et l'opinion publique au Etats-Unis qui ont été trompés. Après avoir à de nombreuses reprises affirmé qu'un essai d'interception d'un missile intercontinental avait été réussi, le Pentagone a dû reconnaître à plusieurs reprises qu'il avait été mené dans des conditions anormales. Par exemple, les coordonnées du missile assaillant avaient été insérées dans le logiciel de l'intercepteur, ou bien l'assaillant était chauffé pour être plus aisément identifié par l'intercepteur, ou encore, il était accompagné d'un ballon brillant. Il est ainsi devenu très difficile d'avoir une confiance totale dans les

[2] International Herald Tribune, 11 mai 2000, page 8
[3] International Herald Tribune, 13 avril 2000, page 3

résultats des tests, et personne ne sait vraiment si la défense anti-missiles américaine est, ou non, efficace.

4. LES TECHNIQUES LES PLUS ELABOREES ONT DES LIMITES

- Aucune solution n'a été trouvée pour tenter d'identifier une usine d'enrichissement d'uranium par centrifugation. C'est seulement à une assez courte distance de l'installation que des indices peuvent être recueillis. Dans le passé, l'existence d'une unité d'enrichissement n'a été décelée que grâce aux informations fournies par des indicateurs locaux (Irak 1991, Iran 2002). Dans le cas de la Libye, c'est le gouvernement lui-même qui a révélé l'existence de l'installation. Dans le cas de la Corée du nord, les services américains ont appris, des autorités pakistanaises elles-mêmes, la technique de la centrifugation et la présence d'un petit nombre de centrifugeuses (une vingtaine selon Musharaf). Mais au printemps 2009, les Américains ne semblent toujours pas savoir si les Nord-Coréens ont construit une usine, ni évidemment où elle se trouve, ni si elle est en fonctionnement.
- Tout système de défense anti-missiles est nécessairement soumis à des limitations, puisque les calculs de probabilité montrent que, même avec un système très performant, il faut au moins deux intercepteurs pour avoir une chance sérieuse de détruire un missile assaillant. Comme le coût des deux engins est à peu près identique, et que pour la défense il faut ajouter en outre des radars très puissants, il vaut mieux construire un plus grand nombre de missiles qui satureront les défenses. Ce raisonnement est cependant sans valeur lorsque l'assaillant ne dispose que d'un très petit nombre de vecteurs, et que la défense peut mettre en œuvre un grand nombre d'intercepteurs. Cependant, cette contrainte limite considérablement le nombre de cas dans lesquels la défense présente un intérêt réel.

5. UN SYSTEME DEFECTUEUX

Il arrive aussi qu'une technique très élaborée et très performante soit mise au service d'un dispositif dont la logique même est déficiente. L'organisation chargée de l'application du Traité d'interdiction complète des essais nucléaires (TICE) affirme que le réseau de stations de détection dont elle dispose lui permet d'identifier un essai nucléaire n'importe où dans le monde, même si la puissance de l'engin est inférieure à 1 KT, ce qui représente, sur le plan technique, une performance remarquable.
Cependant, le TICE n'a, par définition, aucun rapport avec la non-prolifération. Le traité pourrait limiter la liberté d'action des 9 Etats qui possèdent déjà des armes nucléaires, mais il n'ajoute rien aux obligations que les 183 pays non dotés ont contractées en adhérant au Traité de Non-Prolifération. Si ces 183 pays prennent l'engagement de ne pas faire exploser les engins qu'ils n'ont pas produits, la non-prolifération n'aura pas beaucoup progressé. L'avantage global escompté de l'application du TICE est d'ailleurs très limité, puisque les 5 pays dotés d'armes, ainsi que l'Inde et le Pakistan, observent un moratoire de fait sur leurs essais, alors qu'Israël n'en a jamais pratiqué. En pratique, le seul pays concerné est la Corée du Nord, et il est peu probable qu'elle adhère au TICE, ou qu'elle s'y conforme.
L'inconvénient est que le TICE est unanimement considéré par les Etats comme par les ONG comme la seule solution envisageable au problèmes que pose l'application de la politique de non-prolifération. A l'issue de la conférence de 2010, si le TICE a été adopté, ce sera considéré comme un grand succès, mais on s'apercevra très vite que rien n'a changé. Si au contraire, le TICE n'est pas en vigueur, ce sera un échec cuisant alors qu'en réalité, cela n'aura aucune conséquence pratique. En outre, la concentration de l'attention sur le TICE est telle qu'elle ne permet pas d'aborder les problèmes réels que pose la mise en œuvre du TNP. Cette fois,

la technique elle-même n'est pas en cause, mais elle est mise au service d'une mauvaise cause, et le résultat final est très éloigné de l'objectif recherché.

6. LES DEFAILLANCES TECHNIQUES

Même le dispositif le plus élaboré peut tomber en panne, ou fonctionner de façon défectueuse. Les conséquences peuvent en être très dangereuses.

- Au cours de la guerre du Golfe, en 1991, les Etats-Unis ont fourni à Israël des missiles Patriot pour les protéger contre les Scud utilisés par Saddam Hussein. Le Pentagone a affirmé (et continue d'affirmer) que les missiles ont eu 100 % de réussite. En réalité, des spécialistes du MIT, chargés de faire une étude sur l'efficacité de ces missiles, ont pu suivre la trajectoire de 63 % des missiles utilisés. Ils ont constaté qu'aucun d'entre eux n'avait atteint son objectif, et à leur avis, rien ne permet de penser que les 37 % restants aient eu plus de succès. L'étude des engins dont le parcours a pu être identifié montre qu'ils étaient conçus pour abattre des engins ayant une trajectoire régulière, alors que les Scud irakiens, mal équilibrés, avaient un parcours en tire-bouchon, et ont échappé aux Patriot. Depuis lors, le constructeur a mis au point une nouvelle génération, les PAC 3, dont le Pentagone affirme que tous les essais ont été réussis.
- L'ancien ministre américain de la défense, William Perry, raconte qu'en 1979, alors qu'il enseignait dans une grande université américaine, il a été réveillé en pleine nuit pour analyser la cause d'un incident dû au mauvais fonctionnement d'un radar de détection avancée. L'appareil avait montré le lancement de 200 missiles intercontinentaux soviétiques et par chance, les militaires ont réalisé après quelques minutes qu'il s'agissait d'une fausse alerte.
- Le 26 septembre 1983, un satellite d'observation OKO indique le lancement de missiles dirigés vers l'URSS. Heureusement, l'officier en service, le lieutenant-colonel Stanislav

Petrov, a la présence d'esprit de penser que, s'il s'agissait réellement d'une offensive américaine, il y aurait plus des 5 missiles qu'il peut distinguer, et il ne donne pas l'alarme[4]. C'est heureux puisque, à cette date, la doctrine soviétique était celle de « launch on warning ». Par la suite, l'enquête montrera que le dispositif de détection ne distinguait pas une éruption solaire du lancement d'un missile. A cause de cet incident dû à une inadaptation de la technique, Stanislav Petrov sera condamné à prendre une retraite anticipée.

- En 1974, craignant que les sous-marins américains, capables de lancer leurs missiles à une distance assez faible des côtes soviétiques, puissent supprimer les instances de commandement de l'URSS, les Soviétiques lancent les recherches sur un dispositif appelé Perimetr. C'est un dispositif semi-automatique permettant de déclencher une riposte nucléaire même si les décideurs ont été éliminés. L'objectif est de donner la certitude qu'en toutes circonstances, l'URSS sera capable d'exercer une vengeance posthume. Le système devait comprendre 9 satellites OKO équipés de détecteurs à infra-rouges pour déceler le lancement d'un missile intercontinental, et couvrant l'ensemble des sites de missiles aux Etats-Unis. Si les éléments recueillis montrent qu'une offensive américaine a été déclenchée, un missile équipé d'un émetteur donne aux sites de missiles l'ordre de mise à feu[5]. Dans les années 1980, les Etats-Unis construiront un dispositif, comparable, nommé « Integrated Operational Nuclear Detonation Detection System ». A la différence du mécanisme de l'URSS, le système américain prévoit que les unités recevront les codes autorisant le lancement des missiles, dont la mise à feu reste soumise à la décision du commandant d'unité.

---

[4] Steven J. Zaloga « The Kremlin's Nuclear Sword », Smithsonian Institution Press, Washington et Londres, 2002, page 201.

[5] C'est un satellite OKO qui a fourni les données que le colonel Petrov a refusé de prendre en considération.

Tous ces exemples montrent que ce qui est en cause n'est pas la technique elle-même, mais la façon dont elle est utilisée, et surtout la croyance naïve, voire le fétichisme, selon lequel la technique de pointe suffit à résoudre tous les problèmes. En réalité, la technique n'est qu'un outil, et le résultat dépend de la façon dont il est employé beaucoup plus que des capacités de l'instrument.

L'expérience des vingt ou trente dernières années montre aussi que la plupart des ratés de la technique ont été dus à des facteurs autre qu'une défaillance matérielle des équipements. Mais les défaillances techniques ont été à l'origine des incidents de loin les plus graves, et plusieurs d'entre elles auraient pu avoir des conséquences irréversibles.

Il faut ajouter que les succès permis par l'emploi de techniques très perfectionnées ne sont pas d'une grande importance, ils permettent de détruire un objectif à moindre coût, ou évitent des recherches ou des vérifications difficiles. Au contraire, les échecs ont tous eu des conséquences politiques extrêmement graves, sans aucune commune mesure avec l'importance de l'objectif poursuivi au départ.

« La guerre technologique : vers une "déshumanisation" des conflits »

par

Jean THYRARD
Conseiller en gestion de projets innovants et en intelligence stratégique

Si comme le disait Clausewitz, la guerre est la continuation de la politique par d'autres moyens, il disait aussi que la guerre est « un acte de violence destiné à contraindre l'adversaire à exécuter notre volonté ». De son côté Lénine[1] affirme que « l'homme du commun ne comprend pas que "la guerre est la continuation de la politique", aussi se contente-t-il de dire que "l'ennemi attaque", que "l'ennemi a envahi son pays", sans se demander dans quel but on fait la guerre, par quelles classes elle est faite, en vue de quel objectif politique ».

Peut-être est-ce pour répondre au questionnement de cet « homme du commun » que le processus de déshumanisation de l'adversaire fut mis en place par le pouvoir politique et soigneusement entretenu à l'état latent avant activation, comme on active un espion en sommeil depuis de longues années. Le déshumaniser, c'est fustiger l'ennemi que l'on veut battre, lui enlever toute connotation humaine et, au moment voulu, procéder avec le consensus de l'opinion publique, à son éradication en employant des technologies de

---

[1] Lénine, " Une caricature du marxisme ", Œuvres Complètes, t. 23, p. 33

plus en plus performantes qui permettent de frapper sans être au contact. Le duel au corps-à-corps, les yeux dans les yeux, laisse place à une Wargame soigneusement mise en scène par les médias, encore que frustrés parce que ne pouvant toujours s'immiscer dans l'intimité de la mise à mort. A la télévision, l'hallali se vit toujours sans le goût du sang et l'odeur de la mort.

Wargame, vous avez dit Wargame !

« Il est incontestable que la culture des jeux vidéo habitue les cadres et les futurs décideurs à une déshumanisation de la guerre. Qu'en sera-t-il demain lorsque l'ennemi ne sera plus perçu qu'à travers des senseurs électroniques en effectuant des observations à bonne distance de sécurité ? »[2]

Dans sa contribution sur les « drones et les conflits nouveaux », paru à la FRS, le général Michel Asencio met en effet le doigt sur l'influence des technologies dans la conduite des conflits à venir, de même qu'il s'interroge sur une fiction qui n'en est peut-être pas une, à savoir que ce sont des machines, des drones en l'occurrence dans son papier, qui seront engagés contre des êtres humains.

A l'inverse, peut-être pourrions-nous nous demander si l'absence de technologies a rendu les conflits armés plus humains !

Tenter d'apporter une réponse à notre question, c'est peut-être s'interroger sur les relations profondes qui existent entre la guerre, la violence qu'elle engendre et le degré de déshumanisation dans lequel elle se meut. C'est aussi s'interroger sur le processus de la déshumanisation de cet être humain qui, parce ce qu'il doit être battu, que ce soit dans un conflit armé ou social, est privé de toute dignité et rabaissé au rang de l'animal le plus abject.

---

[2] Michel Asencio, Chercheur associé Les drones et les conflits nouveaux - survivabilité, complexité, place de l'homme - GCA (2S) – FRS - (19 janvier 2008).

Répondre à la question, c'est enfin mesurer l'impact des technologies sur la préparation, la violence et la durée des combats ? La guerre technologique oblitère-t-elle le danger, abrège-t-elle les combats ? L'utilisation et la maîtrise des technologies nouvelles ne sont-elles pas aussi pour les opérationnels une forme de contre pouvoir au monde politique pour qu'on ne suggère plus comme l'avait fait Clémenceau que « la guerre est une affaire bien trop sérieuse pour la confier aux militaires » ! Que seraient ces nouvelles technologies aux mains des politiques ? Faudra-t-il en conclusion accepter ce partage de responsabilités qui semble bien fonctionner en période de crise : aux politiques de continuer à déshumaniser les peuples voyous, aux militaires d'éradiquer la vermine qu'ils sont devenus ?

Y a-t-il donc une interrelation entre la guerre, la violence qu'elle engendre et le degré de déshumanisation dans lequel elle se meut ?

Essayons de remplir un tableau des conflits passés, en les disposant dans cette grille d'analyse en fonction d'une part du niveau des technologies employées et d'autre part en fonction du degré préalable de déshumanisation suscité avant le combat.

En première lecture, ce tableau met en lumière que si l'atrocité du conflit n'est pas toujours proportionnelle au niveau des technologies ou techniques employées, elle l'est bien souvent au degré préalable de déshumanisation.

L'anéantissement du peuple japonais en 1945, à l'occasion des bombardements d'Hiroshima et de Nagasaki, qui rappelons-le ont fait plus de cent mille morts, est l'exemple type de la juxtaposition du paroxysme atteint au niveau de la technologie mise en œuvre - bombe atomique - et du sentiment profond de déshumanisation du peuple japonais exacerbée par la propagande anti-asiatique qui avait pris naissance aux États-Unis bien avant la Seconde Guerre mondiale. Il suffit pour cela de se rappeler les émeutes antijaponaises de septembre 1907 en Colombie Britannique et les dommages causés par l'Asiatic Exclusion League.

Dans une autre cellule du tableau, le génocide rwandais, dans lequel plus de huit cent mille êtres humains des minorités Tutsi et Hutu modérés ont trouvé la mort au printemps 1994, est l'exemple d'un conflit à faible niveau technologique et à très fort sentiment de déshumanisation. En effet, dans ce conflit, le niveau de technologie était assez faible, la plupart des massacres ont été perpétrés à l'arme à feu mais surtout à la machette, arme tribale par excellence. En revanche, l'objectif avéré d'extermination de l'ethnie Tutsi poussa à l'extrême le processus de déshumanisation des composantes de la Nation. Laisser opérer un tel procédé était un crime contre l'humanité. Et pourtant, les appels à l'aide du Rwanda à la communauté internationale restèrent longtemps sans réponse.

Nous pourrions ainsi compléter ce tableau et évoquer bien d'autres exemples, mais il est certain qu'il faut une bonne dose de réflexion pour trouver un conflit qui soit sans utilisation de technologie et sans sentiment de déshumanisation.

Nous pourrions évoquer ainsi la Première Guerre mondiale et sa boucherie, encore que là le processus de déshumanisation touchait également nos propres troupes, pour lesquelles le commandement n'avait pas plus de considération qu'il n'en avait pour les troupes allemandes. Zola avait décrit la déshumanisation des mines, Alain Fournier n'aura pas eu le temps de nous décrire la déshumanisation des tranchées. Il a laissé sa vie le 22 septembre 1914 sur le célèbre site des Éparges faisant de son corps un maillon de cette chaîne humaine bleu horizon qui était sensée, torse offert, arrêter l'ennemi. Je me permets cette légère digression parce que devant l'atrocité des combats et l'absurdité du comportement de la hiérarchie, certains voulant crier à la sauvegarde d'un brin d'humanité ont été fusillés pour l'exemple : l'aliéné ne doit pas relever le nez. Peut-être était-ce là aussi le comble de la déshumanisation !

Nous pourrions passer de cases en cases dans notre tableau et nous arrêter sur les pogroms au Kosovo, sur les exactions des rebelles tamouls, revenir sur le nazisme, explorer les foyers de terrorisme, nous pencher sur le conflit du Darfour ou encore nous plonger dans l'actualité du conflit afghan dans lequel le processus de déshumanisation semble l'étape nécessaire avant la frappe. Un observateur note que dans la plupart des pays membre de l'OTAN, « les Talibans ont été complètement déshumanisés, signe – déjà observé dans l'histoire – dit-il lorsque l'on s'apprête à commettre un crime de génocide ». Selon lui, « les politiques, les forces armées, les médias et même l'opinion publique d'Occident, font des Talibans des fanatiques, des fondamentalistes intolérants, des assassins brutaux, des individus qui décapitent des femmes, des extrémistes barbus et des terroristes. Le caractère absolument négatif de ce portrait prépare le terrain à l'agression, aux opérations militaires. »

Qu'en est-il donc de ce processus de déshumanisation ?

L'homme a exploité l'homme avec le servage. Le Blanc a exploité le Noir à travers l'esclavage. Les pays riches utilisent les plus pauvres par l'immigration voire s'emparent des richesses des plus faibles. La déshumanisation est partout à l'état latent. Elle nous entoure et ressurgit quelques fois au travers d'une phrase trop vite dite, trop vite répandue par les médias. A peine la haine du fellaga sous la cendre que ses fils se glissent dans nos banlieues tant et si bien qu'il soit nécessaire de les passer au « Karcher », d'éradiquer une vermine qui n'en finit pas de proliférer et qu'on ne contrôle plus. Le caractère humain aurait-il déserté la ville ? Faut-il qu'une bande de voyous nous conduise à penser que c'est toute la banlieue qui est malade ? On a sans doute raison de s'indigner que notre hymne national soit sifflé dans un stade par ces mêmes voyous qui entraînent leurs congénères. Savent-ils qu'ils deviennent petit à petit « ces féroces « holigans » qui mugissent aujourd'hui dans nos « stades » et qui demain « viendront égorger nos fils et nos compagnes ? ». Se

reconnaissent-ils dans ces hordes barbares dont quelquefois le sang impur abreuve nos sillons ? A l'analyse, la Marseillaise n'est-elle pas dans sa sémantique savamment porteuse d'un sentiment de déshumanisation. Ne nous incite-t-elle pas à minimiser la bavure lorsqu'elle touche un être que l'on considère comme humainement inférieur, héritier dans ses gènes de toute l'impureté et la bassesse d'ancêtres que certains d'entre vous ont côtoyés sous d'autres cieux ?
Il en est de même quand le sentiment de déshumanisation trouve naissance en tout un chacun. Les employés en grève de la société Continental nous étaient proches quand ils nous faisaient partager leur inquiétude de l'avenir. Depuis que relayés par la presse, ils sont devenus les « Conti », depuis qu'ils ont saccagé la sous-préfecture de Compiègne, ils ont perdu dans nos cœurs cette parcelle d'humanité qui nous liait à eux laissant place à la caricature. Quel que soit le cynisme de la direction de la société, les « Conti » déshumanisés par leurs actes de violence ont volé leur grève aux êtres humains employés de Continental. Il en est de même pour les « Heuliez », les « Mittal » et bien d'autres encore. Et que penser de la déshumanisation des prisons, des centres de rétention, des maisons de retraite, etc.. La déshumanisation engendrée par les conflits sociaux est-elle hiérarchiquement inférieure à celle des conflits armés ? Certes non, mais le sentiment véhiculé à l'occasion d'un conflit armé conduit à un paroxysme de violence que n'ont jamais connu les répressions des grèves, qu'elles quelles furent.
Violence ! Le mot est lâché. Quand il s'agit d'éradiquer les foyers de tension préalablement déshumanisés par le politique et relayés par les médias et l'opinion publique, les opérationnels auraient bien tort de s'exposer aux griffes et aux morsures de la meute, d'où un recours intensif aux technologies nouvelles du combat. L'utilisation d'armement à longue portée comme les Cruise Missiles au cours de la première guerre du Golfe, en est sans doute le meilleur exemple. Feu d'artifice féérique, il tenta de prouver au monde qui savou-

rait les images que la barbarie pouvait être vaincue sans coup férir. Zéro mort dans le camp des justiciers. Puis se furent les missiles « tire & oublie », puis petit à petit la terre se rapprochait et il a fallu se rendre à l'évidence. Derrière le nuage de sable, ce n'étaient plus des barbares mais des êtres humains. Le combat ne pouvait être totalement virtuel, il y eut des premières victimes, des dommages collatéraux. L'opinion publique internationale se rendait compte que la suprématie technologique américaine n'arrivait pas à vaincre l'homme décidé à défendre sa terre. F117, B2 et autres signes de puissances sont restés inopérants. Cela fera bientôt vingt ans que les Américains sont en Irak. Alors je ne sais si, comme l'affirme le général Asencio, « la culture des jeux vidéo habitue les cadres et les futurs décideurs à une déshumanisation de la guerre ». Je sais aussi que dans un conflit il faut conquérir le terrain et s'y maintenir. Et là, il est bien difficile de rester plonger longtemps dans son profond sentiment de déshumanisation. Les technologies ont-elles empêchés nos 10 soldats de perdre la vie dans une embuscade dépourvue de toutes technologies. Mais là qui était le plus déshumanisé : l'allié au fils de Satan ou le Taliban fanatique. Sont-ce des êtres humains qui sont face-à-face ou des combattants plus ou moins déshumanisés ? La réponse est sans doute dans le camp où on est ou pour lequel on milite. Nous aurions pu aussi nous interroger sur le fait que la possession de technologies conduit sans doute à des prises de risque non calculées : lors du déclenchement de la deuxième guerre du Golfe – guerre contre le terrorisme – les Américains se rendaient-ils compte de l'enlisement d'un conflit que les technologies n'avaient, tout compte fait, pas réussi à vaincre et qui en donnait de ce fait les limites ?

Il y a encore tellement de questions en suspens que j'ai bien du mal à conclure. Je dirai seulement que nous sommes entrés dans une période de survivance (crise économique mondiale, lutte pour la protection de l'environnement, pour l'accès aux besoins vitaux fondamentaux et notamment pour l'accès à l'eau).

J'ai bien peur que la lutte pour la survivance accélère encore le processus de déshumanisation des peuples et alors là je me demande en quoi de nouvelles technologies de combat pourraient aider à résoudre les difficultés. J'aurais tendance à faire un vœu : est-il possible de doter la politique de technologies de négociations qui puissent faire reculer et reculer encore la nécessité de poursuivre par la guerre ? Pourquoi ne pas donner tort à Clausewitz !...

IIIème PARTIE
LES PERSPECTIVES DE LA GUERRE TECHNOLOGIQUE : années 2009-2010 et suivantes

1. Les perspectives de la guerre technologique : orientation théorique

« De la méthode pour faire face aux défis technologiques que posent les conflits modernes »

par

Patrice CARDOT
Conseil Général de l'Armement

C'est aujourd'hui un lieu commun que de reconnaître que « la guerre technologique » constitue une dimension importante des conflits modernes ! Au point d'avoir fortement inspiré les réformes qui ont été engagées au cours des années 90 et poursuivies jusque vers la moitié de la décennie 2000 au sein des Etats comme au sein de l'Otan sur les registres conceptuel, doctrinal, scientifique, technologique, administratif, militaire, industriel, économique, budgétaire et financier sur lesquels s'articule l'art de la guerre.
Au sein de l'Otan, cette évolution s'est matérialisée au cours des années 90 dans la « Révolution dans les Affaires Militaires » (RAM), puis dans la « Transformation » au service d'une guerre « réseau centrée » (« *net centric warfare* » - *ncw* - et « *net centric opérations* » - *nco* -), ainsi que dans la réalisation du concept ancien de « tout aérien » (frappes à distance zéro mort) par l'arme aérienne, l'arme technicienne par excellence, le bras armé des guerres technologiques de haute intensité, de haute précision et de haute destruction,

par l'utilisation des armes « intelligentes », la robotisation militaire (drones,..), la guerre et la furtivité électroniques, la numérisation de l'espace de bataille, … Autant de doctrines et de concepts destinés à souligner les atouts sur le plan militaire que procure la modernité technicienne occidentale, notamment la « foudroyance technologique » censée assurer la supériorité opérationnelle sur les théâtres d'opérations.
Or, par voie de conséquence, ces réformes se sont concrétisées au sein des Etats qui sont membres de l'Otan, à la fois par une convergence très forte, voire davantage, des doctrines militaires sur celles de l'Otan, y compris en France, et par une traduction budgétaire dans les lois de programmation militaires.
Les conflits récents, en Irak et en Afghanistan, ont fait apparaître que tout cela n'est pas adapté aux guerres asymétriques, aux guerres au sein des populations, aux guerres de 4ème génération qui font réapparaître la place essentielle de l'humain dans les conflits modernes, sous les formes du « combattant-militaire », de « l'insurgé innovant », du « terroriste technologiquement agile et furtif » ainsi que des réseaux sociaux qui peuvent y être attachés, et leur stratégie de contournement des doctrines et instruments qui prévalent dans la préparation et la conduite de la guerre « réseau centrée », stratégie parfois soigneusement articulée sur les quatre principes de base de la cyberguerre énoncés par le Dr Lani Kass du *Cyberspace Task Force* (US Air Force), à savoir : le cyberespace fournit d'emblée un point d'appui à des attaques physiques parasitant/retardant/entravant votre réaction ; tout ce que vous pouvez faire dans le cyberespace peut également vous être infligé beaucoup plus vite et pour beaucoup moins cher ; les vulnérabilités sont disponibles à ciel ouvert, n'importe où et à n'importe qui ayant la capacité et l'intention de les exploiter ; le cyberespace procure les voies et moyens à des attaques distantes organisées contre votre infrastructure à la vitesse de la lumière.

Les budgets de la défense et de la sécurité nationale des Etats-Unis de ces dernières années traduisent ces évolutions au rythme de la réorientation doctrinale que l'on observe vers la guerre culturo-centrée et le « *Human Terrain Système* » (HTS) : annulation de plusieurs programmes à forte « charge » technologique, « retour » vers un modèle d'armée plus conventionnelle pour être efficace et gagner les conflits asymétriques ; « poussées » technologiques davantage centrées sur la cyberdéfense, sur le combattant sur le terrain, les armes « rustiques » jugées plus performantes que les armes « intelligentes » de la guerre de haute technologie.
Sur le plan théorique, deux voies sont possibles pour entreprendre cette nouvelle réforme des ressorts et déterminants de la guerre technologique dans le cadre du (ou des) système(s) de sécurité existant (s) – niveau national, niveau Otan, niveau Union européenne - :

1° soit renouveler les ressorts et déterminants actuels de la RAM et de la guerre « réseau centrée » tout en les prolongeant (émergence d'une « 3è » RAM intégrant certaines techniques avancées ; construction d'un spectre global des moyens d'action assurant la victoire dans les « nouvelles guerres totales localisées » ; adaptation de la doctrine du combat aéro-terrestre ; recours systématique aux « opérations basées sur les effets », *etc.*) ;

2° soit dépasser la RAM et la guerre « réseau centrée » (passage du « *network centric warfare* » au « *cultural centric warfare* » - *cf.* par exemple aux Etats-Unis la Directive 3000-07 - ; opérer une certaine « humanisation » de la rénovation technologique dans la recherche du contrôle des différents milieux).

Une troisième voie est possible, voire même très probablement, nécessaire, qui consiste à reconnaître la nécessité de faire face aux difficultés considérables qui résultent d'une incapacité à intégrer dans ce(s) système(s) de sécurité toutes les conséquences, en termes de doctrines, de concepts, de moyens, etc., de l'obligation de répondre de manière vérita-

blement systémique aux défis (sectoriels, globaux, régionaux et locaux) que font peser sur les nations la superposition en même temps que l'articulation étroite des enjeux de sécurité nationale et des enjeux de défense *stricto sensu.*
Charles Bwele, consultant en technologies de l'information et des télécommunications, analyste en technostratégie, a publié à cet égard un article très intéressant[1] qui présente un état des lieux des différentes natures de problèmes que soulèvent aux Etats-Unis les enjeux de planification, d'organisation, de mise en œuvre, d'évaluation et de contrôle dans le domaine de la cybersécurité.
Il y relève notamment que de 2007 à 2008, les réseaux informatiques gouvernementaux et industriels des États-Unis ont été victimes respectivement de 38 000 à 72 000 incidents : attaques, intrusions, pertes, vols et piratages de données. Dans son évaluation des niveaux de sécurité et de résilience des systèmes informatiques pour l'année fiscale 2007, le Congrès avait attribué un « C » à l'ensemble des administrations fédérales, « F » à l'Office de Régulation Nucléaire et au Département du Trésor, « D » au Pentagone, « A » au Département de la Justice.
D'où l'établissement d'un vaste plan de cybersécurité nationale - initié par l'ex-président George W Bush et renforcé par son successeur Barack Obama - portant sur cinq grands axes : la R&D orientée cybersécurité imbriquant secteur informatique, industrie militaire et laboratoires universitaires ; la protection et la résilience des infrastructures réseautiques vitales (administrations fédérales, électricité, transports, information & médias, finance, *etc.*) ; le contre-espionnage industriel en réseaux ; le développement de stratégies anti-cybercriminelles globales ; l'élaboration de standards pour la protection physique et numérique des données personnelles, administratives et industrielles).

---

[1] ***cf.*** http://electrosphere.blogspot.com/2009/03/nebuleuse-et-dangereuse-cybersecurite.html

Il constate que, selon le cabinet de prévisions INPUT, les investissements cumulés de l'Etat fédéral dans ce masterplan cybersécuritaire passeront de 7,4 milliards en 2008 à 10,7 milliards de dollars en 2013 (+44%). Des acteurs traditionnels de la cybersécurité comme McAfee et Symantec sont désormais confrontés aux grands noms de l'industrie militaire : Boeing (*Cyber Solutions*), Lockheed Martin (*Information Systems & Global Services*), Raytheon (*Information Security Solutions*) et L3 Communications (*Cybersecurity Units*), pour ne citer qu'eux. BAE Systems, General Dynamics, l'Université John Hopkins, Lockheed Martin, Northrop Grumman, Science Application International et Sparta - tous généreusement subventionnés - rivaliseront chacun d'imagination par cycles semestriels au sein du *Cyber Range Startup*, laboratoire cybersécuritaire et incubateur d'innovations créé et supervisé par le DARPA, le fameux centre de recherches du Pentagone.
Il remarque également que l'administration Obama, le Pentagone, les milieux académiques et les opérateurs industriels ont été fortement séduits et convaincus par les recommandations pertinentes du *Center for Strategic and International Studies* dans *Securing Cyberspace for the 44th Presidency*, document empreint d'une profondeur, voire d'une vision « cyberstratégique ».
Quelle que soit la voie retenue, il est indispensable d'anticiper, d'initier, d'accompagner - et de réguler autant que faire se peut - les mutations et les ruptures technologiques les plus décisives de demain (nanotechnologies, technologies convergentes nano-bio-TIC, ...) afin :

1° d'identifier les potentialités comme les risques et les menaces de toutes natures qui y sont associées, leurs effets probables ou avérés ainsi que l'ensemble des vulnérabilités qui y sont attachées ;

2° de configurer l'ensemble des ressorts et des déterminants du (des) système(s) de sécurité (qui englobe la défense) le(s) mieux approprié(s) pour y faire face et/ou en tirer parti en termes de garanties – positives et négatives – de sécurité, de mesures de confiance et de mesures de réassurance appropriées, de toutes natures qu'elles puissent être (organisationnelle, conceptuelle, doctrinale, capacitaire, opérationnelle, technologique, juridique, …) ;

3° puis, dans le cadre de ce(s) système(s) de sécurité (s) et de ce paysage industriel, économique et technologique, d'imaginer, de concevoir, de développer, d'expérimenter – notamment dans de vastes « laboratoires technico-opérationnels » -, de produire, de mettre en œuvre, de maintenir en condition opérationnelle (et partant, d'en financer les investissements, les coûts d'accès, d'usage et de possession) la gamme de capacités et d'équipements la plus complète, la plus adaptée, en juste suffisance en regard des objectifs de sécurité retenus, ainsi que les doctrines, les concepts d'emploi, les formations et les règles d'engagement qui y sont attachés, et ce, pour tous les domaines (conventionnel, nucléaire) et pour tous les types de conflit, en mariant au mieux l'approche globale « système de système » du combat aéro-terrestre, ou, plus généralement, de la cyberdéfense et les impératifs – « *low.tech* » - de la guerre au milieu des populations ;

4° enfin, en cohérence avec les éléments constitutifs de ce(s) système(s) de sécurité, de se doter d'un outil efficace qui précise le « paysage » industriel, économique et technologique souhaité à moyen – long terme sur la base d'une clarification en responsabilité du positionnement retenu pour les technologies, capacités et équipements cibles en sériant : les technologies et capacités de production dont on estime devoir garder la maîtrise au niveau national ; celles pour lesquelles on peut envisager une coopération avec des partenaires européens ou internationaux ; et celles qu'on estime accessibles auprès de fournisseurs tiers sur le marché mondial des équipements de sécurité et de défense ; ne serait-ce que pour déterminer au mieux, et de manière aussi robuste que possible, la « feuille de route de la 'Base Industrielle et

Technologique de Sécurité (BITS)' » (laquelle englobe la 'BITD') que l'on souhaite rendre à la fois autonome et compétitive, en articulant aussi harmonieusement que possible la politique scientifique et technologique, la politique industrielle et la politique d'armement dans leur triple dimension nationale, européenne et internationale.

Aux Etats-Unis, la prochaine « *Quadrennial Defense Review*» (QDR) qui fixera les priorités du Pentagone et orientera la préparation des prochains budgets (à commencer par le budget 2010) sera à cet égard particulièrement éclairante. L'*Annual Industrial Capabilities Report to Congress* paru en mars 2009 en offre une première illustration[2].

En France, comme dans les autres Etats membres de l'Otan et/ou de l'Union européenne, cela doit se traduire matériellement (budgétairement) dans les prochaines revues de programmes ainsi que dans les prochaines lois d'orientation et de programmation concernées (militaire, sécurité intérieure, voire même sécurité nationale, ...).

Au niveau de l'Union Européenne, cela pourrait / devrait se concrétiser dans l'établissement d'un Livre blanc de l'Union Européenne pour la sécurité et la défense, puis dans la programmation des activités de l'Agence européenne de défense, et des moyens qui seront mis à la disposition de la PESC (notamment, mais pas seulement, de la PSDC). Quant à l'Otan, cela dépendra naturellement de la seule volonté politique de ces membres nationaux que de ne pas maintenir la situation actuelle décrite ci-avant en engageant cette Organisation dans l'une ou l'autre des 3 voies présentées *supra*.

2 *cf.* http://www.acq.osd.mil/ip/docs/annual_ind_cap_rpt_to_congress-2009.pdf

« L'émergence d'une 3e Révolution dans les Affaires Militaires (RAM) avec certaines technologies avancées »

par

Alain DE NEVE
Attaché de recherches à l'Institut Royal supérieur de défense de Bruxelles
Membre du RMES

Depuis plusieurs années, l'hypothèse de l'émergence d'une « troisième Révolution dans les Affaires Militaires » (3RAM) a vu le jour. Les progrès significatifs intervenus dans les sciences et les technologies, notamment dans le domaine de la nanotechnologie, tendent à accréditer l'imminence d'une mutation sans précédent des conditions techniques dans lesquelles seront conduites à l'avenir les opérations militaires et de gestion de crise. La connaissance et la maîtrise des techniques de manipulation de la matière à l'échelle du milliardième de mètre (échelle dite « nanométrique ») présagent, en effet, de ruptures technologiques majeures qui modifieront en substance la structuration des forces de même que les rapports entre le combattant et la machine.

Au vrai, la nanotechnologie[1] et la biotechnologie, nouveaux horizons des politiques de recherche[2], s'intègrent dans le

---

[1] Nous préférerons le terme « nanotechnologie » à celui de « nanotechnologies » afin de désigner le domaine de la science et de la technologie qui a pour objet la connaissance, la maîtrise et la manipulation de la matière à l'échelle nanométrique. La forme plurielle

champ plus vaste et plus ambitieux d'une Convergence Technologique (CT), aussi désignée « métaconvergence » ou, selon l'acronyme anglo-saxon, convergence « NBIC[3] ». Aux Etats-Unis, le rapport produit en juin 2002 par la National Science Foundation (NSF), intitulé *Converging Technologies for Improving Human Performance (Nanotechnology, Biotechnology, Information Technology and Cognitive Science)* a pour ambition de jeter les fondements d'une unification interdisciplinaire des provinces de la science et de la technologie. De cet ensemble complexe et parfois confus, la nanotechnologie tire l'attelage[4].
Ce serait une erreur d'envisager ces technologies émergentes comme une révolution scientifique parmi d'autres ou, encore, ainsi que l'envisagent certains (à propos plus précisément de la nanotechnologie), comme des *failed technologies*[5]en puissance. Inversement, une méprise tout aussi grave consisterait à verser dans les extrapolations les plus inouïes que défendent les avocats les plus imaginatifs de la Convergence Technologique parmi lesquels figurent Eric K. Drexler, William Brainbridge, Michail Rocco ou Ray Kurzweil. Entre ces deux extrêmes, la posture intermédiaire d'une critique constructive, responsable et proactive est essentielle. « *La Science*, soutenait Martin Heidegger, *ne pense pas* ». Autrement dit, elle n'est pas en mesure, du fait même de sa constitution, de faire un retour réflexif sur elle-

---

du terme a été écartée dans la mesure où elle peut apparaître comme la résultante d'une confusion sémantique.

[2] Vincent BOTEMS, « L'imaginaire des nanotechnologies : nanomonde ou nanocosme ? », *Etudes*, 2008/4, Tome 408, p. 485.

[3] Nanotechnologies, Biotechnologies, Infotechnologies and Cognitive Science.

[4] J.-P. DUPUY, « Quand les technologies convergeront », *Revue du MAUSS*, 2004/1, numéro 23, Dossier : Libre revue, p. 408.

[5] P. COFFEE, « Fads and Hype in Technology: The Sargasso Sea of "Some Day Soon" », dans Lynn E. FOSTER, *Nanotechnology: Science, Innovation and Opportunity*, Boston, Prentice Hall, 2006, pp. 19 – 30.

même[6]. Quoique cette critique, qui est à la fois forte et nous interpelle, s'appuie sur l'expérience historique des rapports entre la science et la guerre, je ne partagerai pas l'idée selon laquelle il serait devenu impossible de réfléchir stratégiquement sur l'impact à venir de la nanotechnologie et de la Convergence Technologique[7].

La 3RAM comme vecteur d'une Révolution des Perspectives Stratégiques (RPS)

Il n'en reste pas moins que la nanotechnologie, comprise comme l'élément constitutif d'une Convergence Technologique plus étendue, aboutira à une modification radicale et plus en profondeur encore des modalités d'opérations des armées ainsi que des conditions de sécurité de nos populations. En marge des ruptures technologiques dont pourraient profiter les systèmes de défense des Etats parvenus à maîtriser l'industrialisation de la nanotechnologie, apparaîtront des risques d'une ampleur nouvelle, voire vertigineuse.

La sensation de vertige ne se ressent pas au pied de l'édifice ; autrement dit, elle ne provient pas seulement du gigantisme des défis que nous aurons à relever ; le vertige survient lors de la contemplation du vide sous nos pieds ou encore de l'insuffisance des réflexions prospectives construites à un niveau politique et global. Pour les Etats-Unis, ce vertige résulte de l'attitude quasi-schizophrénique d'un Département de la Défense qui, tout en consacrant des fonds considérables à la Convergence Technologique, semble miser principalement sur la persistance des guerres irrégulières à l'échelle des 30 prochaines années ; négligeant ainsi la possibilité de l'émergence de nouveaux pôles de puissances qui parviendront entre-temps à maîtriser les variantes militaires de la CT.

---

[6] Propos cités par J.-P. DUPUY, « Pour une évaluation normative du programme nanotechnologique », *Annales des Mines*, février 2004, p. 29.
[7] *Idem.*

S'intéresser et intéresser l'opinion et les décideurs à la Convergence Technologique est donc, plus que jamais, un impératif. Il convient de comprendre ici la notion d'« intérêt » dans son sens étymologique (*inter-esse* : « se placer entre »), ce qui suppose de dépasser la contemplation pour s'*interposer*, *casser les associations antérieures* et composer de nouveaux cadres de réflexion.
Plus qu'une Révolution dans les Affaires Militaires de troisième génération, c'est à l'aube d'une Révolution des Perspectives Stratégiques (RPS) que nous nous situons[8]. C'est là, pourrait-on, dire l'effet *géopolitique* probable de la 3RAM. Le cadre de notre réflexion ne nous permet pas de nous attarder sur les caractéristiques fondamentales que pourrait présenter cette RPS en devenir. Deux remarques peuvent, cependant, être faites à ce stade. La première consiste à préciser que cette RPS, qui représentera dans une certaine mesure le macrocosme de développement de la 3RAM, ne reposera pas sur une technologie clé unique mais sur une juxtaposition hybride de technologies, certaines constituant les héritages de la révolution informatique et des réseaux, d'autres incarnant l'émanation directe de la Convergence Technologique. Aux risques sécuritaires et militaires inhérents aux deux premières RAM, s'adjoindront donc les défis d'une Convergence Technologique encore mal appréhendée et insuffisamment étudiée dans ce qu'elle comporte comme facteurs de perturbation systémique de l'ordre international. Une seconde remarque vise à attirer l'attention sur le fait que la 3RAM, du fait de la survenance d'une telle RPS, ne verra sans doute pas le jour parmi les puissances scientifiques et militaires dominantes de l'ère de la révolution informationnelle (Etats-Unis, Europe et, dans une certaine mesure, Russie) mais bien au sein de nouveaux

[8] C. Dale WALTON, *Geopolitics and the Great Powers in the Twenty-First Century: Multipolarity and the Revolution in Strategic Perspective*, London, Routledge, Geopolitical Theory Series, 2007, p. 91.

« Cœurs » – pour paraphraser ici Jacques Attali[9] -, situés notamment en Asie. À cet égard, nous constatons que la grande majorité des activités de recherche intéressant les domaines technologiques de la 3RAM sont menées, pour la plupart, en dehors des Etats-Unis et, plus globalement, en dehors de l'hémisphère occidental. Les Etats asiatiques (Corée du Sud, Taïwan, Chine, Inde, Japon) disposent aujourd'hui des centres d'excellence scientifiques qui, non seulement, se consacrent tout entiers aux technologies émergentes mentionnées (nanotechnologies, biotechnologies) mais figurent parmi les meilleurs que comptent aujourd'hui la planète[10]. Les dernières recensions des publications scientifiques à l'échelle mondiale dans le domaine de la nanoscience et de la nanotechnologie confirment la montée en puissance des pôles scientifiques asiatiques[11].

Devons-nous, par ailleurs, nous étonner de ce constat ? Sur le plan stratégique, ces puissances scientifiques émergentes /résurgentes sont les seules à avoir un intérêt réel à investir dans les technologies qui permettront de renverser le statu quo militaire existant, et dont la grammaire est essentiellement, sinon exclusivement, définie par les Etats-Unis.

Apports possibles de la CT dans le domaine militaire et scenarii

Il convient, dès à présent, de nous pencher plus en détails sur les apports promis par la Convergence Technologique dans le domaine militaire. C'est là, sans nul doute, la partie la plus périlleuse de l'exercice à laquelle nous nous livrons. D'emblée, il importe de rappeler que la plus grande prudence reste de mise. Des réserves réelles sont, en effet, à formuler à l'endroit des scénarios les plus aventureux qui tendent à

[9] J. ATTALI, *Une brève histoire de l'avenir*, Paris, Seuil, 2007.

[10] A. HULLMAN, « Who is Winning The Global Nanorace? », *Nature Nanotechnology*, Vol. 1, November 2006, pp. 81 – 83.

[11] *Ibid.*, p. 81.

quitter le domaine académique de la *prospective* pour s'aventurer dans les terrains mouvants de la *futurologie.* Enfin, des facteurs systémiques peuvent infléchir le cours de certaines conjectures. Parmi ces facteurs, on citera, notamment, la capacité de certains Etats à soutenir leurs niveaux de dépenses militaires actuels, l'influence de l'économie et de la stabilité monétaire sur les équilibres financiers, les niveaux de croissance/décroissance démographiques à l'échelle des 50 prochaines années mais aussi la capacité d'assimilation ou de résistance des individus et des collectivités face à certaines innovations.

Ceci étant posé, nous pouvons distinguer trois grandes vagues de mutations qui affecteront l'agir militaire dans le futur.

Une première vague, dont la concrétisation est proche, s'articulera autour de la production de matériaux de nouvelle génération pour les armées. Ces matériaux seront plus légers, mais aussi plus résistants et caractérisés par des propriétés de conduction supérieures à celles connues actuellement. Les avantages des matériaux nanostructurés pour les forces armées s'imposent de façon presque intuitive. On songe, en premier lieu, aux gains en termes de survivabilité sur les théâtres d'opérations et, notamment, à l'accroissement du niveau de protection des forces et des matériels face aux engins explosifs improvisés (*Improvised Explosive Devices*). On peut, également, envisager la conception de plates-formes plus légères et, par conséquent, des gains notables en termes de transport vers les théâtres de crise et d'autonomie en opération. Le développement futur de nanomatériaux pourrait, dans le même temps, présenter des avantages certains en matière de programmation. À l'heure actuelle, la transposition d'un système d'arme ou d'un matériel donné sur des théâtres d'intervention situés dans des environnements climatiques ou topologiques sévères implique des adaptations coûteuses en main d'œuvre et en temps. On peut supposer que la résistance accrue des matériaux nanostructurés permettra aux états-majors de pouvoir s'affranchir, demain, de telles contraintes. Il est, enfin, intéressant de songer à l'impact probable de tels matériaux sur les coûts de développement d'un programme. La nécessité de décliner un appareil selon les environnements dans lesquels il est amené à intervenir génère nombre de dilemmes et d'arbitrages politiques délicats à propos des niveaux d'affectation des exemplaires dudit appareil. On peut espérer que l'adjonction de nanomatériaux favorisera une polyvalence telle qu'elle rendra tout arbitrage de ce type superflu.

Une seconde vague de ruptures technologiques issues de la nanotechnologie pourrait intervenir à une échelle de temps comprise entre 10 et 15 ans. Bien qu'une prédiction exacte des solutions technologiques susceptibles d'émerger à cet horizon demeure un exercice risqué, quelques scientifiques et ingénieurs évoquent la mise au point de systèmes d'armes dont la structuration pourrait se révéler plus déstabilisatrice en termes d'équilibres géostratégiques[12]. Est, ainsi, évoquée la conception d'ordinateurs miniaturisés à l'extrême aux puissances de calcul démultipliées et intégrés de manière quasi-native dans une gamme sans cesse plus large d'équipements, de revêtements du soldat, de systèmes d'armes et de plates-formes. Est, encore, envisagée la confection et la production en large nombre de nanosenseurs dont les coûts unitaires connaîtraient une décroissance géométrique. Des ordinateurs plus puissants intégreront les architectures informatiques de gestion de l'espace de bataille, tendant à réduire encore davantage la place de l'homme dans la boucle décisionnelle. Ces mêmes ordinateurs équiperont, demain, les systèmes de combat inhabités (drones de reconnaissance, armés ou de combat,

[12] M. LAWLOR, « Small Matters : Nanotechnology Could Lead to Next Arms Race ; Experts Debate How To Prepare », *Signal – AFCEA's International Journal*, Vol. 59, No. 11, July 2005, pp. 45 – 50.

robots terrestres, etc.) dont les risques de prolifération ne sont pas à sous-estimer. Ils pourraient, de même, compte-tenu de leur dimension réduite intervenir dans la structure de toute forme de munition qui deviendrait ainsi systématiquement guidée de précision.
Les nanomatériaux rendront possible l'élaboration de systèmes aux signatures considérablement réduites. Quelques auteurs attirent, plus spécialement, l'attention sur la perspective de confection d'armements dénués de tout composant métallique, indétectables ou invisibles pour les moyens de surveillance associés aux régimes de contrôle des armements.
La troisième vague de transformations, qui s'avérera plus ancrée dans la Convergence Technologique, promet, selon quelques spécialistes, des ruptures d'une magnitude telle qu'elles iront jusqu'à affecter l'ergonomie militaire et les rapports entre le combattant et la machine. Parmi les percées évoquées, citons la mise au point de nanocapteurs invasifs biocompatibles destinés à l'examen diagnostique du soldat ou aux premiers traitements des blessures, le développement – certes, controversé – de fabriques/usines moléculaires[13] (*Molecular Manufacturing*) aux fins de la confection d'armements conventionnels et nucléaires[14] ou, encore, la

[13] L'hypothèse du développement d'usines ou de fabriques moléculaires a, pour la première fois, été émise par John Von Neuman et Richard P. Feymann, avant d'être reprise par le chimiste américain Eric K. Drexler, fondateur du Foresight Institute à Palo Alto (Californie). *Cf.* E. K. DREXLER, *Engines of Creation: The Coming Era of Nanotechnology*, Anchor, 1987.

[14] Dans un entretien accordé à la revue *Bulletin of Atomic Scientists* (BAS), Eric K. Drexler évoque, entre autres, la possibilité, grâce aux fabriques moléculaires, d'une réduction sans précédent du coût unitaire d'un missile de croisière. Actuellement, un tel système possède un coût unitaire de développement et de production de près d'un million de dollars et ne parvient à délivrer qu'une demi-tonne d'explosif sur sa cible. Pour ce même coût d'un million de dollars, une usine moléculaire permettrait la production de plusieurs missiles à mêmes de délivrer

mise au point de matériels et systèmes d'armes reconfigurables selon les missions et les besoins. Soulignons, enfin, la perspective de la confection d'agents chimiques et biologiques de nouvelle génération qui, combinés à des systèmes de computation puissants, permettront le développement d'armements caractérisés par des capacités de destruction démultipliées et ciblées.

Impacts de la 3RAM sur les équilibres militaires et les régimes de contrôle des armements

Sans prétendre à l'exhaustivité, les scénarios que je viens d'évoquer ont eu pour principal but d'examiner les percées potentielles dont pourraient, à l'avenir, tirer parti les organisations militaires des nations parvenues à maîtriser l'industrialisation des technologies convergentes. Toutefois, les scénarios au-delà des quinze prochaines années laissent apparaître des conjectures plus critiques.

Supervirus et armes biologiques/chimiques de nouvelle génération

L'un des principaux défis résidera dans la combinaison future de la nanotechnologie avec la biologique synthétique (aussi désignée « Nouvelle biologie »). Si les progrès récents intervenus dans la connaissance des processus psychiques, neuronaux[15] et immunitaires humains, combinés aux avancées de la génomique, devraient permettre la confection de vaccins et d'antidote plus efficaces et mieux ciblés, ils conduiront assurément les proliférateurs à investir dans la mise au point de nouveaux armements biologiques.

---

plusieurs centaines de tonnes d'explosifs et de sous-munitions. Chaque sous-munition disposerait, par ailleurs, d'une capacité de guidage de précision. *Cf.* E. K. DREXLER (entretien), « The Stealth Threat », *Bulletin of Atomic Scientists*, Vol. 63, No. 1, January/February 2007, p. 56;

[15] M. DANDO, « L'utilisation des neurosciences à des fins malveillantes », dans *Forum du désarmement* (La science, la technologie et la convention sur les armes chimiques et biologiques), numéro 1, 2005, pp. 19 – 27.

Des armes nouvelles sont d'ores et déjà envisagées. Parmi elles figurent[16] :

1. l'utilisation de toxines pour la paralysie du système immunitaire, la nature se chargeant du développement des infections opportunistes ;
2. la manipulation de protéines régulatrices dirigées vers des tissus précis du corps humain, à l'instar du cerveau, pour y causer des dommages irréversibles et sans précédent ;
3. la conception d'armes chimiques d'une grande stabilité reposant sur le développement de molécules capables de se lier à des récepteurs précis du corps humain pour en modifier le fonctionnement de manière prévisible ;
4. la création de pathogènes furtifs capables d'esquiver les réponses immunitaires mais également les examens diagnostiques[17] ;
5. la mise au point de pathogènes combinant une extrême virulence avec une haute transmissibilité et pouvant rester en état de veille indétectable avant d'être activés de manière opportune ;
6. le développement d'armes « ethniques », quoi que craint, s'avère plus que controversée dans la mesure où au sein de la population humaine, les variations intragroupes sont souvent plus importantes que les variations intergroupes.

---

[16] M. WHEELIS & M. DANDO, « Guerre biologique et progrès technologiques », dans *Forum sur le désarmement* (Les armes biologiques : de la Convention aux biotechnologies), numéro 4, 2000, pp. 49 – 57 ; M. WHEELIS, « Will the New Biology Lead to New Weapons ? », *Arms Control Today*, July/August 2004, http://www.armscontrol.org/act/2004_07-08/Wheelis?print.

[17] K. NIXDORFF, « A l'attaque du système immunitaire », dans *Forum du désarmement* (La science, la technologie et la convention sur les armes chimiques et biologiques), numéro 1, 2005, pp. 29 – 40.

Déstabilisation des équilibres militaires

Ces quelques illustrations des perspectives de développement dans le domaine des armements chimiques et biologiques lève un coin du voile sur les caractéristiques futures de l'environnement stratégique. À ces perspectives s'ajoutent encore les effets déstabilisateurs que pourraient susciter un niveau de développement avancé dans le secteur de la nanotechnologie militaire.

L'avènement de nanomatériaux pourrait, ainsi, fragiliser sinon remettre en cause la structure même de l'équilibre de la dissuasion nucléaire classique, fondée notamment sur le principe de vulnérabilité mutuelle des puissances nucléaires. La nanotechnologie pourrait, en effet, permettre dans le futur la construction, à une large échelle, de systèmes de défense civile performants, et fournir aux puissances nucléaires des moyens de défense active efficaces. De même, l'emploi de nanomatériaux pour la confection des silos laisse présager de la possible mise au point d'armements contre-forces ; ce qui ferait naître parmi les puissances nucléaires et les proliférants l'illusion selon laquelle il serait possible de remporter une guerre nucléaire.

Quel avenir pour les régimes de contrôle des armements ?

Des incertitudes entourent, par ailleurs, le devenir des principaux régimes de contrôle des armements du fait de l'évolution des technologies et, plus spécifiquement, des perspectives de mise en œuvre des technologies convergentes dans le domaine militaire. Parmi les interrogations que nous pouvons poser à propos de l'impact des nanotechnologies et des biotechnologies sur les régimes de contrôle existants, figure celle, en particulier, de la modification des taxonomies des armements nanostructurés. Pourrons-nous faire entrer ces armements de nouvelle génération dans les catégorisations existantes ? Et quels seront les critères à employer pour leur classement ? Ou devrons-nous réfléchir à la définition de nouvelles catégories ? Et comment s'assurer de leur opérationnalité ?

La prolifération des armements nanostructurés, voire des nano-armements, altérera de manière dramatique les rapports de dissuasion entre les Etats parvenus ou sur le point de parvenir à maîtriser les technologies de l'infiniment petit et leur combinaison avec les biotechnologies. Il deviendrait, en effet, impossible de dissuader tout Etat soupçonné de préparer une agression en ayant recours à des nano-armements si ces derniers ne peuvent être identifiés par les moyens de surveillance satellitaires. La traçabilité de tels nano-armements se révélera d'autant plus problématique que, contrairement aux systèmes d'armes conventionnels et non-conventionnels existants (nucléaires, chimiques, bactério-logiques), les nano-armements n'exigeront pas, pour leur fabrication, des vastes installations et complexes industriels. La surveillance des sites suspectés de couvrir des activités de développement d'armes nanotechniques s'avérera tout simplement impossible.

Conclusion

Les hypothèses et scénarios exploratoires qui viennent d'être posés ne sauraient être interprétés comme un examen exhaustif des défis sécuritaires qui sont sur le point de se dessiner. Face à l'incertitude consubstantielle de l'évolution stratégique des cinquante prochaines années, il est une certitude méthodologique dont il nous faut avoir conscience : quelle que soit la précision des visions prospectives que nous pouvons, aujourd'hui, porter sur les développements technologiques à venir, nous sommes condamnés à ne percevoir qu'une part infime des transformations sociales, économiques, politiques et militaires qui verront le jour à long terme.

Les technologies avancées qui constitueront les fondements de la 3RAM pourront, sans nul doute, profiter provisoirement aux puissances devenues maîtres depuis plus de quarante ans de la révolution militaro-technique des ordinateurs et des réseaux. Il n'en demeure pas moins que l'écologie complexe des acteurs stratégiques affectera la position dominante des puissances historiques pour livrer entre les mains de puissances émergentes/résurgentes, voire d'une multiplicité d'acteurs infra- ou non-étatiques, des moyens technologiques avancés qui seront de nature à réviser les fragiles équilibres géopolitiques.

« L'apport de la technologie militaire aux conflits du futur : le point de vue d'un industriel : EADS »

par

l'Amiral Alain COLDEFY
Conseiller défense du Président d'EADS

Quelques considérations de départ doivent permettre de planter le décor de la réflexion pour un industriel qui doit se préparer à fournir aux armées les équipements dont elles ont besoin.

Ces réflexions sont bien évidemment au **croisement** de l'évolution des engagements militaires et de celle des techniques et elles prennent en compte l'environnement concurrentiel dans lequel ils évoluent.

En effet, la commande publique est l'expression de clients étatiques dans le domaine de la défense, commande qui n'arrive qu'au terme d'une longue réflexion stratégique, financière et industrielle qui doit être analysée et comprise avant tout mouvement ; les livres blancs, White Papers, QDR, SDR, DIS, etc…

Je rappellerai dans un premier temps les éléments de cadrage du Livre blanc de 2008 dans les dimensions qui nous intéressent aujourd'hui

Puis je regarderai comment l'industrie s'adapte et combien elle consacre à sa capacité d'innovation

Je ferai quelques considérations sur l'engagement militaire et ses tendances, pour conclure finalement sur la nécessité de l'innovation de la recherche et surtout du maintien de cet état d'esprit.

A. Réflexions sur le Livre Blanc et les orientations qui sont données

1. La **dissuasion** est confortée dans ses deux composantes complémentaires et renouvelées, offrant un éventail de modes d'action adapté à la diversité des situations. Cette capacité est pérennisée.

C'est un sujet assez évident dans le cadre du présent colloque, mais il ne faut pas faire d'erreurs.

Le livre Blanc décrit **les moyens** qui lui sont consacrés, ce qui participe aussi de la dissuasion et sont donc rapidement rappelés ici : permanence des patrouilles opérationnelles de sous-marins et permanence de la capacité aéroportée, maintien de la stricte suffisante, réduction du format à 4 SNLE et à court terme 2 escadrons de Rafale, mise en service des nouveaux équipements (2009 ASMPA pour Mirage 2000 et Rafale, 2010 M51, 2015 TNO)

Le maintien de la **crédibilité technique** est essentiel d'où le LMJ (Laser Mégajoules), les moyens de radiographie des armes et les moyens de calcul intensif numériques, le domaine des missiles balistiques avec pour objectif à l'horizon 2025 l'amélioration des portées et de la précision, la capacité de construire les sous marins nucléaires futurs

Le maintien de la **capacité de transmettre des ordres** aux forces nucléaires sera assuré par des réseaux durcis à toute forme d'agression, redondants, sécurisés et d'une disponibilité permanente. Ils feront l'objet d'un effort majeur pour garantir leur souplesse et leurs performances.

Les moyens nécessaires à la sûreté de la composante océanique seront renouvelés en priorité. 2 SNA et jusqu'à 4 frégates ASM sont jugés indispensables pour la maitrise permanente des approches du port de soutien.

Les moyens nécessaires à l'accompagnement et au soutien de la composante aéroportée comprennent un dispositif

d'avions de combat et de ravitailleurs. Le MCO et le renouvellement au plus vite des ravitailleurs sont prioritaires.
Réponse industrielle :
Pour les bureaux d'études, outre les applications d'évidence à la lecture de ce cahier de marche, il est nécessaire de se lancer dans ce qui pourrait constituer de véritables enjeux de souveraineté demain et d'anticiper sans se tromper
La première est essentielle et a trait à la **défense anti-missiles balistiques** ; assumant par délégation de l'Etat une mission régalienne – la dissuasion –, le groupe EADS déjà présent à l'OTAN dans le cadre de la défense de théâtre doit être capable d'anticiper les décisions à venir.

C'est un sujet à plusieurs volets :
1. La décision de la France de se doter d'un système d'alerte spatiale constitue indéniablement un renforcement des capacités de l'Alliance. Elle renforcera le rôle et la position de la France dans le dialogue stratégique avec l'OTAN et plus particulièrement avec les USA et contribuera à la définition de l'architecture cible et de converger sur la menace et apprécier à juste niveau cette menace à laquelle l'OTAN doit faire face.
2. Ensuite vient le système d'armes à proprement parler. L'industrie nationale, avec ASTRIUM ST et MBDA dispose des bases technologiques permettant de développer ou de contribuer au développement en coopération de tels systèmes. La connaissance, unique en Europe, des problématiques balistiques par ASTRIUM ST en font un partenaire incontournable, déjà impliqué comme je l'ai dit depuis plusieurs années en tant que responsable de l'ingénierie des études ALTBMD menées par l'OTAN. Des propositions sont d'ores et déjà en cours d'élaboration vers le Ministre de la Défense.
Enfin, les compétences réunies autour d'ASTRIUM ST et de MBDA, ainsi que de leurs partenaires français SAFRAN et THALES doivent permettre à la France de peser dans

l'élaboration de la politique de l'Alliance et, au-delà, dans le concert international, sur ce sujet particulièrement sensible.
Le devenir des bureaux d'étude et la capacité de développer les technologies associées sont essentiels.
In fine, c'est l'autonomie de décision de la France qui doit être sauvegardée, et c'est bien dans cette perspective que l'industriel construit son approche technologique.

2. La connaissance et l'anticipation constituent la première ligne de défense d'un pays.
Le **renseignement** est donc privilégié
Au plan des équipements, le livre Blanc décrit avec précision les moyens nécessaires et fixe le calendrier de leur réalisation rendue plus visible par une programmation spécifique : l'effort est mis sur le **réseau Internet, l'espace et les drones**.
- S'agissant du renseignement d'origine image, le programme européen MUSIS agrégeant les principaux satellites optiques[1] et radars européens permettra de lancer la prochaine génération de capteurs spatiaux. Pour le renseignement d'origine électromagnétique, le programme CERES sera lancé de façon à être opérationnel vers 2015.
- Pour les drones, un système « Male[2] » devrait être opérationnel au milieu des années 2010.

La connaissance des zones d'opérations potentielles est soulignée, que ce soit aux plans humain et culturel, dans le domaine de la cartographie, de la météorologie et plus globalement de tout ce qui facilite les déploiements[3].

---

[1] La composante optique sera renforcée en 2015 par une capacité de reconnaissance et capacité supérieure d'identification en relève d'Hélios 2. La réalisation sera entreprise dès 2008.
[2] "Moyenne altitude Longue Endurance »
[3] Mais en réalité elle ne fait que mettre en avant – ce n'était pas inutile – le travail habituel du GAS, groupe d'anticipation stratégique interne à la Défense.

Le dispositif est complété par la valorisation souhaitée du réseau diplomatique – qui sera peut-être resserré pour des raisons budgétaires – et la démarche prospective pluridisciplinaire qui est lancée.
Enfin la maîtrise de l'information utile suppose la modernisation et l'interopérabilité accélérées des réseaux interministériels, l'accroissement des débits, une meilleure protection contre les intrusions, une réelle capacité de vérification en réalité souhaitées depuis longtemps et contraintes par un souci excessif de réglementation. Au plan militaire, la numérisation de l'espace opérationnel est prioritaire.
La lutte contre les trafics nécessite des moyens de surveillance des espaces terrestre, aérien et maritime, comprenant des capacités d'intervention en haute mer, une coordination accrue des moyens civils et militaires et la création d'un service spécialisé de traitement des flux financiers
La surveillance des frontières de l'Union européenne rend nécessaire une véritable politique intégrée à un horizon de quinze ans et de nouveaux moyens techniques de contrôle aux frontières de l'espace Schengen (fichiers, systèmes biométriques de contrôle automatisé).
La capacité de maîtrise des armements et de lutte contre la prolifération passe par le développement des engagements internationaux et l'incitation des Etats pour la signature et l'application des conventions sur l'interdiction des armes biologiques, chimiques, la contribution aux initiatives contre la prolifération. En outre, la France développera les moyens de détection et d'analyse des agents NRBC, et ceux de destruction en sécurité des installations illégales.
Les moyens de prévention des « crises majeures d'origine non intentionnelle » visent à donner une forte impulsion pour accroitre les capacités de réaction et de résistance de la population (formation, communication, création de stocks européens de médicaments et de protections NRBC) et fait appel pour les catastrophes naturelles à l'action volontariste de l'Union européenne.

Enfin les déploiements préventifs dans des zones de crises potentielles reprennent in extenso les politiques actuelles : pas de guerre préventive mais possibilité **d'actions préemptives ponctuelles**[4] ou de déploiements préventifs, priorité à la mutualisation européenne et effort majeur sur les moyens de transport stratégique

Réponse industrielle : les satellites et les drones

La France dispose aujourd'hui **d'une panoplie sans équivalent en Europe** (HELIOS II, les démonstrateurs ESSAIM -démo écoute électronique-, SPIRALE –démo alerte avancée-, etc.…) dont la consolidation est programmée (post HELIOS/MUSIS, ELISA, Alerte Avancée).

En matière de drones, **HARFANG** est opérationnel en Afghanistan. C'est le premier drone de surveillance de théâtre qualifié en Europe, doté de chaînes de communications 100% européennes.

Reposant sur cette expérience unique de développement et d'opérations, **l'Advanced UAV** , a été conçu et optimisé autour du besoin militaire commun spécifié par les 3 Etats durant le contrat de réduction de risques de 15 mois aujourd'hui achevé-, avec la participation des opérationnels français, allemand et espagnol. Premier système de nouvelle génération, 100% européen, il offrira dès le milieu de la prochaine décennie, une capacité autonome sans équivalent d'appréciation permanente en temps réel des situations de théâtre au pouvoir politique, notamment dans le cadre général des interventions en coalition.

On passe d'une capacité de théâtre à dimension tactique à une réelle capacité stratégique, que seuls les Américains maîtrisent, avec un engin capable, et c'est unique à ce jour, de s'intégrer dans la circulation aérienne générale.

Si EADS apporte dans ce projet sa capacité à construire une coopération tri-nationale, le meilleur de l'industrie nationale sera impliqué au meilleur niveau dans le développement et la

[4] Explicitement évoquées dans les LPM précédentes

fourniture du système de mission et des capteurs principaux. La coopération permettra de fournir, pour un coût équivalent pour chacun des Etats à une acquisition nationale, un système répondant par construction aux besoins qu'ils ont exprimé

3. Intervention : Les clés de la **supériorité opérationnelle**[5] se déclinent aujourd'hui de la façon suivante

- ***Information, communication, espace :***

La **maîtrise de l'information** est essentielle : acquérir l'information, établir des communications sures, fiables, protégées et à haut débit, numériser l'espace opérationnel sont autant d'impératifs.

Ceci dépend dans une large mesure des satellites de transmission et d'observation déployés et concerne donc la maitrise de l'espace extra atmosphérique.

- ***Lutte informatique offensive :***

Elle vise à disposer d'une capacité de neutralisation à l'intérieur des centres d'opérations de l'adversaire, dans le cadre juridique du principe de riposte proportionnelle. Elle suppose le développement **d'armes numériques de réseaux**, élaborées à partir de laboratoires technico-opérationnels, la formulation d'une doctrine, et une formation adaptée et actualisée

- ***Maîtrise technologique :***

Les besoins d'investissement majeur en R et D et acquisition portent sur :

- o La surveillance et le renseignement, spatial et endo atmosphérique (drones).
- o La supériorité informatique offensive et défensive.
- o La numérisation de l'espace de bataille.
- o La frappe de précision et à distance, y compris les drones armés.
- o Les contre mesures actives et passives.

[5] Historiquement le renseignement, la manœuvre et le feu

- Le matériel facilitant l'action militaire en milieu urbain.
- La protection des forces.
- La supériorité navale et aérienne.

- ***Mobilité :***
  - Un effort de longue haleine doit remédier à la faiblesse structurelle de l'aéromobilité tactique et stratégique (acquisition d'appareils de nouvelle génération : **MRTT, A 400M, NH90)**.
  - Pour le domaine maritime le renouvellement et le renforcement des BPC et TCD seront assurés.
  - La mutualisation (Europe ou Otan) est **insuffisante** mais sa recherche devra être poursuivie.

Réponse industrielle :

En matière de transport aérien militaire, l'évolution géostratégique de ces dernières années a conduit à un accroissement massif du besoin en transport stratégique et de ravitaillement en vol des forces européennes et de l'OTAN, lié à la nécessité de pouvoir déployer et soutenir dans la durée des forces conséquentes pour des opérations extérieures (IRAK, Afghanistan aujourd'hui).

Par le passé, les opérations de déploiement étant d'ampleur limitée, les Etats européens s'étaient contentés de capacités militaires de transport tactiques (TRANSALL et/ou C130), complétées si nécessaires par des avions civils affrétés.

En matière de ravitaillement en vol, les Etats-Unis et divers Etats européens disposent d'une plateforme dédiée comme le KC 135 ou l'A310 MRTT. Le KC135 âgé de 45 ans doit être remplacé et vous avez suivi les péripéties de la compétition américaine KC45.

C'est cette situation qui a conduit au lancement par EADS, de l'A400M initialement commandé par 7 nations européennes et OTAN et à celui d'un ravitailleur basé sur un AIRBUS A330-200. Notre groupe qui a pour objectif d'équilibrer une activité d'aéronautique civile cyclique par un socle d'activités plus stables basées principalement sur le

marché militaire, est très motivé par ces programmes essentiels.
Les caractéristiques de l'A400 M, **issues de la synthèse des besoins militaires européens et nationaux**, en font un avion unique dans ce segment du transport aérien militaire. **C'est un avion qui sera la référence du marché pour 40 à 50 ans.**
Il combine en effet, dans un seul appareil, un fuselage de grand volume (largeur soute 4m) et des performances tactiques et logistiques remarquables. Sa capacité d'emport d'une trentaine de tonnes dans les conditions de manœuvre des missions tactiques, alliée à son aptitude à opérer à partir de pistes courtes sommaires en font un avion bien plus efficace que les références actuelles du segment. Pour les missions stratégiques, sa capacité est de 37t (déploiements à longue distance). Ce porteur exceptionnel est de plus doté de fonctions opérationnelles analogues à celles des avions de combat modernes. Enfin, il fera l'objet d'une certification civile, une première pour un avion militaire, ce qui induit de fortes contraintes[6] *mais garantit sa compatibilité avec toutes les évolutions attendues de la réglementation OACI.*
En ce qui concerne le ravitailleur en vol ou Tanker, le saut est important: notre proposition conduit à passer *d'une plateforme de la fin des années 50 à un avion actuel et le saut technologique est de même nature pour les systèmes spécialisés de ravitaillement, en particulier le boom.*
Cet avion (KC45 ou MRTT) a pris une solide avance sur son concurrent Boeing : 5 succès en 5 compétitions (Royaume-Uni, Arabie Saoudite, Australie, EAU, Etats-Unis). Il est naturellement performant et ne demande pas de réservoir supplémentaire, emporte 111 tonnes de carburant et conserve toute sa capacité de transport (270 passagers en 2

[6] Aucun avion civil n'a de rampe qui s'ouvre en vol ou ne fait de vol automatique à basse altitude sans visibilité: ce sont des caractéristiques spécifiques d'avions militaire.

classes et 34 tonnes de fret ou 54 tonnes de fret sur 8000 km !).

En matière d'hélicoptères, *certes la nouvelle position française dans l'alliance ne va pas bouleverser la situation actuelle de sous- capacité dans le domaine des hélicoptères de transport, mais notre nouveau statut de membre totalement intégré est de nature à faciliter les initiatives industrielles européennes et à les mettre en meilleure adéquation avec les besoins exprimés par l'Otan.*

La plus actuelle de ces initiatives est la participation très active d'Eurocopter à un appel à candidature pour le renouvellement du contrat d'externalisation des hélicoptères de transport logistique, visant notamment au soutien des opérations en Afghanistan, mais avec de possibles extensions à d'autres théâtres.

La réponse actuelle, apportée par des sociétés de services exploitant des appareils anciens d'origine russe ne satisfait pas pleinement l'Otan, et Eurocopter envisage d'apporter une solution à base d'appareils plus performants de la famille Cougar, en s'appuyant sur la fédération des compétences qu'assure le Groupe EADS dans sa stratégie de développement des services.

A plus long terme, l'évolution de notre statut dans l'OTAN , en facilitant la synergie avec un pilier européen de défense, et donc en estompant la différence d'appréciation des alliés sur cette grande question, est de nature à faciliter et accélérer l'avancée d'un projet aussi ambitieux que ***l'hélicoptère de transport lourd****, projet fondamental pour combler durablement la sous-capacité depuis longtemps constatée dans ce domaine.*

Aujourd'hui, ce projet est confié à l'Agence Européenne de Défense et constitue l'un de ces thèmes principaux. Il a d'ailleurs fait l'objet d'un « trust fund » doté de 20 M€ et auquel la France contribue pour 5 M€.

A l'évidence, l'ampleur d'un tel programme nécessite une coopération transatlantique. Du coté industriel des contacts sont déjà en cours au niveau d'Eads / Eurocopter dans ce sens, et l'Otan, confrontée au nécessaire renouvellement des appareils actuels (Chinook et CH 53) ainsi qu'à l'indispensable extension de ses capacités dans le cadre de l'élargissement de ses missions, constitue assurément un moteur et un fédérateur d'une initiative au départ européenne.

4. Prévention et protection

La lutte contre les trafics nécessite des moyens de surveillance des espaces terrestre, aérien et maritime, comprenant des capacités d'intervention en haute mer, une coordination accrue des moyens civils et militaires et la création d'un service spécialisé de traitement des flux financiers

La surveillance des frontières de l'Union européenne rend nécessaire une véritable politique intégrée à un horizon de quinze ans et de nouveaux moyens techniques de contrôle aux frontières de l'espace Schengen (fichiers, systèmes biométriques de contrôle automatisé).

La capacité de maîtrise des armements et de lutte contre la prolifération passe par le développement des engagements internationaux et l'incitation des Etats pour la signature et l'application des conventions sur l'interdiction des armes biologiques, chimiques, la contribution aux initiatives contre la prolifération. En outre, la France développera les moyens de détection et d'analyse des agents NRBC, et ceux de destruction en sécurité des installations illégales.

Les moyens de prévention des « crises majeures d'origine non intentionnelle » visent à donner une forte impulsion pour accroitre les capacités de réaction et de résistance de la population (formation, communication, création de stocks européens de médicaments et de protections NRBC) et fait appel pour les catastrophes naturelles à l'action volontariste de l'Union européenne.

Enfin les déploiements préventifs dans des zones de crises potentielles reprennent in extenso les politiques actuelles :

pas de guerre préventive mais possibilité **d'actions préemptives ponctuelles**[7] ou de déploiements préventifs, priorité à la mutualisation européenne et effort majeur sur les moyens de transport stratégique

B Réflexions sur les stratégies industrielles, les technologies et la recherche

La **stratégie industrielle** est largement développée.

Partant du constat objectif que l'industrie française est **compétitive** dans un marché mondial d'environ 300G€ dont l'industrie américaine détient la moitié des parts et l'Europe un peu moins de 20%, et observant dans le même temps que l'industrie de défense française et européenne est **fragmentée**, le Livre Blanc préconise une **stratégie industrielle tournée vers l'Europe**.

De l'autonomie à la dépendance, **trois cercles de la politique industrielle sont esquissés**.

Pour ce qui concerne les **équipements de souveraineté** la « maîtrise de la conception à la fabrication et au soutien restera nationale ».

Il s'agit du secteur nucléaire de la dissuasion, du secteur des missiles balistiques[8], de la composante nucléaire aéroportée au niveau des missiles et des avions de combat, des sous-marins à propulsion nucléaire, de la sécurité des systèmes d'information.

Pour la **majorité des autres équipements**, la stratégie va dans le sens d'une interdépendance européenne et ce raisonnement conduit à privilégier la constitution de grands groupes européens. L'ensemble des secteurs ne relevant pas de la classification précédente apparaît donc[9] : naval, ter-

---

[7] Explicitement évoquées dans les LPM précédentes

[8] On peut observer que ce secteur est inclus dans le groupe « européen » EADS selon des arrangements qui en protègent le caractère national.

[9] .. quelques champions « nationaux » dont par exemple Nexter figurent dans cette seconde catégorie

restre[10], aéronautique, missiles, spatial, composants électroniques de défense.
Pour tous les cas où la sécurité des approvisionnements n'est pas en jeu, c'est le **marché mondial** qui sera consulté à part entière.
Ceci passe à l'évidence par l'émergence de champions européens de niveau mondial – seul EADS qui n'est pas cité est dans ce cas actuellement.
Ce développement – et le constat est particulièrement pertinent quand on regarde des compétiteurs de la taille de Boeing – repose simultanément sur les entreprises et sur la commande publique. Le rôle des Etats est de créer un « cadre favorable » articulé sur la création d'un marché « domestique européen » et la convergence de besoins opérationnels communs « susceptibles de déboucher sur des programmes en coopération.. »[11].
Le rôle essentiel de la **recherche** fait l'objet d'un développement très riche d'orientations majeures en prévoyant explicitement un effort accru en Recherche et Technologie (R&T) et la réalisation de démonstrateurs technologiques. Le cadre européen est cité et quelques ruptures technologiques et scientifiques pressenties à l'horizon 2020-2030 sont indiquées[12] – c'est peu courant au titre d'un tel exercice public.

---

[10] Le secteur terrestre classique n'est cité que pour les munitions. Il n'est fait aucune référence au besoin de conserver une capacité en matière de véhicules à roues ou à chenilles.

[11] On pouvait attendre dans ce chapitre un volontarisme aussi affiché que dans le domaine politique car les problématiques sont semblables : d'un côté des institutions et des opérations qui cristallisent mutuellement cette ambition et de fait renforcent l'Europe de la défense, de l'autre des consolidations industrielles et des programmes en coopération qui concrétisent l'Europe industrielle de la défense.

[12] ...Robotique et systèmes cognitifs, nouveaux matériaux fonctionnels, nouvelles technologies de détection active, émetteurs à énergie dirigée, thérapie cellulaire par nano biotechnologie, informatique quantique, nouvelles techniques de traitement de l'information, techniques de retournement temporel et d'analyse du bruit

Enfin la **politique d'acquisition** est présentée comme le deuxième levier de la stratégie industrielle en complément de la commande publique et elle s'inscrit dans « un nouveau partenariat entre l'industrie de défense et l'Etat »

Acheter plus efficacement repose sur un triptyque bien connu :

– mieux maîtriser les coûts de possession, ce qui est crucial pour des équipements à cycle long ;

– améliorer la conduite des programmes d'armement ;

– doter l'Etat de capacités d'acquisition plus réactives et plus souples, sous la condition première que l'Etat se dote d'une expertise technique et économique solide, ce qui en creux peut signifier qu'elle est réduite aujourd'hui.

On voit apparaître pour la première fois à ce titre l'exploitation des potentialités offertes par les PPP (Partenariats Public Privé), pour lesquels le partage des risques est à découvrir dans sa totalité et peut-on dire à commencer pour l'Etat (qui est son propre assureur) dans sa réalité.

Quoique pondérée par l'expression « une fois leur intérêt opérationnel et économique démontré... », cette ouverture s'applique à de nombreux domaines explicitement indiqués : formation, télécommunications, logistique de l'arrière, soutien dont le maintien en condition opérationnel industriel, infrastructure.

Le maintien en condition opérationnelle décline cet objectif d'une façon qui devrait être à terme structurante par la définition d'un périmètre assez précis : réalisation en régie interne strictement limitée, recours à des marchés de services, cohérence accrue au sein du Ministère de la Défense entre les structures de soutien rattachées aux armées et la DGA.

Un flou subsiste cependant sur la place et la personnalité du responsable de la conduite de la **politique industrielle de défense** (à l'évidence pour l'auteur **le DGA**) alors qu'avec une précision inattendue à ce niveau, le Livre Blanc détaille

les procédures internes de conduite des programmes d'armement.
L'exportation est essentielle, c'est un rappel récurrent. Les trois principes de la politique nationale ne sont donc pas nouveaux : séparation au sein de l'Etat des actions de contrôle de celles de soutien, rigueur et rationalisation des procédures de contrôle, dynamisation par un soutien accru aux entreprises. L'exemple américain est cité quand l'Etat est partie de la transaction ce qui est logique dans la perspective d'offres globales aux clients étatiques. Une « commission interministérielle d'appui aux grands contrats internationaux » est créée.
Une phrase encore peu commentée ouvre le jeu des **regroupements industriels à venir** : « d'une logique de détention patrimoniale des entreprises, l'Etat évoluera, autant que de besoin, vers une logique d'influence sur les comportements des acteurs industriels » (via les commandes bien sûr, les PPP et le soutien aux exportations).
En première analyse et en comparant rapidement avec la DIS (Defence Industrial Strategy (Uk)) britannique, on remarquera qu'il y a peu d'indications sur la nature des « champions » futurs (logique nationale ou volonté européenne. à faire partager) et sur le maintien d'une compétition infranationale ou infra européenne sur un même domaine.
La troisième implique de nombreux acteurs industriels français et européens. Il s'agit de **la maîtrise du ciel et de l'ACCS** (Air Command & Control System (OTAN)) avec l'implantation des centres de commandements et en France l'évolution de la Défense aérienne : il est important de prévoir les décisions de l'Alliance dans ce domaine.
Les évolutions du SCCOA (Système de Commandement et de Conduite des Opérations aériennes) ont sans doute vocation à finaliser sa fusion au sein de l'ACCS OTAN, mais c'était déjà à une tendance quasi inéluctable.

C. Réflexions sur l'engagement militaire

Toute cette réflexion n'a de sens et de consistance que si elle est étroitement connectée à la réalité des engagements militaires, et des conditions dans lesquelles les hommes et les matériels sont employés.

Je ne prendrai que trois exemples de la complexité de la prévision et de la réflexion

Les conflits tout d'abord.

Quoiqu'on en dise bien souvent, les milieux, la terre, la mer et l'air sont structurants.

L'affrontement des intelligences humaines depuis la nuit des temps se fait exclusivement sur terre et en mer. Dans ces deux milieux, le général, ou l'amiral, se bat contre un adversaire. Ce dernier, depuis Sun Tsé et tous les stratèges qui lui ont succédé dans la pensée et l'action militaires, peut compenser une infériorité numérique ou matérielle par la ruse, la surprise, la manœuvre, le choix du terrain et du lieu de l'attaque, la volonté, la bravoure et l'esprit de sacrifice, etc. ..., renversant ainsi le sort prévisible s des armes.

Dans le milieu aérien ce ne sont pas les généraux qui s'affrontent (il n'y a aucun exemple dans l'histoire de général victorieux ou vaincu) mais des doctrines (qui peuvent être la doctrine de tel ou tel général d'ailleurs, des savoir-faire, etc. ...

Un exemple récent en fait la démonstration. Au Kosovo en 1999, le général Clark, commandant les opérations de l'OTAN en Europe, avait pour adversaire le Président Milosevic qu'il devait conduire à la table des négociations, alors que le général Sharp, commandant les opérations aériennes, avait pour mission de réduire par des moyens aériens les capacités militaires (radars, missiles, infrastructures de commandement, etc..) du dit Président. On retrouve la même dichotomie entre les armes de mêlée (infanterie, cavalerie) qui combattent des adversaires humains et les armes d'appui (génie, artillerie) qui traitent des obstacles matériels ou des

objectifs matériels ou humains (depuis Castillon-la-Bataille pour les historiens)
Et naturellement, ce n'est pas un paradoxe, c'est l'engagement dans la troisième dimension (aérienne) qui a été à l'origine de la Révolution dans les Affaires Militaires et qui en reste le pilote. Opérations réseau-centrées, boucles de décision de plus en plus rapides et adaptées à la rapidité d'intervention des plates-formes aériennes, etc.…
On assiste donc à un télescopage entre la guerre « du futur », par essence aérienne et spatiale, et la guerre des hommes, celle de la terre et de la mer. Si sur mer, il est plus facile de s'adapter à la modernité technologique, et c'est le cas depuis un demi-siècle, c'est moins aisé pour les combattants sur terre, confrontés à l'asymétrie, opérant parfois au couteau, se déplaçant souvent à pied, et intégrant dans leur manœuvre des drones, des avions et des missiles, ainsi que des moyens d'information satellitaires, etc. …
L'information ensuite.
Elle a réduit les dissymétries entre les combattants : internet, les communications satellitaires, et bien d'autres applications donnent accès en tous temps et en presque tous lieux à l'information, permettent la diffusion des ordres et des propagandes, etc. il s'ensuit un nivellement qui profite au réputé plus faible, et plus généralement au terroriste.
Mais l'information n'est pas la même dans tous les milieux : dans l'air, la propagation se fait à 300000 km/s, dans l'eau à 1500 m/s soit 200000 fois moins vite
Les armes enfin
Les armes ne vont pas à la même vitesse : dans l'air, le missile peut aller à plusieurs km/s, dans l'eau la torpille ne dépasse guère 40 m/s, soit 200 fois moins vite. Mais l'arme laser, qui elle se propulse à la vitesse de la lumière, introduit une troisième dimension encore peu étudiée à l'exception de son emploi dans le domaine spatial.
On voit dans ce rapide tour d'horizon des sujets très vastes qui doivent alimenter la réflexion tout en ne représentant

qu'une petite fenêtre de possibilités concernant les engagements du futur.

D. Conclusion

Rien n'est simple, et c'est la raison pour laquelle il est nécessaire dans un grand groupe comme EADS, leader européen de l'industrie aéronautique et spatiale, de concentrer les efforts sur la préparation du futur.

Dans cette perspective, l'innovation chez EADS est au premier rang des priorités.

Quelques chiffres illustrent le propos :

- Le portefeuille de brevets est de 20653 en fin 2007 pour seulement 13000 en 2004 trois ans plus tôt,
- Chaque année environ 1000 inventions innovantes sont approuvés, dont une partie donne lieu à dépose de brevets
- Plus de 600 personnes travaillent sur les composites, les structures, les senseurs, l'énergie et les concepts en sus des équipes spécialement consacrées à un programme innovant (comme le véhicule de jonction Jules Verne avec la navette spatiale par exemple)

C'est à ce prix que l'industrie de défense sera le mieux en mesure de répondre aux défis à venir.

« Armes surdouées, armes perverses

par

le Général (CR) Claude LE BORGNE
Membre du comité d'Etudes de Défense Nationale

Lors de l'offensive américaine en Irak, en mars 2003, un général fut accusé d'avoir écrasé de ses chars, voire enfoui tout vivants, des soldats irakiens refusant de se rendre. Aux journalistes d'Occident qui, friands de ce genre de faits-divers, l'interrogeaient sur celui-ci, le général répondit : « Fallait-il donc que mes hommes sortent de leurs blindés pour courir à l'ennemi baïonnette au canon ? ». L'incident – si l'on me passe le mot – se rapporte à des armes relativement bêtes, les chars, mais il est extrapolable aux armes intelligentes : tout y est dit des problèmes qu'à mes yeux elles soulèvent. Mais il faut bien causer, causons !
Ce sera d'abord pour rappeler les **performances** de ces ferrailles surdouées, performances accrues et démontrées d'une crise à l'autre, Golfe 91, Kosovo 99, Irak 2003, Afghanistan aujourd'hui encore, Gaza enfin au début de cette année 2009. Edward Luttwak compare, comparaison apparemment incongrue, le Berlin de janvier 45 et le Bagdad de janvier 91. Dans ce Berlin-là, après cinq ans de bombardement, la ville est en ruine, mais Hitler et l'état-major de la Wehrmacht toujours en mesure de commander ; dans ce Bagdad-là, quarante-huit heures seulement après le premier raid, la capitale est à peu près intacte, mais Saddam Hussein incapable de communiquer. La comparaison donne la mesure du change-

ment, dans la précision extrême des armes nouvelles et la possibilité qu'elles donnent aux utilisateurs de discriminer.
La discrimination a deux conséquences : elle limite les dégâts inutiles, le zéro mort chez nous étant aussi recherché chez l'ennemi ; elle permet d'articuler un langage, les cibles visées (visées atteintes) exprimant clairement l'intention, ce n'est pas au bon peuple qu'on en veut, mais à ses dirigeants indignes. Le message est parfaitement compris, en même temps qu'est constatée la précision des armes. Si bien que l'aspect surréaliste de Bagdad sous les bombes, en mars et avril 2003, a été maintes fois souligné par les journalistes, présents en nombre, il faut le souligner, dans cette campagne-là. La nuit, la capitale brille de tous ses feux, avions, missiles et bombes n'ayant nul besoin des lumières de la ville pour se guider. La vie continue, et même dans les rues voisines des cibles prévisibles.
Mais, pour autant, il convient de garder à l'esprit, nous aurons à y revenir, que l'intention première du perfectionnement des armes intelligentes est la protection de l'utilisateur, depuis le « tire et oublie », terrible slogan deux fois protecteur du pilote – protection physique, protection morale –, jusqu'au pas de pilote du tout, idéal atteint avec les drones tueurs.
De tout cela résulte, à bien y réfléchir si nous en avions le temps, que la guerre n'est plus un moyen raisonnable de la politique. Ce résultat majeur était certes déjà acquis, mais il est encore ignoré de bon nombre d'attardés de par le monde et de quelques nostalgiques. D'où la démonstration nécessaire, faite deux fois en Mésopotamie et une fois en Serbie. Mais ladite démonstration a ses limites, n'ayant été réalisée que dans des conflits clairement **dissymétriques**, soit entre deux acteurs dotés de forces classiques, l'un surclassant l'autre de beaucoup. Qu'en serait-il dans le cas d'école de **deux adversaires également pourvus technologiquement** ?

Mettons à part l'invraisemblance de ce cas d'école, le niveau culturel de deux ennemis de ce pied devant les détourner d'en venir aux mains, façon de faire politiquement périmée. Mais la bataille elle-même est difficile à imaginer. Chacun en effet sait tout de l'autre – ou à peu près – et la destruction de l'un par l'autre et de l'autre par l'un est quasiment assurée, qu'il s'agisse du bombardement des « centres de pouvoir » ou du duel des ferrailles. L'évaluation clausewitzienne des forces devrait amener les deux antagonistes à renoncer à une épreuve qui réduit la guerre à une sorte d'affrontement sportif. Ledit affrontement, de surcroît, ne serait pas celui des volontés, mais celui des savoirs techniques, lesquels, avons-nous posé en hypothèse, sont de même niveau.
La conclusion de ce petit débat imaginaire sera que la transparence bien partagée – et elle le sera toujours davantage – tue la guerre plus subtilement que ne le fait l'arme nucléaire, mais plus sûrement aussi. Bonne nouvelle ? pour la guerre, sans doute, pour le reste, c'est à voir.
Retour à la bataille dissymétrique. Le triomphe des ferrailles intelligentes en position de monopole y est assuré. Il n'est pas sans **effets pervers**, effets très visibles dans les expériences dont nous disposons. En voici quatre, qui tous se rattachent à Corneille et à son « *À vaincre sans péril, on triomphe sans gloire* ».
Le dicton corneillesque, dûment accepté, est le fondement même de la guerre posthéroïque assumée par les Américains, guerre tueuse de guerre plus que d'ennemi. Mais le premier effet pervers en découle directement. La facilité, le confort que procure la supériorité technique (l'*Overwhelming Capacity*) met le dirigeant qui en dispose en tentation d'engagement irréfléchi. Ne risquant rien, ou très peu, il se lancera dans l'aventure sans réflexion et, en quelque sorte, en dilettante. On y reviendra.
Deuxième effet pervers. Quelque intelligentes que soient les ferrailles et en raison même de leur intelligence, il leur faut des cibles à leur mesure, dont la destruction mette

l'adversaire à mal. Cela suppose, chez celui-ci, un certain degré de modernité. On le trouvait à peu près en Irak, fort peu en Afghanistan où, en octobre 2001 et trois jours après le début des frappes, on entendait un commandant de porte-avions se plaindre de « manquer de cibles ».
Troisième effet pervers. L'amoralisme du combat mené par le technicien sans rival est patent et on a tout à l'heure rappelé sa terrible illustration, « tire et oublie ». Certes, par un retournement imparable, on se fait gloire de cet amoralisme : on refuse les fariboles qui rendaient la guerre aimable. Façon, en somme, d'enterrer la guerre plus que l'ennemi du moment. Mais voilà ! de l'autre côté la colère des victimes, déjà ressentie dans la guerre du Viêt-nam à l'égard des aviateurs américains (ce dont Mc Cain, dit-on, a fait l'expérience une fois mis à terre), est décuplée dans les batailles plus récentes. Moins justifiée, certes, en raison de la discrimination dont on a parlé, elle n'en est pas moins proclamée à des fins de propagande et de criminalisation de l'adversaire. Ainsi a-t-on vu, sur la chaîne *Al-Jazira*, des « Arabes afghans » tirer en l'air en hurlant à la façon des costauds de bistrots : « Si vous êtes des hommes, venez donc combattre à terre ! ». Les Belgradois, en 99, ont été plus subtils, se rassemblant sur les ponts du Danube en arborant sur la poitrine des figuratifs de stands de tir, façon de dire aux casseurs aériens : « Si vous voulez détruire ce pont, il vous faut aussi tuer des hommes ».
Le quatrième effet pervers résulte, tout aussi paradoxalement, de cette recherche dans l'économie des vies. Tout missile mal programmé suscite l'indignation, et autant chez l'attaquant que chez la victime. On parle de bavures ou de dommages collatéraux, on s'en excuse, la confusion est à son comble. La guerre, splendide et effroyable, est ridiculisée.
On observera avec intérêt que les quatre effets pervers que l'on vient de décrire se manifestent clairement dans la curieuse bataille menée par Israël à Gaza en décembre 2008 et janvier 2009. Leur cumul aboutit à ce que la pseudo-victoire militaire israélienne s'est transformée, sur la scène média-

tique internationale, la seule qui compte ici, en une véritable déroute.

Guerre ridiculisée, venions-nous de dire. L'humiliation majeure reste à venir. Elle est dans **l'asymétrie**, seule forme de bataille – si l'on peut dire – à laquelle nous sommes désormais confrontés et dont l'Irak, à partir de l'été 2003, nous a offert le modèle.

Ce n'est pas, pour nous Français, une nouveauté. Nos mots étaient plus simples, mais, en Indochine comme en Algérie, nous avons souffert de la douleur du puissant face au faible. La notion – et c'est sans doute ce qui justifie le mot nouveau et sa fortune – prend aujourd'hui une autre dimension, due justement à la perfection technique qu'ont atteinte les armées occidentales. La distance qui sépare le fort du faible, le riche du miséreux, s'en trouve considérablement accrue. Apparaît à l'évidence l'impuissance du puissant.

Ce qui caractérise le mieux l'asymétrie, ce n'est pas, ainsi qu'on le répète toujours, la différence des moyens, laquelle est patente et oblige le faible à refuser le combat que le fort lui propose et à s'évader dans un autre monde guerrier. Le vrai critère de l'asymétrie, c'est la détermination de l'une et l'autre partie. Rien de nouveau, dira-t-on encore, la guerre étant par nature un duel de volontés. Pourtant, dans la guerre « moderne », les prothèses mécaniques, électroniques, informatiques, rendent impossible la mesure des volontés, le duel des machines obscurcit le duel des hommes. Voilà ce que change la guerre asymétrique. Elle restitue l'affrontement homme à homme, mais homme nu contre homme pourvu. L'avantage est au premier, et pour plusieurs raisons.

De perverses qu'elles étaient, nos ferrailles deviennent nocives. Pas seulement par leur « inhumanité », par les bavures inévitables dont elles sont responsables, déjà sensibles dans les conflits dissymétriques, mais par l'étalage qu'elles font, précisément, de la faiblesse de notre détermination. Au risque d'indécence, revenons un instant à l'embuscade

d'Uzbin, le 18 août dernier, et aux réactions que son triste résultat a entraînées dans notre pays. Celles-ci ont d'abord confirmé que la très haute vertu que requièrent nos interventions extérieures – interventions non d'autodéfense comme on veut nous le faire croire, mais de pure charité –, les Français n'en sont pas capables et rien ne vaut, hors chez nous, la mort de dix soldats. Mais, de cette non-vertu, la forme que prend l'engagement de nos hommes, ferrailles aidant, est le signe. Le « vaincre sans péril » atteint ici des sommets.
On protège le fantassin de mille façons, ce qui le rend lourdaud au combat et peu apte à se faire aimer des populations, qui est pourtant ce qu'on lui demande. Le fait même qu'on ne puisse critiquer cette attitude sans passer pour provocateur montre bien que nous sommes hors-jeu. C'est que le jeu que joue l'adversaire est tout autre : le taliban ne demande qu'à mourir, comportement d'ordinaire peu efficace, mais qui le devient dans l'affrontement qui nous occupe, militaire frileux contre s'en-fout-la-mort. Les taliban ont fort bien compris cela et, avec la complicité des journalistes de Paris-Match, l'utilisent sans vergogne : « La mort, la voici, nous disent-ils photos à l'appui ; nous la recherchons, vous ne la supportez pas, et nous vous tuerons tous ! ».
La mort du soldat, autrefois la plus honorable qui soit, est désormais scandaleuse, la cause de ce scandale doit être recherchée et les coupables dénoncés. Le soldat est un ouvrier comme un autre, qui ne saurait aller au turbin sans les meilleurs outils. Le Livre blanc prend dûment en compte le devoir de perfection. Les parlementaires aussi, pourtant premiers responsables des déficiences de nos armées. Lorsque survient ce qui s'apparente à un accident du travail, il convient d'examiner si le sergent (le contremaître ?) ou le capitaine (le chef d'atelier ?) n'ont pas eux-mêmes commis quelque bévue. Il me semble que les dirigeants de nos écoles militaires ont du souci à se faire pour leur recrutement.
Je pourrais, au risque d'accroître votre indignation, souligner d'autres aspects nocifs de nos ferrailles surdouées. Montrer

par exemple que si l'on associe généralement marche à la guerre totale et perfectionnement des armes, la guerre asymétrique inverse la tendance : celui qui mène guerre totale, c'est le faible, dont la juste cause, qu'il tient pour défensive face aux intrus que nous sommes, autorise les conduites les plus infâmes, dont l'attentat-suicide est la plus spectaculaire, alors que l'intrus, quelle que soit la puissance de ses armes, à cause même de celle-ci, se retient et, comme le dit la doctrine nouvelle, « maîtrise sa force ». Rappeler que l'irrégulier sait tout de son adversaire et le régulier rien du sien, que les méthodes sophistiquées de recherche de renseignements sont impuissantes à percer le brouillard où le faible se dissimule, que le *technint*, « intelligence technique », doit laisser place à l'*humint*, « intelligence humaine », car, dit-on fort bien, ce n'est pas savoir qu'il faut, mais comprendre. Souligner enfin que la guerre technologique est souverainement ennuyeuse, alors que la guerre ne saurait se supporter sans un peu de fantaisie, et qu'à l'inverse le faible, irrégulier avons-nous dit, combat dans la jubilation, n'intervenant qu'à coup sûr et quand cela lui chante.

Pour finir et tenter de me racheter, bien que je ne sois pas sûr que mon discours pessimiste puisse être pardonné, j'élèverai le débat dans les hauteurs où la politique rejoint le destin de l'humanité – excusez du peu ! Si nos armes superbes sont perverses ou nocives, c'est peut-être que nous les utilisons à mauvais escient. Ce qui se joue dans le monde d'aujourd'hui et où nous nous efforçons, dans une excellente intention, de mettre le nez, ce n'est pas du tout un affrontement physique où la force servirait d'étalon de puissance, comme ce fut dans les siècles passés. Il s'agit d'humanisme, terme petit pour désigner l'idée que l'homme a de lui-même et de la façon dont il peut vivre sans se faire honte, ou du moins pas trop.

Où va se nicher, désormais, la puissance des nations ? dans la réponse – certes toujours imparfaite – qu'elles donnent à la question que je viens de poser. Celle que nous Occidentaux, nous Français, mettons en pratique ne me paraît pas satisfaisante, alors que nous prétendons la répandre. Robert Redford, qui n'est pas, que je sache, maître en stratégie, a eu là-dessus, présentant le film qu'il a fait sur l'Irak, un bon mot : « Le jour où la société américaine sera un beau modèle, nous n'aurons plus besoin d'aller faire la leçon au monde ».

« *L'Human Terrain System et les faux-semblants de la guerre culturalo-centrée* »[1]

par

Georges-Henri BRICET DES VALLONS
Chargé de recherche à l'Institut Choiseul et expert en systèmes d'armes pour DSI Technologies
Rédacteur en chef des Cahiers de l'Institut Prospective et Sécurité en Europe

La renaissance doctrinale de la contre-insurrection américaine opérée sous le règne de David Petraeus a promu des changements profonds dans l'approche américaine de la conflictualité. Symbole de cette réorientation, l'US Army développe depuis deux ans, avec BAE Systems, un programme d'anthropologie militaire, le Human Terrain System (HTS) destiné à soutenir l'action des Provincial Reconstruction Teams (PRT) en Afghanistan et en Irak en offrant une force de « conseil culturel » aux commandants de terrain. Ce programme, qui a suscité une vive polémique au sein du monde universitaire, met en relief le rapport problématique entre une discipline scientifique née dans le cadre des conflits coloniaux et le retour doctrinal de la guerre de contre-insurrection au sein de l'institution militaire américaine. La mise en place du HTS, qui cristallise en puissance toute la teneur du débat qui a opposé l'approche capacitaire de Ronald Rumsfeld à l'approche anthropo- ou populo-centrique

[1] Cet article a été rédigé en avril 2009.

systématisée par David Petraeus, permet de décrypter la généalogie complexe de la contre-insurrection américaine et d'appréhender la nature de la transformation socio-stratégique que vit actuellement l'action civilo-militaire des Etats-Unis.

Les sciences sociales au service du militaire ? Généalogie de l'« anthropologie de guerre » dans l'armée américaine

Fin 2004, l'option technocentrée de Rumsfeld et son choix de maintenir un faible volume de troupes en Irak, sont battus en brèche par la montée en puissance et la dissémination des guérillas et la gestion plus qu'aléatoire de la reconstruction de l'Irak. A mesure que les think tanks exhument à tour de bras les écrits des théoriciens français de la contre-insurrection – Galula, Trinquier, Fall *et alii* – les notions de « savoir culturel », de « terrain humain », et le fameux impératif « gagner les cœurs et les esprits », déjà éprouvé à l'époque du Vietnam, vont rapidement recouvrer une popularité certaine dans le discours stratégique américain.

« Recouvrer » car le concept d'« human terrain » est loin de constituer une nouveauté radicale. Il s'inscrit dans la continuité des prédictions de Robert Moss et de Joseph Coates[2], qui prophétisaient dans les années 1970 l'essor des guérillas et des opérations en zone urbaine, par essence populo-centrées. Le concept fait une de ses premières apparitions en 1972 dans *The War for the Cities* de Moss, qui dresse un examen des menaces liées aux guérillas urbaines émergentes. Il attribuait en particulier les errements de la guérilla guévariste en Bolivie à « une vision déformée du potentiel politique de la paysannerie et de son échec à étudier le terrain

---

[2] Joseph Coates est un des premiers analystes à avoir théorisé l'émergence et la systématisation des combats en zone urbaine et l'emploi de moyens non létaux en appui de la contre-guérilla. Voir : J. Coates, *Nonlethal and Nondestructive Combat in Cities Overseas*, Washington DC, Institute for Defense Analyses, Science & Technology Division, 1970.

humain »[3]. Cette analyse ne fait que reprendre le constat de l'US House Un-American Activities Committee (HUAC) sur les Black Panthers et les mouvements révolutionnaires en Amérique Latine : « La guérilla traditionnelle [...] est portée par des forces irrégulières qui ne disposent presque toujours que d'un armement et d'un soutien logistique certes inférieurs, mais qui possèdent une capacité à prendre et à garder l'initiative grâce à un contrôle supérieur du terrain humain »[4].

Loin d'être d'une hérésie déontologique ou une alliance contre-nature avec le militaire, l'instrumentalisation de l'anthropologie à des fins guerrières incarne une constance historique de la discipline. Toute l'histoire de la colonisation occidentale en témoigne. L'empire britannique y a largement eu recours pour maintenir son emprise sur ses colonies (au Soudan, au Nigéria, en Inde) à travers l'*indirect rule*, c'est-à-dire la délégation aux administrations autochtones de la gestion coloniale. La France est également forte d'une longue histoire en la matière : Gallieni à Madagascar, Lyautey au Maroc, plus tard « la guerre révolutionnaire » et les « hiérarchies parallèles » en Indochine et en Algérie, Aussaresses, Lacheroy, Trinquier, Hogard, Galula. Aux Etats-Unis, le Bureau of American Ethnology a été créé aux lendemains de la guerre de Sécession pour soutenir la colonisation de l'Ouest américain dans les « guerres indiennes ». Pendant la Seconde Guerre mondiale, des anthropologues de renom ont été enrôlés par l'Office of Strategic Services (OSS) pour soutenir l'effort de guerre des Alliés : Tom Harrisson envoyé à Bornéo former les guérillas indigènes à combattre les Japonais ; Cora du Bois, qui servit comme analyste et officier

[3] R. Moss, *The War for the Cities*, New York: Coward, McCann and Geoghegan, 1972.

[4] US House Un-American Activities Committee, *Guerrilla Warfare advocates in the United States*, Washington, Government Printing Office, 1968. Les travaux de l'HUAC ont inspiré nombre d'éléments du Patriot Act.

traitant en Indonésie, avant de diriger le Southeast Asia Command à Ceylan ; Margaret Mead et son mari, Gregory Bateson, qui conduisit une recherche ethnographique en Nouvelle-Guinée, puis participa à l'effort de renseignement américain en Birmanie ; Ruth Benedict qui mena une étude de fond sur la société japonaise – y compris sur les nippo-américains internés – publiée en 1946 sous le titre *Le Chrysanthème et l'Epée*. Le mouvement s'est perpétué aux temps de la Guerre Froide. Dans les années 1950, d'autres scientifiques furent envoyés pour participer à la contre-guérilla en Corée, en Thaïlande, aux Philippines et en Colombie.

On se souviendra surtout que des expériences d'envergure similaires au HTS avaient été tentées dans les années 1960-1970 : du projet Camelot[5] jusqu'au Civil Operations Revolutionnary Development Support (CORDS)[6] au Viêt-nam. Lancé en 1967, le CORDS avait également été présenté à ses débuts comme un projet d'assistance humanitaire pour gagner les « cœurs et les esprits ». Basé à Saïgon, ce réseau de renseignement était implanté dans quarante-quatre provinces

---

[5] Le projet Camelot, monté par le Special Operations Research Office en 1964, avait pour objet de concevoir des modèles de systèmes sociaux dynamiques pour prévoir les actions d'un gouvernement ou de certains corps sociopolitiques dans les sociétés développées et influencer le changement politique. Mobilisant des anthropologues, des linguistes, des sociologues et des économistes, travaillant de concert avec des spécialistes des sciences politiques et des mathématiciens, le programme était en réalité centré sur les aspects de la contre-guérilla dans les pays d'Amérique Latine riches en pétrole (Equateur, Venezuela, Colombie). Le Chili a ensuite été perçu comme un terrain d'application probant pour l'expérience, à une époque où la CIA tentait d'empêcher l'accession d'Allende à la présidence. Mis au jour par un de ses contributeurs, l'initiative réveilla la colère de la presse et du gouvernement chilien et fut annulée en 1965 par NcNamara. Un autre scandale suivra en mars 1970, lorsque fut révélée la participation de chercheurs en sciences sociales employés par le Dod à la contre-guérilla menée dans les campagnes thaïlandes, au profit du gouvernement royal.

[6] Voir : D. Valentine, « The Phoenix Program », New York : Morrow, 1990.

sud-vietnamiennes, chaque secteur étant sous le contrôle d'un chef natif de la région, assisté d'un conseiller américain. Son but était de couper l'emprise du Viet Cong sur la population rurale, ce à quoi il parvint en partie. Un des principales réussites du CORDS fut de former une milice paysanne qui comptera en 1971 près de 500 000 hommes. Il servit surtout d'assise au programme Phénix de ciblage et d'assassinat des personnalités constituant les réseaux Viêt-Cong. Cette opération se solda par l'arrestation de 81 000 sympathisants et cadres communistes et de l'exécution plus de 26 000 hommes. C'est d'ailleurs à l'occasion du CORDS que sera montée en janvier 1967 la première base de données militaire entièrement informatisée dans un IBM 1401 : le Viêt-Cong Infrastructure Information System (VCIS). A propos du CORDS, son créateur, Robert W. Komer [7], membre du Conseil de sécurité nationale de l'époque, dira : « Trop petit, trop tard. » La contre-insurrection américaine plonge alors dans une longue période d'oubli.

L'échec vietnamien va provoquer une désaffection du département de la Défense pour la guerre irrégulière et partant, dissoudre le lien privilégié qui existait jusque-là entre les anthropologues et les militaires[8]. En 1984, alors que les conflits au Salvador et au Liban font craindre un retour du

---

[7] C'est ce même Komer qui s'inspira de l'expérience algérienne de Trinquier décrite dans son ouvrage « La Guerre Moderne » pour mettre en place le programme Phénix. Comme le soulignent les propos du colonel Carl Bernard, rapportés par la journaliste Marie-Monique Robin, c'est « à partir de ce texte que Komer a conçu l'opération Phénix, qui est en fait une copie de la bataille d'Alger appliquée à tout le Viêt-Nam du Sud », in M.-M. Robin, *Escadrons de la mort, l'école française*, éd. La Découverte, 2008, 254.

[8] Comme le note Montgomery McFate : « L'étrange histoire de la naissance de l'anthropologie comme une discipline de guerre, et sa soudaine chute dans les abîmes du post-modernisme, sont étroitement liées à l'échec du Vietnam. » - M. McFate, « Anthropology and Counterinsurgency : The Strange Story of a Curious Relationship », *Military Review*, vol. 85, n°2, mars-avril 2005, 24-38.

spectre vietnamien, le secrétaire d'Etat à la Défense, Caspar Weinberger énonce une série de principes destinés à éviter une répétition du schéma vietnamien. S'amorce alors un contre-pied doctrinal. L'URSS et le primat de la manœuvre aérienne et blindée sur le front de l'Est écrase désormais le paysage stratégique ; la « petite guerre » sombre dans l'oubli. Ce dogme du Warfighting va voir son apothéose en 1991 avec la guerre du Golfe. Bataille décisive, livré sur un temps court, conduite en fonction d'objectifs politiques et stratégiques clairs. La doctrine Weinberger est reprise et réarticulée en 1994 par Colin Powell, qui place alors l'accent sur l'idée de fulgurance et de supériorité technologique, destinées à déborder, paralyser et/ou anéantir l'ennemi. L'approche des « major combat opérations » est définitivement institutionnalisée. L'AirLand Battle connaît son acmé. Certes cette posture va subir une légère érosion sous l'administration Clinton, à l'occasion des opérations en Haïti, en Somalie et en Bosnie, sans pourtant entamer son influence. Restore Hope, au contraire, va renforcer le mépris pour les opérations de basse intensité. On se souviendra également des réticences de l'état-major américain à déployer des troupes à terre lors de la guerre du Kosovo. Il aura donc fallu attendre un quart de siècle, l'Afghanistan et l'Irak, pour voir la COIN (counter-insurgency) ressurgir avec fracas.
Le renouveau de la notion de « terrain humain » fait ressaut au syndrome d'amnésie qui avait englouti l'expérience contre-insurrectionnelle américaine suite à la guerre du Viêt-Nam. Ce resurgissement de la contre-insurrection dans la réflexion stratégique américaine pourrait être comparé à ce qu'on nomme en physique un phénomène d'hystérésis, c'est-à-dire le retard de l'effet sur la cause dans le comportement des corps soumis à une action physique. La cause ? La colonisation de l'Afghanistan et de l'Irak. L'effet : la prise de conscience de ce que cette colonisation, jusqu'alors impensée, implique en termes de révision doctrinale de l'action militaire. Autrement dit, la mise au jour d'une expérience

traumatique, après un épisode d'amnésie ou d'aveuglement inconscient. Le remplacement de Rumsfeld par Gates, puis la nomination de David Petraeus à la tête de la MNF (Multinational Force) incarne cet effet de rémanence. En politique, comme en stratégie, le retour du même – l'impensé stratégique – fait loi.

La renaissance doctrinale de la contre-insurrection et la réactivation du concept de « terrain humain » post-11 Septembre

En 2000, Ralph Peters, connu pour son influence sur le milieu néoconservateur et ses théories relatives au remodelage du Grand Moyen Orient sur des critères ethniques – grand avocat de la tripartition de l'Irak notamment – reprenait à son compte le terme de « terrain humain » dans un article publié dans *Parameters* : « The human terrain of urban operations »[9]. Peters arguait que c'est l'« architecture humaine » d'une ville, son « terrain humain [...] sa population [...] qui déterminera le succès ou l'échec d'une intervention ». Peters sera le premier à dresser une typologie des terrains d'opérations urbains en fonction des défis qu'ils posent à la force militaire : villes « hiérarchiques », « multiculturelles » et « tribales ». « Dans les opérations en zone urbaine, poursuivait-il, le centre de gravité n'est jamais un palais présidentiel, un studio de télévision, un pont ou un QG. C'est toujours l'humain. » En conclusion Peters notait, cinglant : « Il n'y aura plus de paix », reproduisant le postulat théorique de la « guerre de quatrième génération » énoncé par William S. Lind, dans laquelle « les frontières mêmes entre la paix et la guerre ont tendance à s'effacer ».

Le renouveau militaire des sciences sociales post-11 Septembre s'inscrit dans ce cadre. Comme le note Eyal Weiz-

---

[9] R. Peters, « The human terrain of urban operations », *Proceedings*, 2006, 4-12. Voir également : « Constant Conflict », *Parameters*, été 2000, 4-14 ; « Blood Borders », *Armed Forces Journal*, juin 2006.

man dans le cas d'Israël : « L'étude des sciences sociales – que l'on prend souvent pour une arme contre l'impérialisme – a été appropriée en tant qu'outil puissant du pouvoir colonial lui-même »[10]. La multiplication des études américaines sur la doctrine de la « guerre révolutionnaire » mise en œuvre par Trinquier (entre autres) lors de la bataille d'Alger, comme le fétichisme dont fait désormais l'objet l'œuvre de Galula aux Etats-Unis ne sont pas les moindres symptômes de cette redécouverte par les Américains de leur propre inconscient colonial ; le « nation-building » dont la vulgate se gargarise n'étant qu'une reformulation sibylline – certes très différente dans sa forme et dans ses buts – de ce qu'on nommait jadis l'administration coloniale. On pourrait à cet égard parler de véritable Zeitgast dans le milieu de la recherche stratégique.

Sur le plan doctrinal, l'« human terrain » se situe à la confluence de plusieurs courants qui ont marqué de leur empreinte le discours stratégique post-Guerre Froide : *Military Operations Other Than War, Military Operations on Urban Terrain, Fourth Generation War, Information Operations* et surtout *Interagency Operations*. En avril 2003, alors que l'invasion de l'Irak vient de débuter, le lieutenant-colonel Robert Leonhard dénonce la fuite en avant capacitaire de l'armée américaine et son dédain pour la « maîtrise de la violence », considérée par les hauts responsables du Dod comme le domaine d'expertise des forces supplétives de l'OTAN (France en tête). Il plaide pour une revitalisation de l'action civilo-militaire à travers le développement des « opérations interagences » pour qui visent à mettre en pratique sur le terrain irakien l'approche transversale du DIME (Diplomatic, Information, Military, Economic). Le HTS peut en effet être considéré comme la synthèse et l'aboutissement, sur le plan doctrinal, des groupes de forces civilo-militaires

[10] E. Weizman, « Passer à travers les murs », *Multitudes* n°28, hiver-printemps 2007.

conceptualisés par le terme « interagences », dans la mesure où il s'agit d'opérer une application synergistique de la puissance nationale en mobilisant l'ensemble des ressources intellectuelles et des vecteurs d'influence dont disposent les États-Unis.

Fin 2003, les plaintes des commandants de terrain se multiplient pour dénoncer les carences du renseignement culturel et humain. A mesure que l'absolutisme de l'approche « network-centric » cède peu à peu le pas à une vision dite « cultural-centric », nombreux sont ceux qui, à l'image du major-général Robert Scales[11] en 2004, dénoncent le dédain des autorités politico-militaires pour la « phase culturelle » de la politique de stabilisation et plaident pour le recrutement d'universitaires. En octobre 2004, l'amiral Cebrowski, un des grands démiurges, avec Andrew Marshall, de la Transformation, déclarera que « la connaissance de l'ennemi, de sa culture et de sa société, peut s'avérer plus décisive que celle de son ordre de bataille ». Peu après sa nomination au poste de secrétaire d'Etat à la Défense, Robert Gates reconnait qu'après la guerre du Viêt-nam, « l'Army a relégué la guerre irrégulière aux marges des priorités budgétaires, doctrinales et de l'entraînement », la laissant « dans l'incapacité de mener les opérations qui ont suivi » en Afghanistan et en Irak. Petraeus reprend l'antienne, avançant que « la connaissance du 'terrain' culturel peut être aussi importante, et même parfois plus importante que la connaissance du terrain géographique [...] La population est, à bien des égards, le terrain décisif. »

Entité souterraine arrachée à la caverne des ombres stratégiques, la « guerre irrégulière » fait alors son grand retour. La ferveur doctrinale qu'engrangent les concepts de « savoir culturel » et de « terrain humain » va rapidement gagner l'état-major américain et ce courant « culturaliste » va alors

---

[11] R. Scales, « Army Transformation : Implications for the Future », Testimony before the US House Armed Committee, 15 juillet 2004.

essaimer dans toute l'institution militaire : l'Army Command and General Staff College a introduit récemment les sciences sociales dans son cursus ; le Marines Corps a mis en place en mai 2005 un Center for Advanced Operational Cultural Learning qui propose des formations linguistiques et culturelles ; l'Army Training and Doctrine Command (TRADOC) suivra le mouvement en février 2006 avec l'établissement d'un Culture Center au sein de l'Intelligence Center basé à Fort Huachaca ; même l'Air War College de l'USAF a mis sur pied un Cultural Center of Excellence. Un autre programme d'importance, le projet Minerve, est en train d'être monté par le Dod, et vise à fédérer un réseau d'universités autour de projets d'études thématiques communes, intéressant la prospective de défense. Minerve se déploie sur trois plans [12] : études sur la technologie et l'armée chinoise ; analyses prospectives du terrorisme irakien ; études sur la religion et l'idéologie islamiques.

La promulgation du FM 3-24 en décembre 2006, qui gagnera en l'espace de quelques mois un statut médiatique de quasi « graal » de la doctrine américaine, achèvera de redonner sa pleine légitimité à la Counter-Insurgency (COIN). David Kilcullen, un des principaux artisans du nouveau manuel de contre-insurrection de l'armée américaine, résume en substance ce réajustement discursif : « La guerre irrégulière est centrée sur la population, pas sur l'ennemi. » C'est dans cette perspective que le Human Terrain System va naître sous l'égide du TRADOC.

L'Human Terrain System : origines, architecture et moyens

Une anthropologue de formation, Montgomery Fate, va jouer un rôle prédominant dans l'élaboration et la légitimation

[12] Liste des projets de recherche « Minerve » financés en 2009 consultable en ligne:
http://www.defenselink.mil/news/d20081222minerva1.pdf

politique et intellectuelle du HTS. Cette ancienne analyste de la RAND et de l'Office Naval Research, reversée dans l'US Army, mariée à un « contractor », va se faire l'avocate redoutable de l'intégration de chercheurs en sciences sociales au sein des unités engagées en Irak et en Afghanistan. En 2005, elle dépose avec Andrea Jackson un projet pilote visant à établir au sein du Pentagone un « Office of Operational Cultural Knowledge », centré sur l'étude du « terrain humain » et composé d'anthropologues étroitement « connectés aux services de renseignement et au commandement militaire.». Ceux-ci seraient chargés[13]: de conduire des recherches ethnographiques sur le terrain ; de participer à l'éducation culturelle des troupes ; de mener des études socioculturelles sur des aires d'intérêt stratégique (sur la société nord-coréenne, sur la culture militaire iranienne, etc.); de servir de force de conseil aux commandants dans la planification des opérations ; de piloter des expérimentations, en particulier d'assurer la mise sur pied d'une banque de données pouvant aider et orienter les décideurs sur le terrain. « Le savoir socioculturel réduit la violence, engendre la stabilité, permet une meilleure gouvernance et améliore le processus de décision militaire », affirme Mc Fate. Celle-ci évoque alors l'idée, a priori oxymorique, de « travail social armé ». Ce projet, dont le coût est alors estimé à 6,5 millions de dollars, va représenter la protogéniture du HTS. Mc Fate défend la nécessité « d'infuser l'anthropologie dans les structures de la sécurité nationale », soulignant à juste titre que « la discipline a été inventée pour soutenir la guerre dans les zones tribales [14] ». Suite aux succès de ses écrits parus dans la *Military Review*, elle deviendra la principale rédactrice du chapitre 3 du FM-3-24, traitant du « renseignement dans la contre-insurrection ». L'anthropologue insiste sur la nécessi-

[13] M. Mc Fate & A. Jackson, « An Organizational Solution to DOD's Cultural Knowledge Needs », *Military Review*, vol. 85 n°4, 18-21.

[14] M. McFate, « The Military Utility of Understanding Adversary Culture », *Joint Force Quaterly* n°38, 42-48.

té pour l'armée américaine d'être en mesure de décrypter les relations et les structures de pouvoir sous-jacentes aux sociétés afghanes et irakiennes pour « gagner les cœurs et les esprits » et d'intégrer des chercheurs au sein des unités déployées sur les terrains irakiens et afghans : « En Irak, les forces de la coalition doivent identifier et tirer profit des structures tribales qui sous-tendent l'organisation du pays », à savoir « le pouvoir exercé par les figures d'autorité traditionnelles ; l'utilisation de l'Islam comme une idéologie politique ; les intérêts concurrents des Chiites, des Sunnites et des Kurdes ; les conséquences psychologiques du totalitarisme [sur la hiérarchie et l'organisation sociale du pays] ; et la séparation entre l'urbain et le rural »[15].
Le bureau des Foreign Military Studies, sis à Fort Leavenworth au Kansas, va reprendre l'idée à son compte et promouvoir l'idée d'un « CORDS du XXIe siècle ». Jacob Kipp définit cette approche conceptuelle comme l'ensemble des « éléments sociaux, ethnographiques, culturels, économiques et politiques à partir desquels la force peut opérer », éléments « déterminés et caractérisés par les sources d'information socioculturelles, anthropologiques et ethnologiques » dont cette force dispose[16]. Entre juillet 2005 et août 2006, le capitaine Don Smith est chargé de superviser la mise en place et l'architecture du programme. Le relais est passé fin 2006 au colonel Steve Fondacaro, un ancien du 75th Ranger Regiment. L'objectif de départ est de retracer l'ensemble des réseaux sociaux derrière les attaques IED dans une base de données, en remontant les filières des poseurs de bombes aux fabricants jusqu'aux financiers.
Début 2007, la logistique du programme expérimental est confiée à BAE Systems, prestataire historique du TRA-

---

[15] M. McFate, « Anthropology and Counterinsurgency : The Strange Story of a Curious Relationship », *Military Review*, vol. 85, n°2, mars-avril 2005, 24-38.
[16] J. Kipp, « The Human Terrain System : a CORDS for the 21st Century », *Military Review*, septembre-octobre 2006.

DOC[17], qui lance une campagne de recrutement dans les milieux universitaires. BAE sous-traite le pilotage du HTS à sa filière MTC Technologies, à l'entreprise Science Applications International Corporation (SAIC), et au groupe Wexford – spécialisé dans la gestion de crise – qui dépend de la société militaire privée CACI International. L'annonce d'emploi passé par BAE décrit ainsi la mission : « Le *Human Terrain System* est un nouveau programme de l'armée, conçu pour améliorer la capacité des militaires à comprendre l'environnement socioculturel en Irak et en Afghanistan. La connaissance des populations locales permet aux militaires de planifier et accomplir leur mission plus efficacement et de recourir moins souvent à la force. » Les profils sont hétéroclites et concernent principalement des anthropologues, des chercheurs en science politique, et des linguistes. Avant leur déploiement, les membres des Human Terrain Teams reçoivent une formation militaire minimale (dispensée par BAE). Une première équipe est envoyée en février 2007 en Afghanistan. D'autres suivront pendant l'été 2007 en Irak. En octobre 2007, les effectifs du HTS passent d'une à six équipes sur la seule région de Bagdad.
Le débauchage d'anthropologues par l'armée américaine ne va pas manquer de provoquer des remous dans le monde académique et de susciter une vive polémique au sein de l'Association Américaine d'Anthropologie (AAA)[18]. Le

[17] Le HTS n'a pas donné lieu à un appel offre, cependant le contrat confié à BAE devrait tomber une fois que le projet aura été institutionnalisé. A noter que d'autres sociétés militaires privées recrutent du personnel qualifié dans le domaine des sciences sociales comme Hicks & Associates, L3-Titan, MPRI, Booz Allen Hamilton et Mitre Corp.

[18] Cette polémique rappelle furieusement celle qu'avait provoqué Frank Boas, un des pères de la discipline, à l'époque de la Première Guerre mondiale, quand celui-ci avait révélé que des anthropologues américains, notamment l'archéologue Sylvanus Morley, opéraient sous couverture pour espionner les activités des officiers allemands en Amérique Centrale, soupçonnés de vouloir y établir une base sous-marine. Cette

HTS va déclencher l'ire de plusieurs scientifiques, notamment Hugh Gusterson, David Price et Roberto Gonzalez[19] qui prennent la tête de la contestation et s'attaquent au lieutenant-colonel John Nagl , un des principaux artisans du FM 3-24[20]. Ces derniers dénoncent une « mercenarisation de l'anthropologie » qui transgresse le code déontologique de l'association. Ils soulignent le déficit d'expertise régionale des anthropologues recrutés et pointent le risque d'une mainmise des services de renseignements sur le milieu anthropologique. Le recrutement de potentiels universitaires est un vieux mode opératoire de la Centrale, qui ausculte depuis longtemps le monde académique via des programmes comme le Pats Roberts Intelligence Scholars (PRISP), qui lui sert de porte d'entrée et de communication dans les universités. La mise en place de l'Intelligence Community Scholars (ISCP) en 2005 témoigne de ses tentatives pour diversifier et étendre son recrutement[21]. Convoquant les fantômes du pro-

---

dénonciation, que Boas publiera en 1919 dans les colonnes de *The Nation,* lui vaudra d'être limogé de l'AAA. La motion de censure ne sera levée par l'AAA qu'en 2006. Il faut également noter que le code d'éthique de l'AAA adopté en 1971, dans le contexte des dérives constatées au Vietnam, a subi de nombreux remaniements pendant le dernier quart du XXe siècle, sous la pression des services de renseignement.

[19] Voir notamment : D. Price, « Buying a piece of Anthropology », *Anthropology Today*, vol. 23 n°3 et n°5, juin/octobre 2007 ; R. J. Gonzalez, « Human Terrain : Past, Present and Future Applications », *Anthropology Today*, vol. 24 n°1, février 2008.

[20] L'anthropologue David Price a démontré, citations à l'appui, le plagiat fait par le manuel de plusieurs écrits sociologiques. Voir : D. Price, « Pilfered Scholarship Devastates General Petraeus's *Counterinsurgency Manual* », *Counterpunch*, 30 octobre 2007.

[21] La banque d'offres d'emploi de l'AAA répertoriait en octobre 2005 des postes vacants pour des post-doctorants en anthropologie au sein de la CIA, avec l'intitulé suivant : « La CIA cherche des anthropologues pour étudier les 'facteurs sociaux, organisationnels et contextuels qui influencent le fonctionnement des groupes politiques, terroristes et criminels. » L'offre susdite soulignait que les candidats devraient faire « preuve d'une grande tolérance à l'ambiguïté », façon commode de leur

gramme Phénix, les détracteurs du programme craignent surtout que la base de données soit ouverte aux gouvernements irakiens et afghan et leur serve à éliminer l'opposition politique. La mise à disposition des informations collectées par le CORDS au gouvernement sud-vietnamien avait effectivement servi une politique d'épuration des opposants politiques. Le commandement militaire a répondu à la polémique en arguant que les scientifiques des Human Terrains Teams (HTT) ne collectent que du renseignement en source ouverte (« green layer data ») et ne participent pas à des opérations de ciblage, sans pour autant apaiser les craintes. Il est vrai que rapporter l'initiative à une simple redite des expériences contre-insurrectionnelles de la guerre froide semble trop schématique. Cette controverse, qui entrainera une condamnation officielle du HTS par l'AAA[22] et coupera toute relation de confiance entre le monde universitaire et les acteurs du programme, ne va pas pour autant entraver son essor.

Le HTS compte désormais plus de 150 chercheurs, payés 250 000 à 300 000 dollars par an (six fois le salaire normal d'un universitaire), répartis dans chacune des 26 brigades actuellement déployées en Irak et en Afghanistan. Chaque équipe est composée en moyenne de cinq membres (deux civils et trois militaires, le plus souvent issus de la réserve de l'US Army) : un chef d'équipe (grade de major ou de lieutenant-colonel), un anthropologue ou un sociologue (un civil

---

faire comprendre qu'ils auraient à s'affranchir de tout scrupule éthique dans leurs futures fonctions.

[22] « Dans le contexte d'une guerre largement reconnue comme un déni des droits de l'homme, basée sur une information erronée et sur des principes non démocratiques, le bureau exécutif considère le projet HTS comme une application problématique de l'anthropologie, essentiellement pour des raisons éthiques [...] et comme un usage inacceptable de l'expertise anthropologique. » Consultable en ligne : http://www.aaanet.org/blog/resolution.htm, 31 octobre 2007. Voir également l'éditorial de la revue scientifique *Nature* qui condamne explicitement le projet : *Nature* n°456, 11 décembre 2008.

de niveau master ou doctorat), un analyste spécialiste de la région (souvent un linguiste ayant une connaissance de la culture locale), un manager de recherche (un militaire spécialiste du renseignement opérationnel) et un autre analyste chargé de répercuter les informations aux membres de la coalition. Les équipes du HTS bénéficient du soutien d'un Research Reachback Center (RCC) qui centralise les retours d'expérience et dont les cellules installées à Fort Leavenworth, et à Oyster Point en Virginie, assurent une veille et un soutien documentaire et technique en temps réel aux équipes. Ces RCC se sont adjoints les services d'un réseau d'experts des cultures locales.

Pour répondre aux impératifs du projet, à savoir cartographier les réseaux sociaux et techniques des guérillas (notamment les réseaux IED), identifier les nœuds organiques les connectant aux centres de pouvoir politiques et religieux, afin d'obtenir un panorama englobant et tactiquement exploitable de leurs interactions avec la population, chaque équipe utilise un concept avancé de suite logicielle, le MAP-HT développé par les sociétés Mitre Corporation[23] et Aptima, qui intègre les applications suivantes : Mapping (pour la cartographie physique des réseaux tribaux), Link Charts (pour la cartographie virtuelle des réseaux sociopolitiques dans les économies informelles, comme celle de l'opium), Timelines (outil dédié à la formalisation généalogique des lignées familiales), ANTHROPAC (pour l'analyse des éléments constitutifs d'une aire culturelle), UCINET (outil d'analyse des réseaux sociaux), Axis Pro (logiciel de management de l'information qui permet d'agréger et de visualiser différentes sources de renseignement), Analyst's Note-

[23] De 500 000 dollars en 2007, le budget de développement du MAP-HT est passé à 2,8 millions de dollars en 2008 et redescendra à 1,3 million en 2009. La société Mitre est connue pour avoir participé dans les années 1960 à la conception des projets Command, Control, Communications and Intelligence (C3I), et pour avoir pris part, entre autres, à la création de l'ARPANET, ancêtre de l'Internet.

book (outil de mise en réseau d'informations sous forme de graphes qui sert notamment aux forces de l'ordre), et Terra Explorer (outil de cartographie 3D comparable à Google Earth et permettant, entre autres, de gérer des points GPS). Ce logiciel, toujours en rodage, pourrait être utilisé par la suite par l'USAID, la DEA et les autres membres de la coalition.

Quoiqu'expérimentale, l'initiative HTS est inédite dans son ampleur et dans ses ambitions[24]. En témoigne son expansion budgétaire remarquable. Initialement de 20 millions de dollars, l'allocation financière du projet va rapidement exploser à la faveur de l'enthousiasme grandissant du corps militaire et de la reprise en main par Petraeus de la politique de stabilisation de l'Irak. En septembre 2007, le secrétaire d'Etat à la Défense, Robert Gates, donne son aval à un financement à hauteur de 40 millions de dollars. En 2008 le budget atteint les 60 millions, une somme record qui pourrait s'élever à 150-160 millions de dollars pour l'année fiscale 2009, et qui fait du HTS le programme de recherche le plus onéreux de l'histoire des sciences sociales.

Premiers retours d'expérience

Si, jusqu'à présent, aucun rapport officiel n'a pu démontrer, chiffres à l'appui, l'efficacité des actions des HTT, les pre-

---

[24] Parallèlement, le HTS a suscité la mise en place de plusieurs projets scientifiques dans le domaine de la simulation et de la modélisation des interactions sociales afin d'anticiper les réactions de l'adversaire. Le plus important, le Human Social Culture Behavior Modeling, a pour but de « construire des modèles informatiques [..] en combinant les actions récentes des insurgés avec les informations culturelles, politiques et économiques, que les HTT ont collectées sur la région. » Une telle approche avait été tentée par l'Université de Dartmouth à l'époque de la guerre du Golfe avec le « Adversary Intent Interferencing ». Cette démarche est typique de l'approche scientifique du behaviorisme américain fondé par Burrhus Skinner et dont les limites épistémiques ont été largement soulignées par Jean Piaget et la psychanalyse française.

mières expérimentations ont rapidement gagné la faveur du Marines Corps et celle des commandants des Provincial Reconstruction Teams (PRT), qui militent pour une institutionnalisation du programme. Selon le colonel Martin Schweitzer[25], commandant de la Task Force Fury, la venue de la première équipe d'anthropologues aurait participé à réduire les opérations « cinétiques » (de combat) de 60% entre février et octobre 2007 sur la région de Khost. Si établir une corrélation directe entre les activités du HTS et la décrue des violences sur une période *x* relève à première vue de la gageure méthodologique et ne saurait guère être recevable sur un plan scientifique, les retours d'expérience du programme soulignent cependant qu'il suscite un enthousiasme certain. Il aurait été improbable il y a encore quelques années de voir des officiers américains prendre part et accorder de l'importance aux « jirgas » et aux « shuras », ces assemblées qui structurent l'organisation sociale des Pashtounes et qui visent à résoudre les litiges entre tribus, bien plus importantes aux yeux des Afghans que les tribunaux officiels.

Le système fonctionne pour l'heure au niveau brigade, mais il est question d'étendre son architecture, en fonction des résultats obtenus, au niveau divisionnaire : des « Human Terrain & Analysis Teams » seraient ainsi chargées d'assurer une collecte surplombante des informations dégagées par les équipes de terrain.

Fin 2007, David Petraeus déclarera que « les équipes de l'Human Terrain sont devenues des éléments importants des opérations menées en Irak », soulignant que « le concept est [certes] relativement neuf et que les contributions de chaque équipe varient évidemment en fonction de la qualité de leurs membres », mais qu'en revanche « une bonne équipe – et il y en a plusieurs – est d'une valeur inestimable ».

---

[25] Témoignage consultable en ligne : http://armedservices.house.gov/pdfs/TUTC042408/Schweitzer_Statement042408.pdf

Alors que les pertes américaines en Irak viennent de redescendre au niveau de celles de 2003, et que les attaques par IED ont baissé de 70% par rapport à 2007, le centre des opérations bascule sur l'Afghanistan. La situation y est toute autre. La guerre s'y livre principalement dans les régions rurales et montagneuses. Les membres du HTS s'y sont illustrés dans des opérations menées conjointement par les forces américaines et l'Afghan National Army (Ana) : dans la passe de Khyber, devenue un territoire central depuis que les Talibans, réfugiés sur la zone frontalière pakistanaise, s'attaquent aux lignes de ravitaillement de la coalition, les HTT ont mis en place un programme d'assistance aux veuves. Les anthropologues avaient constaté que les mères enjoignaient leurs fils à rejoindre l'insurrection en raison de la pauvreté endémique de la région[26]. La présence des HTT a permis de contrecarrer les tentatives d'un chef tribal de créer un conflit territorial au sein du clan Zadran, un des plus puissants du Sud-Est afghan, et d'éviter de le faire basculer dans le camp taliban. Lors de l'opération Maiwand, les conseils des scientifiques ont aidé les officiers à convoquer une « shura » et, à travers l'étude de la gestuelle et des postures, à identifier les chefs tribaux lors des négociations dans le village de Kuz Khadokhel. Les équipes ont réussi à gagner les faveurs de la population en acceptant ses revendications : à savoir la visite d'une clinique mobile de la PRT de Ghazni, la construction d'un réseau d'irrigation, et le tracé de voies connectant la région à la principale autoroute du pays [27]. Le but était surtout de modifier la perception négative des habitants vis-à-vis de la police afghane – objet coutumier de défiance de la part de la population – et de recruter une dizaine d'hommes dans le village, sur le modèle des « concerned

[26] D. Rhode, « Army enlists Anthropology in War Zones », *New York Times*, 5 octobre 2007.
[27] M. Morin, « Cultural advisers give U.S. teams an edge », *Stars & Stripes*, 2 décembre 2008.

local citizens » appliqué en Irak[28] dans le cadre de l'« Awakening » (Réveil). Constituer des milices locales capables de suppléer la police et l'armée dans les régions reculées d'un pays est une méthode éprouvée de la guerre de contre-insurrection. Une telle stratégie est cependant à double-tranchant : le risque étant de financer et d'équiper des groupes qui, à court ou moyen terme, sont susceptibles de se retourner contre la force qui les arme ou contre le gouvernement central, comme l'a démontré l'instrumentalisation par les Etats-Unis du Maktab al-Khidamat de Ben Laden et d'Abdallah Azzam, l'ancêtre d'Al-Qaïda, dans les années 1980. Le retour du même est une mécanique puissante de l'histoire. C'est pour cette raison précise que l'OTAN a mis fin à son programme de police auxiliaire en avril 2008[29].

Cette approche anthropologique a donc ses limites. Passé l'optimisme qu'a suscité le programme, les Américains pourraient rapidement déciller les yeux. Les critiques se sont faites jour au sein mêmes des équipes, certains anthropologues embarqués ayant dénoncé l'amateurisme et les carences de BAE dans sa gestion du programme [30]. L'avenir du

---

[28] C'est en exploitant les divisions claniques de la société afghane et en négociant, comme l'a proposé Gérard Chaliand, avec les Pashtounes, que la coalition pourra espérer une sortie de crise et une pacification relative du pays. Le retournement et la réintégration des milices et du bloc sunnites dans le jeu politique irakien et les programmes type « Fils de l'Irak » ont sans conteste participé au succès de la politique de Petraeus.

[29] Un rapport récent du GAO vient de révéler les problèmes critiques de traçabilité des armes légères fournies aux forces afghanes : l'armée américaine ignore ce qu'il est advenu de près de 87 000 armes sur les 242 000 livrées à l'Ana entre 2004 et 2008. Il est fort probable que celles-ci sont passées dans les mains de trafiquants ou directement dans celles des Talibans. Voir : Government Accountability Office, *Lack of Systematic Tracking Raises Significant Accountability Concerns about Weapons Provided to Afghan National Security Forces*, GAO-09-267, janvier 2009.

[30] Z. Helbig & M. Thompson, *US Army Human Terrain System Malfeasance*, 28 mars 2008. Lettre consultable en ligne : http://www.mattvtom.com/HTS/HTS_POGO_Statement.pdf

HTS est loin d'être radieux : le programme a déjà connu trois morts dans ses rangs et la mise en examen d'un de ses membres pour meurtre sous le sceau du Military Extraterritorial Jurisdiction Act (MEJA), chose rare pour un civil sous contrat. Celui-ci avait voulu venger une de ses collègues, brûlée vive dans le village de Maiwand par le porteur d'un bidon de pétrole auprès duquel elle avait voulu s'enquérir de l'augmentation du prix du carburant[31]. Un autre membre du HTS, engagé comme linguiste, vient d'être inculpé pour trahison et espionnage. Agent double travaillant pour le compte de l'Iraqi Intelligence Service sous Saddam Hussein et servant les intérêts des réseaux baasistes[32], il opérait depuis plus de douze ans pour Washington. Ces épisodes ont confirmé les doutes émis par l'AAA sur les modalités et le sérieux du processus de recrutement du HTS.

De surcroît, BAE a annoncé début février 2009 des réductions substantielles des salaires de ses « contractants », de l'ordre de 60 à 70%. La société craint-elle les effets juridiques du nouveau Status of Force Agreement (SOFA) irakien et le rétrécissement de sa marge de manœuvre qui sera rendu automatique par l'expiration de l'Order 17 qui assurait depuis 2003 une immunité aux sociétés sous contrat avec l'Etat américain ? Subit-elle le contrecoup de la crise financière ? En réalité l'institutionnalisation du programme fait suite à l'entérinement du SOFA (Status of Force Agreement) irakien qui place désormais les contractors sous l'autorité de la juridiction locale et vise donc à offrir un statut juridique à ses membres à même de les protéger de poursuites éventuelles. Les membres des HTT sont donc en passe de devenir officiellement des employés du gouvernement américain, mais avec la paie correspondante (97 000 dollars en moyenne), et donc une attractivité financière bien moindre.

[31] N. Schachtman, « Army 'Human Terrain' Contractor Charged with Murder », *Wired Blog*, 20 novembre 2008.

[32] N. Schachtman, « Ex-Sterling Heights man accused of spying for Saddam Hussein », *The Detroit News*, 24 novembre 2008.

On peut facilement imaginer les conséquences que ce nouveau statut aura sur une base de recrutement déjà présentée comme fragile. Selon les dires mêmes de sa responsable, Montgomery McFate, le HTS a déjà connu une défection de personnel de l'ordre de 30%. La situation du programme semble donc plus que jamais précaire, au moment même où Obama a appelé à sa systémisation. Le déploiement prévu d'équipes d'anthropologues en Afrique, pour soutenir le travail de l'Africom, pourra peut-être lui sauver la mise. Néanmoins son futur n'a jamais semblé aussi incertain.

Guerre culturelle vs guerre technologique : Adaptation et/ou Transformation ?

La renaissance doctrinale de la contre-insurrection, illustrée par la montée en puissance du HTS, fragilise de fait l'édifice conceptuel de la Transformation et induit une marginalisation relative de la vision technocentrique et capacitaire, celle du Warfighting, qui a exercé son joug, avec les déboires que l'on sait, sur la réflexion stratégique américaine et la planification opérationnelle sous l'ère Clinton et Bush. Elle signe l'avènement d'un paradigme anthropo- ou populo-centrique, similaire au concept de « guerre au milieu des populations » formulé par le général britannique Rupert Smith[33]: ce sont

---

[33] On notera au passage la parenté évidente de cette approche avec les notions de « guerre au milieu des populations » - de « contrôle du milieu » par opposition à l'impératif de « contrôle du territoire » - et d'« adaptation » (par opposition à l'obsession capacitaire de la Transformation) développée par le général Rupert Smith et reprise par le général Vincent Desportes (ancien commandant du CDEF) dans le document de doctrine de l'armée de terre FT-01. De là à distinguer dans ce mouvement une européanisation, voire une francisation de la vision stratégique américaine, il y a cependant un pas que le stratégiste doit se garder de franchir. En effet l'approche anthropocentrique, si elle s'éloigne bien du primat de la « guerre technologique » et de la vision dogmatique de la Transformation qui ont fait loi durant la décennie 90, elle n'exclut nullement les postulats fondamentaux de la guerre réseau centrée.

désormais les réseaux socioculturels, « humains », qui régissent l'approche cognitive du champ de bataille. Ce n'est pas un hasard si l'Israel Defence Forces est allée puiser les inspirations doctrinales du « swarming » chez Deleuze et Guattari, aux sources d'une représentation non plus pyramidale ou concentrique (correspondant aux structures d'une armée régulière ou d'une société occidentale), mais rhizomatique des relations de pouvoir, en prise avec l'organisation fluctuante, dispersive et parfois immatérielle des guérillas.

Ces processus – Transformation et Adaptation – sont-ils pour autant exclusifs l'un de l'autre ? Peut-on parler de déclin, voire de mort de la Transformation ? Oser cette sentence nous semble relever de l'hyperbole. S'il est clair que les vertus prêtées au Future Combat System ont été manifestement surestimées, qu'il a connu des coupes sombres (notamment le Land Warrior) qui ont impacté à la baisse son rayonnement, il se taille toujours une place de choix dans le budget de défense américain. Certes l'Office of Force Transformation a été démantelé suite au décès de Cebrowski. Certes les plus influents avocats de la « Révolution dans les Affaires Militaires » ont disparu de la scène politico-militaire, aux Etats-Unis comme en Israël d'ailleurs : Rumsfeld a été remplacé par Gates ; Dan Haloutz, le chef d'état-major qui a planifié la campagne ô combien critiquée de 2006 au Liban et un des plus fervents partisans de la NCW, a été démissionné. Pour autant la Transformation n'est pas enterrée, loin s'en faut. Tout au plus a-t-elle été mise en sommeil.

Sous-estimer la force et la persistance du dogme «révolutionnaire » – de la « Vision » – dans la doctrine américaine serait une erreur. Une armée n'est jamais figée. L'institution militaire est en mouvement perpétuel : des points de vue doctrinaux parfois antinomiques s'affrontent et peuvent cohabiter sans s'exclure pour autant. Si l'enthousiasme soulevé par la Network Centric Warfare (NCW) au sein du Pentagone est largement retombé, celle-ci continue d'étendre ses ramifications sur l'organisation des armées. Quand les Etats-

Unis, par le biais du HTS, tentent de circonscrire les enjeux du « terrain humain », ils continuent de le faire à travers le prisme de NCW et de la guerre de l'information. Cette démarche n'échappe pas à l'axiome formulé par Arquilla et Rondfelt : « seul un réseau peut combattre un réseau. » La NCW change de méthode, pas de nature. L'analyse de l'ennemi comme système connaît certes un décentrage : le réseau social supplante peu à peu le réseau électronique, mais la logique reste la même. Comme le soutient Noah Shachtman, « la guerre continuera à tourner autour des réseaux, mais certains de ces réseaux seront maintenant sociaux, et relieront non plus des ordinateurs, des drones ou des blindés, mais des tribus, des sectes, des partis politiques, et même des cultures entières[34]. » Les postulats fondamentaux de la NCW, comme ceux de l'AirLand Battle, eux aussi marginalisés après le bilan mitigé des opérations Rapid Decisive Operations et Shock & Awe, n'ont pas perdu de leur pertinence dans le cadre d'un hypothétique conflit conventionnel. Le « continuum de force » et la « full spectrum dominance » continuent leur marche en avant à travers l'Objective Force de Shinseki. En revanche, c'est indubitablement une certaine conception de l'omnipotence de la « guerre technologique » et du Warfighting, qui a vécu.

L'Afghanistan et la problématique du « point de vue indigène »

Cette réorientation doctrinale, entérinée en décembre dernier (2008) par la directive 3000.07[35], est sans aucun doute salutaire mais les interrogations sur sa capacité à « gagner » la guerre continuent de peser lourdement. Suffit-il de com-

---

[34] N. Shachtman, « How Technology Almost Lost the War : In Iraq, the Critical Networks Are Social – Not Electronic », *Wired Blog*, novembre 2007.

[35] La directive 3000.07 avalisée le 1er décembre 2008 reconnaît « que la guerre irrégulière est aussi importante stratégiquement que la guerre traditionnelle »

prendre comment fonctionne la culture institutionnelle de l'opium – qui représente un tiers de la richesse du pays et qui a des ramifications au sommet du gouvernement Karzaï – et comment elle structure la paysannerie en Afghanistan, pour réussir à éradiquer l'économie sociale du narcotrafic ? Une force occupante peut-elle vraiment s'affranchir de tout ethnocentrisme dans son approche de la conflictualité ? Peut-elle réellement adopter le « point de vue de l'indigène » ? Cet échappement à la subjectivité, ce dépouillement des préjugés de l'observateur, cette conversion empathique à l'Autre comme adversaire sont-elles seulement possibles ? A dire vrai, ces ambiguïtés ont émaillées toute l'histoire de l'anthropologie culturelle et problématisé l'idée d'« observateur participant » théorisée par Malinowski et le courant fonctionnaliste[36]. Codifier les mœurs et les interactions d'une société, circonscrire le poids des institutions et des croyances au sein de ces dernières, élaborer et dégager des modèles dynamiques peuvent aider à comprendre le fonctionnement souterrain d'une société, les attenants de l'organisation tribale, le rôle joué par le code de l'honneur et la vengeance (dans le Pashtounwali par exemple), l'importance des tabous sexuels dans le rapport aux femmes, mais ces biais offrent-ils une solution opératoire pour provoquer un changement durable au sein de cette société ?
La force armée parviendrait-elle à s'ancrer dans la culture locale et à établir des liens solides avec la population – ce à quoi la politique menée par Petraeus a en partie abouti en Irak – le fossé restera toujours aussi grand entre l'occupant et l'occupé. Cet horizon semble irréductible. Une guérilla peut être réduite – ses attaches avec la population partiellement dissoutes et détruites – mais par nature jamais totalement anéantie. Protractée et diffuse, la contre-guérilla, ou, dans sa

---

[36] Sur le fonctionnalisme, voir notamment : B. Malinowski, *La théorie scientifique de la culture et autres essais*, éd. Maspero/La Découverte, 1970.

formulation post-moderne, la « guerre de quatrième génération » - où l'imbrication du militaire, des médias et de la population brouille les frontières traditionnelles de la conflictualité – invalide les notions mêmes de « victoire » et de « bataille décisive » et problématise considérablement celles de « sortie de crise » et d'« effet final recherché ». La chose a été dite et redite. Dans la contre-insurrection, les concepts mêmes de « centre de gravité » et de « champ de bataille » connaissent une dématérialisation : ils sont à la fois partout et nulle part. Une fois admis et assimilé le principe que la « population » est le centre de gravité, est-on plus avancé stratégiquement ? Au final, le FM 3-24 n'a rien de « révolutionnaire » ; il constitue tout au plus une synthèse actualisée de normes épistémologiques (le « relativisme culturel ») et tactiques (centralité de l'action civilo-militaire ; emploi d'une force minimum ; profonde connaissance du terrain géographique et humain ; acceptation des enjeux d'une guerre de long terme) déjà éprouvées historiquement. Les fameux « 28 principes fondamentaux de la contre-insurrection » de Kilcullen ne sont qu'une retraduction habile des « 27 principes » de T.H. Lawrence énoncés il y a un siècle plus tôt dans l'*Arab Bulletin*.

Plaquer une comparaison anachronique en suggérant que ce qui se passe en Afghanistan et en Irak est une reproduction pure et simple des schémas stratégiques de l'ère coloniale serait trop caricatural. Les différences du contexte politique, des forces en présence, de la nature de l'affrontement, condamnent un tel raccourci. Néanmoins, on peut considérer que le HTS n'est finalement qu'une alliance de la guerre de l'information ('information warfare') et du renseignement ethnographique ('ethnographic intelligence') largement mis en pratique par Lyautey et Gallieni. Il faut relire les « instructions d'ordre politique » énoncés par Gallieni dans son rapport sur la pacification de Madagascar, pour se rendre compte de la proximité critique entre le discours de la stratégie coloniale de la fin du XIXè siècle et celui de

l'anthropologie culturelle appliquée au militaire du début du XXIè siècle :
« L'action politique tire sa plus grande force de la connaissance du pays et de ses habitants : c'est à ce but que doivent tendre les efforts de tout commandement territorial. C'est l'étude des races qui occupent une région qui détermine l'organisation politique à lui donner, les moyens à employer pour sa pacification. Un officier qui a réussi à dresser une carte ethnographique suffisamment exacte du territoire qu'il commande est bien près d'en avoir obtenu la pacification complète, suivie bientôt de l'organisation qui lui conviendra le mieux. [...] Toute agglomération d'individus, races, peuples, tribus ou familles, représente une somme d'intérêts communs ou opposés ; s'il y a des mœurs et des coutumes à respecter, il y a aussi des haines et des rivalités qu'il faut savoir démêler et utiliser à notre profit, en les opposant les unes aux autres, en nous appuyant sur les uns pour mieux vaincre les seconds. [...] En somme, toute action politique doit consister à discerner et mettre à profit les éléments locaux utilisables, à neutraliser et à détruire les éléments locaux non utilisables. [...] L'élément essentiellement utilisable sera, avant tout, le peuple, la masse travailleuse de la population, qui peut, momentanément, se laisser tromper et entraîner, mais que ses intérêts rivent à notre fortune, et qui sait bien vite le comprendre, pour peu qu'on le lui indique et qu'on lui fasse sentir[37]. »
L'expérience du HTS n'est d'ailleurs pas sans faire penser à celle des Sections Administratives Spécialisées (SAS), qui avaient été mises en place pour briser l'empire du FLN sur la population et gagner les faveurs des régions rurales algériennes en offrant une série de services d'assistance scolaire, sociale et médicale. Ces dernières avait donné lieu à une sé-

[37] J. Gallieni, « Rapport d'ensemble sur la pacification, l'organisation et la colonisation de Madagascar (oct. 1896-mars 1899) », in G. Chaliand (dir.), *Anthologie Mondiale de la Stratégie*, éd. Laffont, 1990, 1020-1021.

rie de succès tactiques indéniables, sans pour autant de préjuger d'une victoire politique.
L'esprit de résistance à l'envahisseur est un moteur spirituel extrêmement puissant, en Afghanistan plus qu'ailleurs : un pays sous-administré, profondément féodalisé, étranger à l'Etat de droit et à l'idéologie des droits de l'homme, livré depuis des siècles aux luttes claniques et seigneuriales, et où le poids social de la théocratie, plus prégnant qu'en Irak, modifie profondément la grille de lecture occidentale des relations de pouvoir. Une armée occupante, « ingérente », ne doit jamais sous-estimer la force d'inertie et de stagnation de ce que Claude Lévi-Strauss appelle les « sociétés froides » (le chaos haïtien en est un autre exemple) et la formidable résistance d'un peuple aux changements historiques. L'histoire de la guerre l'a montré : un pays peut être occupé durablement, mais jamais une puissance impériale n'a réussi à maintenir son emprise de façon indéfinie.
A cet égard, l'Afghanistan fait figure de paroxysme, son histoire même rime avec « crise ». Le pays se pose là comme une singularité historique. Macédoniens, Anglais et Russes ont subi sa fatalité. Jean-José Puig dans son étude sur Massoud résumait ainsi l'impasse stratégique afghane : « L'histoire de la guérilla en Afghanistan montre les limites d'une approche strictement politique [...] Il ne s'agit pas d'une "queue de conflit", mais d'une guerre absurde dans la mesure où, justement, il n'existe plus de facteur politique susceptible de lui donner un sens. [...] Cette dynamique possède sa propre logique tout comme sa propre rationalité. Toutes deux sont étrangères à notre arsenal intellectuel pour comprendre le monde [...] »[38].

---

[38] J.-J. Puig, « Le commandant Massoud », in G. Chaliand, *Guerres irrégulières*, éd. Folio, 2008, 498-552.

« La juste technologie : ou les compromis nécessaires à l'efficacité globale »

par

le Général de division Vincent DESPORTES
Directeur Collège interarmées de défense

Les engagements de nos forces se multiplient au même rythme que les crises. Las, les formats réduits de nos armées ne permettent plus de réunir sur chaque théâtre les masses critiques dont l'Histoire nous apprend qu'elles sont indispensables à l'efficacité globale. Pourtant, nos budgets militaires demeurent imposants et demandent à la nation des efforts notables pour une efficacité globale qui décroît.
Ces paradoxes conduisent à aborder franchement la question de la dérive technologique et de ses effets pervers. La performance technologique, recherchée désormais souvent par principe, semble en effet s'être substituée aux raisons qui la justifiaient. Or, elle ne peut suffire, par elle-même, à solder le problème de la guerre et à redonner de l'utilité à la force. L'armement doit en effet être pensé certes en fonction de ses effets militaires, mais surtout de sa capacité à participer utilement à la réalisation de l'effet politique recherché. Sur les champs de guerre, l'essentiel est redevenu la substance politique de l'armement.
Si la performance technologique constitue un avantage comparatif notable, à préserver, elle doit être impérativement contenue en deçà de sa propre contre-productivité.

UNE LOGIQUE COUPEE DE SES RACINES

Le facteur déclenchant : le contournement par la technologie

La culture américaine - qui donne à la technique un rôle central dans la résolution des problèmes – est à l'origine de la dérive vers le « *technologisme* », c'est-à-dire la prédominance de la technologie sur le stratégique et le politique. Vint ensuite la règle éternelle de la guerre, celle du contournement. Par dérive, par manque d'espace, de part et d'autre du Rideau de fer, le contournement dialectique de la Guerre froide fut, certes, le contournement par les théâtres périphériques mais, beaucoup plus profondément, le contournement par la technologie qui a constitué l'un des aspects les plus caractéristiques de l'opposition entre l'Est et l'Ouest. Lors de son discours de départ, le 17 janvier 1961, on se souvient que le Président et très grand soldat Eisenhower avait mis en garde contre les effets possiblement pervers de cette logique naissante, si elle venait à être détachée de sa rationalité première.
Cette dynamique du « toujours plus technologique » s'est pourtant d'abord avérée gagnante, puisque l'on sait que l'effondrement soviétique est, pour beaucoup, un épuisement d'avoir trop consacré aux efforts militaires, la course aux armements ayant accéléré la décomposition de l'URSS, l'Initiative de défense stratégique (SDI) du président Reagan ayant elle-même probablement porté l'estocade finale.

L'ennemi s'effondre, la démarche continue

Aujourd'hui cependant, la cause a disparu, mais la dynamique a acquis une vie propre, entretenue il est vrai par de multiples intérêts. Structurée par quarante années de guerre froide, la dynamique technologique a ainsi fini par acquérir une autonomie qui l'anime toujours. Pour deux raisons. La première relève de la structuration des cerveaux et des processus par des habitudes ayant marqué le fonctionnement du Pentagone pendant des décennies : on continue à raisonner et à réfléchir l'armement comme on l'a toujours réfléchi. Les logiques internes perdurent du simple fait d'être solidement établies au cœur d'une bureaucratie lourde et de mentalités qui y sont naturellement favorables. La deuxième raison tient à l'outil militaro-industriel progressivement créé pour répondre aux besoins précédents. L'industrie de la défense américaine, très puissante, s'est naturellement dotée de sa propre rationalité. Sa vie propre la conduit à poursuivre sur les voies rentables de l'armement de haute technologie et du lobbying en faveur de budgets croissant sans cesse de devoir financer des équipements toujours plus onéreux. La machine industrielle, créée par besoin, se trouve dans la nécessité de survivre sur des voies déconnectées de leur finalité première. La logique du contournement par le « toujours plus haut » technologique n'a plus de sens stratégique, mais elle a créé un esprit et des outils qui trouvent en eux-mêmes leur propre finalité.

La démarche capacitaire pour pallier l'absence d'ennemi

Au milieu des années 90, l'effondrement de l'Union soviétique fait disparaître l'ennemi. La dynamique technologique doit donc se trouver une nouvelle rationalité officielle. Ce sera la « démarche capacitaire », accélérée dès le début de son mandat en 2001 par le Secrétaire à la défense américain Rumsfeld : puisque l'on ne connaît pas l'ennemi de demain, il est nécessaire de se garder de toutes les menaces et de toutes les surprises et donc de passer d'une « *threat-based approach* »[1] à une « *capabilities-based approach* »[2] supposée dissuader tout adversaire de s'en prendre aux Etats-Unis. Une seule solution pour ces derniers : demeurer à l'avant dans tous les domaines, c'est-à-dire conforter leur place d'unique surpuissance, rester plus fort et plus invulnérable, donc être les meilleurs dans tous les champs de l'action militaire.

---

[1] Approche basée sur la menace

[2] Approche basée sur les capacités

La technologie finit par s'établir en refus de la vraie nature de la guerre – celle de la dialectique des volontés – en conférant au décideur politique la capacité d'échapper à un Autre définitivement surclassé !
Dans cette dérive, la guerre est réduite à un événement mécanique que l'on décrit dans un champ lexical limité à ses aspects techniques. La fin des années 90 est celle où domine l'idée technique englobante de « *full spectrum operations* »[3]. Le début des années 2000 voit les menaces catégorisées comme « conventionnelles », « irrégulières », « disruptives » ou « catastrophiques ». Ces définitions désincarnées appellent naturellement des réponses capacitaires, la domination de la grammaire technique sur la logique politique conduisant, in fine, à une compréhension essentiellement technique des besoins militaires nécessaires à la défense des intérêts nationaux.

Une logique déconnectée de la réalité de la guerre

Dans le courant des années 1990, la dérive s'amplifie avec la rhétorique de la RMA (Révolution dans les affaires militaires) qui, réinventée par la pensée américaine, propose un bouleversement technico-militaire. Ce courant de pensée se focalise sur la question des moyens et se construit des progrès considérables dans les trois domaines de la précision, de la détection et de la communication, conjugués à une foi inébranlable dans la capacité de la connaissance à conférer la supériorité.
Dès 2001, l'équipe de l'ancien Secrétaire à la défense Rumsfeld se saisit du concept naissant de Transformation pour redynamiser celui déjà vieillissant de RMA. Ses idées fondatrices étaient apparues en 1996 dans le document de référence *Joint Vision 2010* qui initie la dynamique capacitaire. Ses auteurs avouaient n'avoir aucune idée de la nature des futurs ennemis des Etats-Unis ; ils identifiaient cependant parfaitement la façon dont ces derniers seraient attaqués et

[3] Opérations de toutes natures

celle dont il convenait de se préparer à ce combat qui serait inévitablement le combat frontal de la Révolution dans les affaires militaires. Un *credo* essentiel : « Les capacités de précision à longue distance, conjuguées à une gamme étendue de systèmes d'armes émergent comme le facteur clef de la guerre du futur [...] La combinaison de ces tendances technologiques permettront d'augmenter de plusieurs ordres de grandeur les capacités de destruction.»[4]
Dans ce contexte particulier où se développent des systèmes d'armes sans que l'on sache contre qui les appliquer, la technologie finit par être vécue comme une finalité en soi. L'outil industriel se met à fonctionner pour lui-même et cherche à consolider sa propre justification, donc à inventer un adversaire de type symétrique seul à même de légitimer la dérive technologique. Emerge alors la notion de *peer-competitor*[5] dont la menace est régulièrement brandie. L'ennemi chinois en vient naturellement à peupler les colloques militaro-industriels et à y structurer sa vraisemblance, tandis que les lobbies intéressés ne facilitent pas les réconciliations russo-américaines.

LES RISQUES

Le « *technologisme* », ou le risque de l'ethnocentrique

La culture américaine soutient cette dérive ethnocentriste. Elle s'appuie sur cette idée fausse que l'ennemi tendra à répondre de manière rationnelle (i.e. avec une rationalité de type américain) et prédictible aux pressions militaires, tout comme le Secrétaire à la défense McNamara et ses *« whiz kids »*[6] qui voyaient les relations entre adversaires à travers des concepts économiques établis sur des jugements raisonnables. Dans cette vision, l'usage de la guerre devient rentable parce que la performance technologique permet de la

---

[4] Chairman of the Joint Chief of Staff, *Joint Vision 2010*, consultable http://www.dtic.mil/jv2010/jv2010.pdf, p.2
[5] Adversaire symétrique
[6] Petits génies

maîtriser. Cette dernière évite même d'avoir à réfléchir sur la nature de l'adversaire et les complexités des ressorts humains et de la guerre. Or, pas plus que la stratégie de « Pression progressive » ne réussit à forcer la volonté du Nord-Vietnam, la stratégie de décapitation, dite de « Terreur et d'effroi » mise en œuvre en mars 2003 contre l'Irak, ne parvint à prévenir la naissance de l'insurrection. Les champions de la théorie de la vitesse ne purent empêcher la guerre de prendre un cours non maîtrisé et les groupes insurrectionnels de remplir l'espace créé par la chute de Saddam Hussein. Le principe de « *full spectrum dominance* », appliqué grâce à la supériorité technologique et supposant un adversaire raisonnable, avait fini par tenir lieu de stratégie. Or, c'est l'insuffisance même du volume de la force américaine justifiée par la haute technologie qui permit à l'insurrection de reprendre d'emblée l'initiative puis l'avantage.

Les concepts de « Pression progressive », comme ceux de « Terreur et d'effroi », purs produits aval de capacités technologiques et non de réflexions stratégiques, reposaient sur des visions ethnocentriques et sur la volonté de conduire les guerres que l'on préférait plutôt que celles qu'il fallait conduire.

Inadaptation aux types d'adversaires

Très vite donc, les difficultés rencontrées par les forces américaines en Irak et ailleurs ont révélé, non seulement les insuffisances du tout-technologique, mais encore, et plus profondément, la prégnance des opérations de longue durée, stabilisation ou contre-insurrection aux dimensions politiques essentielles. Techniquement, la difficulté est d'abord venue du fait que l'adversaire nouveau devenait de moins en moins détectable, donc non repérable ; or, ce caractère non repérable de l'adversaire remettait en cause un des piliers importants du concept. L'idée de « transparence immédiate du champ de bataille », structurelle de la Transformation, ne s'appliquait plus à l'adversaire réel ! Les opérations combattues ont alors fait apparaître comme étrangement décalé tout le débat stratégique des années 1990, focalisé comme il l'était sur la victoire décisive et l'accélération des *tempos*. Brutalement, on s'aperçoit que l'effacement du politique derrière la technique conduit à l'impasse.

Le contexte conflictuel actuel produit ainsi ses remises en question. La Transformation paraît en effet opérer essentiellement au niveau virtuel de l'affrontement conventionnel à grande échelle, alors que les conflits réels se situent en grande majorité à l'autre extrémité du spectre ; elle trouve donc ses limites face aux réalités de la guerre combattue. Au delà de ce décalage entre le rêve technique et la réalité conflictuelle, c'est la valeur politique même de la dérive technologique qui fait problème. L'exemple de la campagne *Iraqi Freedom* est particulièrement parlant. Au printemps 2003, la campagne américaine « des 21 jours » en Irak a constitué une remarquable démonstration du niveau d'efficacité technique atteint par les armées des Etats-Unis. Pour autant, cette formidable victoire tactique et professionnelle n'a pas su créer les conditions du succès stratégique. Le résultat politique est encore très loin, à ce jour, de ce qui était annoncé. Cette difficulté fait dire en novembre 2005 au général de corps d'armée Mattis, alors commandant de la doctrine et de la formation du Corps des Marines américain et aujourd'hui général d'armée chef du Commandement de la Transformation de l'OTAN : « Notre fascination pour la Révolution dans les affaires militaires et la Transformation a été une fois encore ébranlée par les leçons de l'histoire, nous montrant le rôle essentiel du facteur humain dans la guerre. Notre engouement pour la technologie n'était que la marque de notre propre culture et le désir irréaliste de dicter la conduite de la guerre selon nos propres conditions.»

La guerre « Transformée » par la haute technologie ne semble plus permettre de poursuivre efficacement la politique par d'autres moyens. Elle bute sur les faiblesses de sa conception initiale (le détournement de modèles de rationalité économique conçus pour un monde radicalement différent, la focalisation sur la technique, le combat confondus avec la guerre), la certitude que cette dernière est avant tout la destruction des capacités de combat de l'Autre et, *in fine*, le mépris des facteurs politiques.

Inadaptation aux types de conflits

Si, coupée de la réalité, la dérive technologique conduit progressivement à une inadaptation de l'armement au « traitement » de l'adversaire parce que celui-ci a tout simplement trouvé ses propres voies du contournement, elle conduit aussi, en raison de la diminution des formats qu'elle impose, à l'inadaptation des armées devenues échantillonnaires par coût excessif de leurs équipements et donc incapables de faire face à l'impérieuse nécessité du « contrôle.»

Alors que cette nécessité avait presque disparu des modèles d'affrontement de la Guerre Froide fondés d'abord sur la destruction de l'Autre, le contrôle des espaces et des milieux, humains en particulier, est redevenu aujourd'hui absolument nécessaire à l'établissement des conditions du succès stratégique. Or, contrairement à ce que certains persistent - contre les faits - à affirmer, les quinze dernières années d'engagements ont montré que la technologie ne résout que très partiellement le problème du nombre, en particulier hors des espaces quasi-homogènes. Nous continuons à avoir besoin de volumes de forces importants. Comme avant, gagner la guerre, c'est contrôler l'espace. Plus qu'hier encore, les problèmes de stabilisation post-intervention se règlent par la présence, forcément dans la durée. La guerre combattue aujourd'hui redevient une affaire de contrôle et le contrôle suppose le nombre dans nos espaces d'action toujours élargis, qu'ils soient terrestres, aériens ou maritimes.

Le constat, fermement établi dans les expériences opérationnelles d'hier et d'aujourd'hui, est que la quantité est redevenue une qualité en elle-même[7]. Donc, suivre la

[7] On se rappelle la remarque de Staline évoquant la production de chars et la constitution de troupes : "*Quantity has a quality all its own*"

tendance dénoncée par Robert Gates, celle où « les volumes de forces diminuent au même rythme que la technologie rend chaque système plus performant »[8], c'est-à-dire échanger sciemment de la haute technologie à très haut coût contre du « nombre » à la technologie justement calibrée, c'est échanger de l'habitude, de l'obsession – voire de l'intérêt particulier - contre de l'efficacité, contre de l'utilité des forces. C'est aussi mettre en danger les troupes trop limitées en volume qui seront déployées. Le général Richard Dannat, chef d'état-major de la *British Army,* s'exprime[9] de manière éclairante sur cette nécessité du nombre : « Nous devons avoir une plus grande durabilité, ce qui implique d'avoir davantage de personnels [...] J'ai besoin d'une structure capable de couvrir l'ensemble de l'éventail des conflits possibles avec un grand nombre d'hommes [...] Nous aurons peut-être besoin de 30.000 hommes pour une opération de haute intensité mais, pour certaines phases, les opérations de stabilisation en nécessitent encore davantage. J'estime qu'il est également important de prendre en compte un point incontournable : la durée de certaines opérations de stabilisation pourrait être notablement réduite si l'on déployait plus de troupes. J'ai tiré les enseignements des cinq dernières années de conflits : si vous conduisez une opération en cherchant à économiser vos forces, vous aurez besoin de beaucoup plus de temps pour atteindre votre objectif final – ce n'est donc pas une vraie économie [...] Nous devons avoir le bon volume de forces.»

Le « *trade off* » : une logique « *Techno vs. Masse* » conduisant à la diminution des formats

La recherche de la performance pour elle-même est à l'origine des coûts faramineux des grands systèmes d'armes. Depuis le début de la seconde guerre mondiale, le prix du char de bataille a été multiplié par plus de trois cents et ce

---

[8] In *Joint Force Quaterly*, issue 52, 1er quadrimestre 2009, p.5

[9] Rusi, Londres, 12 juin 2008

rapport est environ dix fois plus élevé pour un avion d'armes. A isobudget, le premier effet de la dérive technologique est d'imposer des diminutions de formats, qui, si elles ne finissaient par être maîtrisées, placeraient nos armées dans l'incapacité de faire face aux besoins opérationnels de leurs multiples engagements.

On se rappellera ici la « loi » énoncée en 1978 par Norman R. Augustine alors que, exerçant de hautes responsabilités au Pentagone avant de prendre la tête de Martin-Marietta puis de Lockeed Martin, il observait la croissance extraordinaire des coûts des aéronefs militaires : « En 2050, tout le budget du Pentagone servira à acheter un chasseur tactique qui servira trois jours par semaine à l'USAF, trois jours par semaine à la *Navy* et le dernier jour au *Marine Corps* » ! Cette évolution exponentielle des coûts est en outre exactement opposée aux voies que suggèrent l'incertitude sur l'avenir et l'accélération des mutations technologiques : plus les choix d'armement sont lourds, plus ils sont coûteux, et moins les marges d'évolution et d'adaptation sont grandes.

L'idée qu'il fallait compenser la diminution des formats par la technologie a eu l'effet, depuis la fin de la Guerre froide, d'accélérer le premier phénomène selon une spirale perverse puis, de plus en plus nettement, avant de trouver ses limites sur les champs de guerre réels. Le constat de la décroissance du rendement opérationnel de la technologie impose la définition d'un nouvel équilibre entre des volumes indispensables à la gestion moderne des crises et les budgets[10] à investir dans les apports technologiques[11].

---

[10] Notons que le rééquilibrage nécessaire ne sera pas, en lui-même, source d'économies budgétaires ... ni de diminution des bénéfices pour les industriels de l'armement qui les réaliseront simplement davantage par des marges plus faibles sur des volumes plus importants plutôt que par des marges importantes sur des volumes faibles.

[11] Ce rééquilibrage imposera de repenser les solutions nécessaires au maintien de la recherche fondamentale que l'on se sentait jusqu'ici

Une armée de haute technicité impossible à entretenir

Le deuxième effet, aussi pernicieux, est de produire des armées dont le coût de possession rend l'emploi d'abord extrêmement onéreux, puis financièrement intolérable. Pour prendre quelques exemples concrets, le coût du maintien en condition des 4 régiments de chars Leclerc et des trois régiments d'hélicoptères Tigre de l'armée de Terre française (dès que ces hélicoptères auront été déployés dans leurs formations) sera très largement supérieur au coût du maintien en condition de tous les autres régiments de l'armée de Terre réunis. Ou bien encore, le coût du maintien en condition de la force française (comprenant un escadron de chars Leclerc) déployée au Liban est très largement supérieur au coût du soutien de la force beaucoup plus importante déployée en Afghanistan. Ou bien encore, le coût de l'heure de vol de l'hélicoptère Caracal est plus de dix fois supérieur au coût de l'heure de vol de l'hélicoptère Gazelle!

Si donc la dérive technologique n'est pas contenue, elle va tout simplement conduire à la constitution d'armées de tellement haute technicité qu'elles resteront dans leurs garages, leurs hangars ou leurs ports.

Perte de cohérence par choix capacitaire

Le coût des équipements devient tel que, au-delà des inévitables diminutions des formats qu'il impose, il devient indispensable de faire des choix dans les capacités à détenir.

A budget inchangé, il sera dans un premier temps impossible à une armée européenne de conserver toutes les capacités lui permettant de conserver sa cohérence opérationnelle. La démarche européenne s'est déjà imposée et continuera donc à s'imposer toujours davantage, avec les abandons d'autonomie qu'elle implique.

Au-delà, l'avenir est plus sombre en termes d'autonomie européenne. Si, malgré des budgets de défense très inférieurs

---

obligé de justifier par des réinvestissements technologiques immédiats et coûteux dans les systèmes d'armes.

aux budgets américains, les armées européennes continuent à vouloir se doter d'équipements de norme technologique américaine, il y a fort à parier que, dans peu d'années, les forces européennes dans leur ensemble devront abandonner des pans entiers de capacités militaires. La cohérence d'ensemble ne pourra être rétablie que sous parapluie (et leadership) américain ... et il n'est pas impossible que cette perspective ait bien été perçue de l'autre côté de l'Atlantique où l'on connait parfaitement les effets géopolitiques doublement positifs de la course aux armements dès lors qu'on la mène en tête et que l'on tient le robinet des transferts technologiques.
Du côté européen, cette situation relèverait d'une option possible, mais il serait préférable qu'elle relève d'un choix politique et non d'une dérive insuffisamment contrôlée, voire non perçue.

PREMIERES PRISES DE CONSCIENCE AUX ETATS-UNIS

La prise de conscience des impasses dans lesquelles conduisait la dérive technologique a naturellement commencé là où cette dérive s'est dessinée : aux Etats-Unis. Pour deux raisons.

Le choc des réalités

La première est le choc des réalités. Progressivement, le modèle américain de plus en plus déconnecté de la réalité conflictuelle et élaboré selon une rationalité ethnocentrique s'est heurté à la réalité, c'est-à-dire au constat que les modèles d'emploi des forces comme ces forces elles-mêmes étaient incapables de produire l'efficacité à la fois technique et politique que l'on attendait d'eux. Les attaques rapides et destructrices, rendues possibles par les systèmes de très haut niveau technologique, imposent « la victoire » mais une victoire « courte », presque vaine, où s'enlisent progressivement chefs politiques, militaires et forces de haute technologie devenus prisonniers et impuissants. Paradoxalement, la rapidité même de la victoire semble en avoir réduit la portée. Ainsi, si l'engagement de l'hiver 2001 en Afghanistan paraît d'abord porter ses fruits et fait à croire que l'on a enfin trouvé la « *silver bullet* » dans le couple « forces spéciales / feux dans la profondeur », les leçons de l'Irak sont plus rapides. Dès la fin du printemps 2003, la situation échappe aux thuriféraires de la maîtrise de l'événement par la technologie et les « opérations basées sur les effets ». L'Irak s'enfonce dans un chaos sanglant ; plus l'on emploie les vieilles méthodes de puissance et de haute technologie et plus les choses vont mal. Si c'est l'Irak qui échappe d'abord à la rationalité américaine, elle est bientôt rejointe par l'Afghanistan. Très vite, le front que l'on avait cru maîtrisé échappe lui aussi au contrôle des meilleurs ordinateurs et des planificateurs les mieux informatisés. La guerre à laquelle on avait cru pouvoir imposer une nouvelle nature reprend ses droits, s'anime de « sa vie propre » et montre que les modèles issus de la Transformation ne fonctionnent tout simplement pas. Selon les mots de Robert Gates, chacun perçoit désormais qu'il faut « être modeste quant aux objectifs que l'on peut fixer à la force militaire et sur ce que l'on peut attendre de la technologie ... la guerre étant inévitablement tragique, inefficiente et incertaine »[12].

Ainsi, au-delà de ses indéniables apports, l'approche « high-tech » se trouve naturellement remise en question dans ses excès d'autant plus que, parallèlement, sauf en de très rares exceptions, le succès des opérations combattues depuis un demi-siècle passe - depuis déjà un demi-siècle et désormais plus que jamais - par l'immersion de la force au sein de la population.

L'impasse budgétaire

La deuxième raison est l'impasse budgétaire dans laquelle conduit la fuite en avant technologique : la croissance extraordinaire des budgets ne suffit plus. Le budget de la dé-

[12] *Time*, 23 février 2009, p.23

fense américaine a eu beau doubler de volume et passer de 335,5 milliards de dollars en 2001 à 676[13] en 2008[14], cette augmentation n'est pas suffisante pour faire face à l'accroissement des coûts dus à la dérive technologique. Dans un article du 4 novembre 2008 (in *Counter Punch*), Winslow Wheeler remarque que « bien que cela semble surprenant a priori, il est clairement irréfutable que plus le Pentagone a d'argent, plus les choses empirent ; alors que les budgets de l'armée de Terre, de la Marine et de l'armée de l'Air croissaient, leurs forces se réduisaient et vieillissaient tout en s'entraînant moins. »

Renversant le courant initié par son prédécesseur Rumsfeld, s'opposant de front aux plus hauts responsables militaires qui considéraient le budget très insuffisant face aux besoins croissants, le Secrétaire à la défense Gates ose déclarer que « le roi est nu » et qu'il serait dangereux de poursuivre sur les voies prévalentes hier. Pour lui, les Etats-Unis ne peuvent « éliminer les risques en termes de sécurité nationale par la simple augmentation des budgets de défense, cette quête futile ayant produit des armements toujours plus baroques, toujours plus coûteux, toujours plus longs à réaliser et produits en quantités toujours plus restreintes »[15]. Luttant contre le Congrès qui défendait des intérêts locaux en termes d'emplois, Robert Gates insiste sur la nécessité de faire des choix difficiles « basés sur les seuls intérêts nationaux » et de maîtriser la dérive inflationniste du coût des armements, ceux des nouveaux systèmes d'armes étant toujours très supérieurs (facteurs de 3 à 10) aux anciens.

---

[13] DoD base budget (includes funds for nuclear arms and other agencies) + Wartime supplementals + Wartime bridge funding (source : *Defense News*, 9 Février 2009)

[14] Soit, en dollars constants, 20% de plus que le budget le plus élevé de la Guerre froide, selon Stephen Dagget du *Congressional Research Institute*, pour une armée au volume inférieur d'un tiers.

[15] *Time*, 23 février 2009, p.19

Pour Robert Gates, le choix est simple : soit le DoD continue sur la voie tracée et les forces armées américaines deviennent incapables de faire face à leurs missions à cause des réductions de formats qui s'avéreront inéluctables, soit il poursuit une logique ferme de maîtrise des coûts par réduction de la dérive technologique et acquisition des seuls équipements raisonnablement nécessaires à la guerre réelle. Pour le Secrétaire à la défense, les armes de demain « doivent être conçues davantage en fonction des capacités réelles des adversaires potentiels et beaucoup moins selon l'idée de ce qui est technologiquement possible sans limitation de temps et d'argent. L'achat d'armement est perverti par une culture de la non-prise de risque, des processus imparfaits d'acquisition, des intérêts de chapelle et des spécifications excessives et changeantes ».
Désormais, aux Etats-Unis, les programmes d'armement sont revus à l'aune de leur incidence sur les opérations en cours et les projets futuristes sont reportés jusqu'à ce que soient bien précisés besoins, concepts d'emploi et stratégies d'acquisition. Ainsi en est-il du projet FCS (*Future Combat System*) de l'US *Army*, drastiquement revu à la baisse en raison d'une part de la dérive haussière exponentielle de ses coûts et d'autre part de l'incapacité de la majorité des plates-formes du système à « encaisser » les coups en dépit de leur exceptionnelle sophistication électronique, donc en raison de leur inadaptation aux guerres combattues. Ainsi en est-il aussi du futur destroyer DDG 1000, dont la production sera limitée aux trois exemplaires en cours de construction, du projet de croiseur de prochaine génération (CG-X) et du futur bombardier qui devront rester sur les planches à dessin tant que ne seront pas mieux définis les concepts d'emploi et les besoins technologiques en découlant. Une autre victime est le chasseur F22 *Raptor* dont les coûts ont véritablement explosé : voulant des appareils « qui puissent être produits en quantité à un coût viable », Gates a décidé d'arrêter la production de ces avions furtifs où elle en était, à 187, réduisant

ainsi de plus de moitié la cible initiale[16]. La situation est telle que certains chefs militaires en viennent à juger qu'une réduction budgétaire pourrait constituer une solution, certes désespérée, en forçant la bureaucratie à se tourner vers l'achat de modèles anciens (il y a par exemple aujourd'hui de sérieuses réflexions au sein de l'USAF pour en revenir résolument à des commandes des versions les plus avancées des F-15 et F-16)[17].

MAITRISER LA DERIVE

Si les dérives technologiques actuelles ne sont pas contenues, elles vont immanquablement conduire les armées vers des impasses d'abord budgétaires, ensuite opérationnelles. La nation qui réalise à elle seule plus de la moitié des dépenses militaires au monde commence désormais, on vient de le voir, à percevoir que, « étant donné le caractère limité des ressources, la dynamique qui consiste à échanger du nombre contre de la capacité atteint le point des rendements décroissants »[18].

Il est temps, nous-mêmes, de trouver rapidement le bon équilibre entre le volume des forces et les capacités à donner à chaque système.

Ne pas rêver américain

Le premier point serait de ne pas « rêver américain ». Fondée sur une confiance absolue dans la capacité de la technologie à régler les problèmes humains, la perception américaine repose sur une culture qui nous est étrangère, une conception de la guerre qui n'est pas la nôtre et une vision du monde qui ne correspond pas forcément parfaitement à nos intérêts stratégiques.

Certes, la tentation est grande, pour nous Européens qui l'avions fait alors à juste titre pendant la Guerre froide, de

---

[16] Cible initiale de 381, ramenée ultérieurement à 243

[17] DeDefensa, page 7, 10 mars 2009

[18] Robert Gates, *Joint Force Quaterly*, issue 52, 1st quarter 09, p.6

continuer à emprunter sans réserve les voies du Grand allié en confondant son modèle de guerre avec la guerre elle-même. Pourtant, ces voies relèvent de concepts essentiellement techniques souvent décalés par rapport à la complexité des phénomènes conflictuels actuels. Elles correspondent surtout à des capacités budgétaires bien supérieures aux nôtres, hors d'atteinte. Sauf à courir le risque d'une dramatique perte de cohérence opérationnelle, comment imaginer que, avec un budget 2009 de 32 milliards d'euros hors pensions, nous puissions poursuivre sur les mêmes voies de *l'exponentielle technologique* (et de coûts) que les Etats-Unis dont le budget global de défense 2009 atteint 676 milliards de dollars ?

Penser « finalités » et non « modalités » :

Le deuxième point serait de remettre les priorités dans l'ordre et de s'assurer, selon le mot de Rober Gates rejetant implicitement ce que d'aucuns ont appelé la « *technologisation* » de la stratégie américaine, que c'est bien « la stratégie et l'évaluation du risque qui conduisent le processus d'acquisition des équipements et non l'inverse ». La bonne question n'est pas « quel outil ? », mais bien évidemment « quels résultats pour quels buts, face à quel adversaire, dans quel type de guerre ? ».

Or, partie des Etats-Unis et sous-tendue par la pensée globalisante (le *« full spectrum »*), la démarche capacitaire - qui ignore la nature profondément politique de la guerre mais plait à nos rationalités techniques et cartésiennes - a fini par fortement influencer nos propres démarches. Le problème est qu'elle nous conduit aussi à un point où les hyper-capacités dont nous nous dotons imposent des réductions de format désormais incompatibles avec nos besoins dans les guerres réelles (où elles produisent d'ailleurs des résultats médiocres au regard des investissements consentis).

Il faut donc considérer la démarche capacitaire comme un art utile mais mineur et la maîtriser par le seul processus qui permette de renouer les effets politiques et militaires, la « démarche finalitaire ».

Respecter la « *zone d'efficience opérationnelle* »

S'il en était besoin, la question des hélicoptères constitue en elle-même un cas d'école, une démonstration sans appel. Les combats modernes font de plus en plus appel à l'aéromobilité alors même que le coût exponentiel des plate-formes conduit pour sa part à une réduction dramatique des flottes, avec des masses critiques d'efficacité qui ne sont plus atteintes. Le cas de l'Afghanistan est caricatural : le manque d'hélicoptères y est si criant qu'il faut en louer de toute urgence de plus rustiques à d'autres nations qui n'ont pas eu le loisir de faire le choix de l'hyper-sophistication ! On pourra dire que l'auteur de cet article n'a rien compris à la complexité du problème, à l'absolue nécessité des améliorations de dernier cri. N'étant pas spécialiste, il n'en disconvient pas mais constate simplement que plus l'on poursuit sur la tendance actuelle, plus la situation s'aggrave. Il est donc essentiel de *penser autrement* avant que le déséquilibre entre besoins et capacités disponibles ne nous conduise à l'impuissance opérationnelle globale.

On voit bien ici, à la fois, la nécessité de réaliser le bon équilibre entre nombre et technicité et la grande difficulté à réaliser les bons arbitrages : au politique d'arrêter le budget, à l'opérationnel de définir les bons équilibres. Il n'y a surement pas d'autres réponses que celles adaptées à chaque catégorie d'équipement et à chaque situation. Mais il y a un principe à respecter, celui de demeurer, dans chaque cas, dans la « *zone d'efficience opérationnelle* » telle que les deux diagrammes joints en définissent les contours.

Le premier schématise la droite des modèles possibles d'armée (à isobudget défini par le politique), *l'efficience opérationnelle* maximale se situant quelque part entre les deux modèles « A » et « B », eux-mêmes inefficients soit par excès (« A ») soit par défaut (« B ») de technologie.

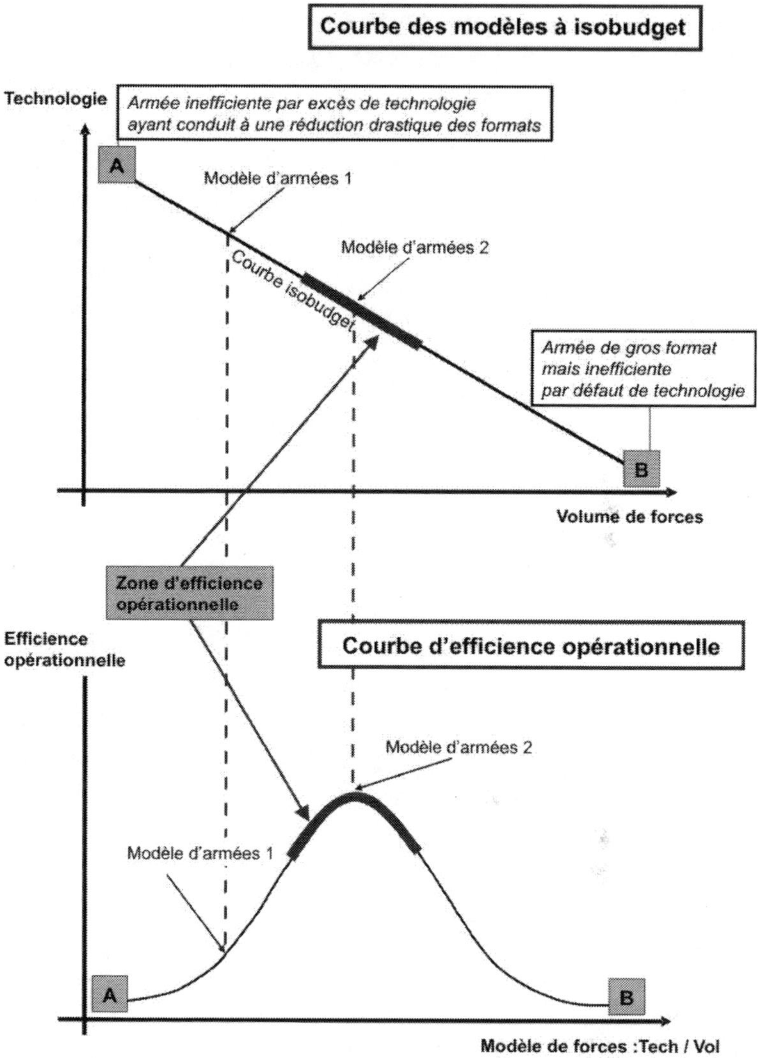

Le deuxième diagramme, en dessinant la courbe de *l'efficience opérationnelle* en fonction du rapport « technologie sur volume des forces », schématise la valeur opérationnelle marginale du surcroit technologique (et, à l'inverse, son coût d'opportunité opérationnelle), le sommet de la courbe gaussienne correspondant aux équilibres optimaux. On voit que - tant pour le modèle « A » que pour le modèle

« B » - *l'efficience opérationnelle* est faible par rapport à ce qu'elle est pour un modèle restant dans la zone « d'efficience opérationnelle ».

Vers *l'interopérabilité différenciée* ?

L'interopérabilité doit être pensée non pas en valeur cardinale, mais en valeur relative et politique. Rester dans la *zone de l'efficience opérationnelle* impose en effet de penser différemment la nécessité de l'interopérabilité et de cesser d'en faire une valeur absolue imposée par d'autres qui disposent, eux, de budgets beaucoup plus vastes. L'interopérabilité doit moins être imposée et subie que décidée, observée au cas pas cas, réfléchie en fonction de finalités tactiques mais surtout politiques. Cela impose de repenser complètement l'interopérabilité et de bien comprendre qu'elle est d'abord un objet politique avant d'être un objet technique.

Puisqu'il n'est pas possible de faire effort partout, il faut le faire où cela a un sens. Après avoir pris conscience des contraintes extrêmement fortes de la multinationalité (comme de son caractère inévitable !), il convient de déterminer exactement ce que l'on en attend en termes politiques : avec qui ai-je le plus de probabilités d'être régulièrement engagé ? Avec qui dois-je pouvoir engager tel volume de force pour réaliser tel type de mission ? Quel est le volume minimal de forces qui doit rester national, tant pour des raisons d'efficacité technique que pour des raisons de visibilité politique, puisque la participation ne sert à rien si les forces par trop disséminées ne sont pas lisibles ? Donc, au bilan, avec quelles forces et à quels niveaux veux-je être interopérable ?

Notons, au passage, que l'évolution du contexte international entraîne des besoins réciproques d'interopérabilité. Aujourd'hui, en effet, la légitimité suppose la multinationalité effective des déploiements et des engagements. Si les « petits » ont besoin des « grands », l'inverse le devient donc tout autant. Cela donne au « petit » un poids nouveau dans la négociation sur l'interopérabilité et impose au «grand » de tenir compte des contraintes des « petits » dans ses propres évolutions, technologiques en particulier.

Recherchée pour elle-même, l'interopérabilité pourrait finir par altérer l'adaptation nationale aux divers environnements conflictuels. Rien ne sert donc de la poursuivre par principe : elle n'est pas une vertu cardinale. Ce qui compte, c'est que l'interopérabilité ait un sens : un sens opérationnel d'abord mais, davantage encore, un sens politique. Donc, la seule interopérabilité qui ait un sens, c'est *l'interopérabilité différenciée* en fonction des milieux d'action et des visions politiques.

L'adoption du principe *d'interopérabilité différenciée* permettrait de n'adopter comme normes que celles qui correspondent à une nécessité politique et contribuerait ainsi à la maîtrise de la dérive technologique.

Admettre la déconnection du pilier européen

L' interopérabilité recherchée à tous les niveaux, dans tous les domaines, par principe, conduit à rechercher une interopérabilité point à point et donc, pour chaque type d'équipement, à adopter la norme dominante naturellement imposée par le Grand allié. Progressivement, cette voie conduit d'abord à la diminution mécanique de nos parcs et de nos flottes aériennes et navales par *exponentielle des coûts*, puis à l'abandon de pans de capacités par incapacité de financement. Mal maîtrisée, cette voie conduit donc à la perte de cohérence opérationnelle qui ne peut être retrouvée qu'au niveau supranational, mais surtout au niveau transatlantique.

Une autre solution, mieux adaptée aux capacités budgétaires françaises et européennes, consisterait à admettre la déconnexion technique des piliers européen et américain de l'Alliance, en sachant en particulier différencier normes otaniennes nécessaires et normes américaines qui ne le seraient pas. Les deux catégories de forces demeureraient intrinsèquement cohérentes, et interopérables aux plus hauts niveaux, ce qui reste parfaitement compatible avec la cohabitation de l'Europe de la défense et de l'Alliance atlantique. La question se pose aujourd'hui avec d'autant plus d'acuité que rien ne prouve que, hors sa masse, l'outil militaire américain - dans sa configuration actuelle de haute technologie - soit plus efficace qu'un outil auquel l'optimisation du ratio « technologie/volume » aurait redonné une masse suffisante.

***

Le maintien en sommeil de la guerre classique supposera encore longtemps que l'on conserve les capacités de la faire ; rejeter définitivement la possibilité d'une « grande guerre » serait méconnaître à la fois l'histoire des hommes et la nature même de la guerre. Par ailleurs, si la guerre combattue demain n'est sûrement pas une grande bataille frontale, elle comportera à coup sûr de multiples engagements dans lesquels les systèmes de haute technologie joueront un rôle primordial. Mais ces certitudes ne justifient en aucun cas une dérive technologique qui, si elle n'est pas rapidement contenue, conduira les armées modernes dans une impasse opérationnelle mettant en péril la défense même de nos nations et de leurs valeurs.

A partir du moment où, quoiqu'en disent certains alarmistes intéressés, aucune armée au monde n'est capable de résister en terrain ouvert à une coalition occidentale, ne doit-on pas certes maintenir cet avantage mais également contenir cette course à la technologie qui détourne les budgets militaires de leur efficacité opérationnelle globale ? En d'autres termes, faut-il continuer à laisser la technique diriger la stratégie générale, ou doit-on la remettre à sa juste place ? Au regard des nouvelles nécessités engendrées par l'évolution de la guerre combattue, de vraies questions se posent sur la pertinence de l'accroissement constant des différentiels technologiques entre le fort et le faible qui, depuis des décennies, ne trouvent à s'appliquer, à coûts très élevés par rapport à leur rendement local, que sur très peu de champs de guerre ?

La guerre d'hier qui a modelé nos esprits, nos systèmes d'armes et leurs procédures de conception/acquisition, était devenue un duel essentiellement technique déconnectant la dimension politique de l'acte militaire et cantonnant la première à la manœuvre globale de dissuasion. Elle a engendré « *l'exponentielle technologique* », l'acte technique – ainsi déconnecté du politique - recherchant naturellement sa propre satisfaction.

Clairement, l'évolution des formes de guerre, la nature même de la guerre combattue et de la guerre probable, la disparition des logiques ayant initié la dérive technologique, conduisent à une relativisation de la technologie « pour elle-même ». Elles incitent à un vrai questionnement sur l'efficience opérationnelle de ses excès, voire, au-delà d'une certaine limite, sur sa contre-productivité globale au regard des diminutions de format qu'elle impose. Aujourd'hui, la guerre combattue, c'est le retour de la politique comme facteur premier, c'est la reconnexion du militaire et du politique : c'est donc la vanité croissante de *l'exponentielle technologique* dans un contexte devenu celui de la repolitisation des affrontements.

Observons nos armées dans les crises : leur efficacité est désormais beaucoup plus affaire de savoir-penser, de savoir-faire et de savoir-être que d'équipements stricto sensu.

2. Les perspectives de la guerre technologique : orientations effectives

« Action militaire et technologies : de nouvelles pistes, pour un juste équilibre »

par

le Général de corps d'armée Christian DELANGHE
Directeur des Etudes à US-CREST

En dépit d'une supériorité technologique incontestée, le bilan général des actions militaires conduites ces vingt dernières années par les pays occidentaux présente des résultats très mitigés, mêlant chaque fois un sentiment de mission accomplie à une certaine frustration face à la réalité des effets obtenus.

Réalisées avec des appareils militaires hyper sophistiqués, mais aux capacités humaines de plus en plus limitées par les incessantes réductions, dissolutions et réorganisations imposées aux armées occidentales après la chute du mur de Berlin, ces interventions, conduites selon des doctrines héritées de la guerre froide, n'ont que rarement obtenu les effets escomptés, ni atteints les objectifs politiques visés.

Les diverses interventions réalisées en ex-Yougoslavie, dans le cadre de l'ONU d'abord, de l'OTAN ensuite, et de l'Union Européenne enfin n'ont toujours pas permis d'apporter des solutions stables et durables aux problèmes complexes de la Bosnie Herzégovine ni du Kosovo.

L'invasion militaire de l'Irak et le renversement du régime de Saddam Hussein ont laissé le pays dans une situation permanente d'insécurité et d'instabilité, source de déséqui-

libre et de grande inquiétude pour l'avenir de la région tout entière.
Les interventions puissantes des forces israéliennes, au Liban d'abord, plus récemment dans la bande de Gaza, ont chaque fois laissé une situation désastreuse sur le terrain, et donné à la communauté internationale une image particulièrement négative de la politique de sécurité conduite par Israël.
En Afrique, les multiples opérations de secours humanitaire, d'évacuation de ressortissants, de sécurisation, de stabilisation, de restauration ou de maintien de la paix décidées inlassablement par les uns et les autres ont certes pu apaiser pour quelque temps une situation locale, mais sans jamais régler les immenses problèmes de fond qui ruinent ce continent.
En Afghanistan enfin, l'intervention des forces américaines et de l'OTAN semble incapable de maîtriser une situation de plus en plus contrôlée par les insurgés, tant l'appareil militaire déployé dans ce pays, la stratégie suivie et les doctrines appliquées se montrent inadaptées aux réalités locales, héritées de siècles d'affrontements.
Il est donc nécessaire de s'interroger aujourd'hui non seulement sur la pertinence de nos stratégies et de nos doctrines, mais aussi sur l'efficacité de nos appareils militaires, dotés d'armes et de systèmes de plus en plus sophistiqués, bénéficiant des technologies les plus avancées, mais incapables d'apporter sur le terrain des affrontements les réponses adaptées aux situations de crises et de conflits du 21ème siècle.

Nos doctrines et nos stratégies ne sont plus adaptées aux réalités du monde actuel.

Face aux crises que nous rencontrons aujourd'hui, nos armées appliquent toujours les logiques militaires imaginées au siècle précédent : forces de réaction, puissance de destruction, haute technologie, présence limitée sur le terrain, effectifs militaires réduits. Depuis de nombreuses années, recherches et réflexions stratégiques ont porté sur l'amélioration des moyens techniques et l'optimisation des

organisations, négligeant trop souvent la dimension essentiellement humaine des conflits du 21ème siècle.
Nos adversaires, malgré des moyens plus que limités, savent quant à eux exploiter toutes nos faiblesses et nos vulnérabilités. Ils occupent le terrain et savent agir au contact et au sein même des populations. Partout, ils ont pris l'initiative.
Face à ces situations, nos doctrines militaires, nos stratégies, nos moyens, nos systèmes d'alliances paraissent inadaptés, inefficaces, et même contre productifs dans certains cas. La situation en Afghanistan illustre cette inadaptation. Le système de commandement de l'OTAN, le déploiement et les modes d'actions des troupes alliées, le recours systématique aux frappes aériennes dès qu'un problème tactique se pose sur le terrain, décrédibilisent notre présence dans la région et laissent à nos adversaires de larges espaces de manœuvre. Englué dans la lourdeur et la complexité d'un système de commandement et de planification qui se veut interarmées, paralysé par la gestion des multiples limitations mises sur l'emploi de leurs soldats par les pays contributeurs, l'OTAN montre ses limites dans un pays où il laisse l'initiative au camp adverse, appliquant une stratégie d'intervention et d'appui aérien, sans grand effet sur le terrain, nous coupant encore davantage du soutien des populations, qui constituent pourtant la clé du succès.
En réalité, au sein de nos armées modernes, le miliaire concentre toute sa réflexion et l'essentiel de son énergie dans le fonctionnement de lourdes structures de commandement et la mise en œuvre de systèmes de plus en plus complexes, inadaptés car surdimensionnés aux situations rencontrées. Servant des matériels de plus en plus complexes, souvent confiné dans un rôle de « technicien supérieur » du système qu'il sert, le militaire opère désormais face à des écrans, dans des salles climatisées de contrôle, ou dans des postes de pilotage de blindés ou d'aéronefs qui le tiennent éloigné des réalités du terrain, mais aussi des populations qui y vivent, souffrent et parfois meurent.

La haute technologie n'est pas la seule solution.
Le recours systématique aux systèmes de haute technologie pour résoudre tout problème sur le terrain se révèle aujourd'hui dangereux. Il concentre l'attention du commandement sur le succès tactique immédiat de nos outils, non sur la stratégie à long terme, ni sur les véritables objectifs politiques fixés. La haute technologie tarit la réflexion politique et stratégique, car elle éloigne l'homme des réalités du terrain, et conduit nos soldats dans un monde de plus en plus virtuel, où chacun conduit sa petite guerre personnelle, depuis son écran et sa télécommande, alors que c'est en réalité son adversaire qui gagne sur un terrain, où il est présent, et où il agit chaque jour au contact des réalités locales.
La haute technologie nous entraîne en outre dans une course sans fin vers de nouveaux besoins techniques, de plus en plus hors de portée de nos réalités financières. C'est ainsi que toutes les réorganisations conduites depuis plus de vingt ans dans nos armées ont toujours sacrifié les effectifs militaires, dans l'espoir d'économiser quelques crédits, et de pouvoir espérer payer les coûts exorbitants des nouveaux systèmes conçus par nos industries d'armement. Cette fuite en avant vers la technologie à tout prix nous conduit inévitablement dans un mur. Le mur de l'échec sur le terrain, et celui de la ruine par nos dépenses d'armement.
Il faut donc aujourd'hui retrouver raison et donner à nouveau la priorité à l'action de l'homme sur le terrain, et à la réalité de ses besoins. Nos réflexions, nos efforts de recherche stratégique, de même que nos politiques d'équipement doivent se recentrer sur la dimension humaine des crises et conflits du monde de demain, et non pas seulement sur des logiques industrielles et organisationnelles.

Donner la priorité à la dimension humaine de la défense
Dans le domaine militaire, un nouvel équilibre est à trouver entre l'action de l'homme, seul capable d'agir, dans la durée,

au contact des réalités du terrain, et les technologies modernes, qui doivent accroître son efficacité, mais ne pourront jamais le remplacer.

Alors que de nouveaux défis s'ouvrent devant nous avec la crise financière et économique qui touche l'ensemble de la planète, le moment est certainement venu de définir une orientation véritablement nouvelle à la recherche stratégique. Une impulsion nouvelle est en effet indispensable pour sortir de la logique « post guerre froide » qui domine encore largement l'évolution de nos appareils de défense, et nous entraîne dans une course aux hautes technologies qui épuise nos ressources, sans pour autant répondre à la réalité de nos besoins. Toute politique de défense doit s'inscrire dans le long terme, s'appuyer sur la recherche stratégique, traduire une volonté politique forte et cohérente, et non résulter pour l'essentiel des multiples pressions, patiemment exercées par les grands groupes d'armement, ni des intérêts particuliers avancés par telle ou telle composante pour disposer de plus de moyens et de nouvelles armes.

Il nous faut en outre sortir de cette période de transition pendant laquelle nos politiques de défense, des deux cotés de l'Atlantique, s'efforçaient de gérer les crises lorsqu'elles éclataient, avec les outils hérités de la guerre froide, dans le cadre de coalitions ou d'alliances appliquant des doctrines définies au siècle passé, tout en recherchant quelques « dividendes de la paix », en réduisant les effectifs et les moyens d'armées devenues des modèles réduits, pour ne pas dire miniatures, de ce qu'elles étaient précédemment.

Or le siècle nouveau qui s'ouvre devant nous sera très différent de celui qui vient de s'achever. Il ne sera pas seulement à l'échelle de l'Europe, ni de l'occident, mais de dimension mondiale, dans ses échanges, ses outils de production, ses circuits de circulation des biens, des hommes, des flux monétaires, des idées, des croyances, mais aussi des violences, des crises et des conflits. Il sera instantanément informé, tout particulièrement par ses images qui traversent désormais la planète à la vitesse de la lumière. Il sera marqué par le rôle nouveau joué par les populations vivant dans les zones de crise, qui seront les enjeux, les acteurs et les premières victimes des conflits futurs.

Pour les pays occidentaux, il importe donc d'engager la réflexion stratégique vers de nouvelles voies, privilégiant la prévention, l'anticipation, et non seulement la réaction, l'intervention et la projection de puissance. Cette réflexion doit nous permettre de définir les bases d'une nouvelle intelligence stratégique, appliquée non seulement à la conception et l'emploi de nouvelles armes, mais surtout à la manière d'être militairement et civilement présent, influent, apaisant, stabilisant et novateur dans toutes les parties du monde où nos intérêts et nos valeurs peuvent être mises en cause.

Cette nouvelle prospective stratégique, centrée sur l'intelligence des situations de conflits qui opposent les hommes, doit permettre d'ajuster nos politiques de défense aux réalités humaines, géographiques, temporelles et informationnelles du monde de demain. Elle doit promouvoir une doctrine et des moyens adaptés à nos ambitions, et non à des modèles hérités du passé, qui épuisent nos ressources, et se montrent impuissants face aux actions de nos adversaires. Il faut fonder l'évolution de nos forces non seulement sur de nouvelles capacités de destruction d'un ennemi , mais surtout sur la présence et l'intelligence d'action des hommes, aptes à comprendre les complexités d'une situation de crise, à vivre dans la durée au contact des réalités, à prévenir l'éclatement de conflits, à réagir immédiatement, à maîtriser la violence lorsqu'elle éclate, à combattre avec force l'adversaire lorsque c'est nécessaire, mais aussi à soigner, éduquer et construire dès qu'ils le peuvent.

Cette vaste réflexion doit nous conduire sans aucun doute à mettre un terme à la réduction sans fin de nos capacités de présence et d'action terrestre, et de redéfinir avec pragmatisme mais détermination les objectifs fondamentaux de nos politiques de sécurité et de défense, et le contenu de nos doctrines d'emploi de la force. Il est temps en effet de poser les vrais questions sur la réalité de nos besoins en matière de défense, celles qui portent sur la finalité, le contexte, les conditions politiques, opérationnelles et humaines de l'action militaire, et non pas seulement celles concernant l'acquisition de nouveaux équipements et l'organisation de nouvelles structures de commandement et de forces.

Retrouver une véritable capacité d'action terrestre.

Les opérations militaires en cours partout dans le monde nous rappellent en effet que la résolution des crises et conflits ne passe pas uniquement par quelques démonstrations de puissance que nos armées occidentales sont capables de conduire dans les airs et sur les océans de la planète. La dure réalité du monde éclate chaque jour sur nos écrans, avec ses images de violence et de souffrance de populations, à la fois victimes, enjeux et acteurs de ces conflits. Cette réalité se manifeste par l'action quotidienne, sur le terrain même des affrontements, de nos soldats, qui font face à de nouveaux visages de la guerre, en Irak, en Afghanistan, au Pakistan, au Liban, en Somalie, au Soudan, au Tchad et ailleurs.

Depuis la fin de la guerre froide, toutes les armées occidentales ont entamé d'importantes démarches d'adaptation. En Europe, toutes ces démarches ont essentiellement été conduites sur une logique de réductions d'effectifs et de dissolutions d'unités des forces terrestres. Ces diminutions importantes des effectifs terrestres ont reposé sur l'affirmation péremptoire de quelques théoriciens, laissant croire que les nouvelles technologies rendaient désormais inutile, sinon dangereuse, la présence de l'homme sur le terrain, que la surveillance spatiale, la projection de puissance à distance, le contrôle des mers et des airs, et les opérations en réseaux suffisaient pour résoudre de loin crises et conflits de demain. Les résultats des opérations récentes conduites sur ce modèle au Kosovo, au Liban, en Afghanistan, en Irak, et dans la

bande de Gaza démontrent largement le caractère illusoire de ces belles théories.
Les nouveaux visages de la guerre sont aujourd'hui dans les rues de Bagdad, dans les montagnes d'Afghanistan, dans les zones tribales du Pakistan, dans les hôtels de l'Inde, dans les sables du Darfour, de Somalie et du Tchad, dans les faubourgs de Beyrouth et de Gaza, dans les camps palestiniens, mais aussi peut-être un jour dans nos cités ou nos banlieues. Ces vrais visages de la guerre peuvent se retrouver partout dans le monde, et tout particulièrement dans ces contrées où aucun porte-avions, aucun sous-marin nucléaire d'attaque, aucun avion de combat hyper sophistiqué, aucun missile de croisière, aussi « intelligent » soit-il, ne pourra jamais remplacer la présence et l'action d'hommes sur le terrain, au contact des réalités.
Il ne s'agit pas de remettre en cause la nécessité des programmes majeurs qui contribuent directement à l'efficacité et à la crédibilité dissuasive de notre puissance militaire. Mais il est à craindre que le financement colossal exigé par d'autres programmes, liés davantage aux rémanences du siècle passé qu'aux besoins vitaux de nos pays, ne se fasse au détriment des multiples équipements, moins prestigieux certes, plus discrets, qui flattent moins notre volonté de puissance, mais qui assurent la cohérence opérationnelle de nos engagements et donnent à nos combattants au contact des réalités les outils indispensables pour assurer avec efficacité les multiples missions qui leur sont confiées.
Les Etats-Unis, à l'origine pourtant des concepts futuristes sur l'emploi de la force militaire, ont d'ailleurs décidé de renverser la tendance, de limiter certains programmes trop coûteux et d'augmenter de manière significative les effectifs permanents de leurs forces terrestres, afin d'être en mesure de répondre aux multiples défis qui leur sont posés partout dans le monde, et aux besoins grandissants d'hommes sur le terrain.

Il est vrai que toute la réflexion concernant l'évolution de nos politiques de défense et de notre stratégie militaire s'est trouvée limitée, depuis plusieurs décennies, à quelques experts éminents, grands professionnels des colloques et débats de la scène politique et médiatique, mais souvent bien éloignés de la réalité opérationnelle du terrain. Fortement inspirés dans leurs travaux par un monde industriel avide de financements, ces stratèges de toutes origines n'ont pas manqué l'occasion de critiquer les « gros bataillons », disparus pourtant depuis bien longtemps, ni de remettre en cause les effectifs de nos forces armées, dimensionnés au plus juste lors de leur récente professionnalisation, pour louer les avantages des nouvelles technologies spatiales, aériennes et navales, bien plus efficaces, et surtout plus rentables à leurs yeux, que l'action du pauvre soldat sur le terrain, au contact direct de la violence et de la misère du monde. Chacun sait qu'il est plus facile d'exprimer avec éloquence de belles théories sur la stratégie et la révolution des affaires militaires dans les cercles du pouvoir, que de risquer sa vie et d'affronter les difficultés de tous ordres que rencontrent chaque jour ceux qui se trouvent directement au contact des dures réalités du monde actuel.
La question principale qui se pose aujourd'hui concerne donc la pérennité et la réalité de notre capacité d'action militaire, mise en cause par tous ceux qui ne rêvent que de hautes technologies, de réseaux informatiques, de surveillance spatiale, de frappes aériennes, d'actions à distance et de nouveaux comités, conseils et autres agences pour coordonner les quelques forces restantes depuis nos capitales. Or la réalité opérationnelle d'aujourd'hui montre que trop de technologie peut nuire à l'efficacité sur le terrain. Les progrès des systèmes d'armes modernes ont pour effet d'éloigner chaque jour davantage le militaire des réalités du terrain. Un terrain, des populations et des formes violences qu'il ne sait plus prévenir, ni maîtriser, ni contrôler, car les armes et les modes d'action qui lui ont été imposés par la

technologie sont incapables de répondre aux réalités humaines et opérationnelles qu'il rencontre.
En outre, ces armements de haute technologie épuisent les ressources affectées à la défense, en raison de leurs coûts exorbitants, en perpétuelle croissance, sans que leurs effets ne puissent justifier la charge financière considérable qu'ils exigent. Les déboires récents et récurrents de certains grands programmes, dont les coûts de mise au point, d'acquisition, d'entretien et de fonctionnement épuisent nos ressources financières, nous montrent aujourd'hui les limites de tels systèmes.
C'est pourquoi il apparaît aujourd'hui nécessaire que les hommes qui ont connu la dure réalité du terrain, ont été engagés dans l'action, ont commandé nos forces en opération, ont été confrontés à la violence et à la misère du monde, puissent également contribuer à la définition de notre stratégie militaire, initier, conduire, irriguer la réflexion, faire partager leur expérience, constituer une force de proposition positive et constructive. Le renouveau de notre stratégie et de notre outil de défense ne peut venir que du terrain, de ceux qui, plongés au cœur de l'action dans les Balkans, en Afrique, au Liban et maintenant en Afghanistan, peuvent éclairer l'évolution de notre défense et de nos armements par leurs témoignages, leurs expériences, leurs réflexions et leurs propositions.

La France doit donner une nouvelle impulsion à la réflexion stratégique au sein de l'alliance.

Au sein de l'OTAN, alors que la France retrouve toute sa place dans la structure militaire intégrée, et qu'un général français vient de prendre la tête du commandement chargé de la transformation, il est indispensable de donner une orientation nouvelle à la recherche stratégique, afin de redonner toute leur importance à la dimension humaine et opérationnelle de l'action militaire, trop souvent soumise aux seuls critères d'organisation et de productivité édictés par

des appareils industriels, administratifs et financiers, éloignés des réalités du terrain.
Il parait également indispensable de fixer des limites raisonnables à la logique du « toujours plus » en matière d'équipements de nos armées, qui doivent d'abord satisfaire les besoins réels des forces opérationnelles. Ces équipements doivent non seulement garantir la nature dissuasive de nos postures militaires, mais aussi répondre aux réalités humaines des crises et conflits qui affectent notre sécurité.
Il nous faut donc explorer de nouvelles pistes, afin de pouvoir sortir de la logique militaire actuelle, essentiellement réactive, fondée sur la projection de nos modèles, de notre puissance et de nos forces, et développer des stratégies nouvelles, plus préventives, privilégiant l'initiative, la présence, le contact, la patience, l'intelligence, la clairvoyance, l'influence, la coopération. Des stratégies n'excluant pas l'usage de la force, mais de manière raisonnable, aux effets dimensionnés et ajustés aux objectifs politiques visés. Des stratégies militaires étroitement conjuguées, au sein de coalitions redessinées, avec celles d'autres acteurs de développement et de soutien aux populations. Des stratégies prenant en compte les réalités locales, les pouvoirs en place, les situations sociales, économiques, religieuses, ethniques.
Le moment semble venu, après les difficiles expériences vécues lors de nos interventions dans les Balkans, en Irak et en Afghanistan, de reprendre l'initiative stratégique, de retrouver notre liberté d'action et notre aptitude à la prévention, afin de rendre insignifiants et inutiles les extrémismes de toute nature qui se développent aujourd'hui un peu partout dans le monde.
En un mot, il nous faut revenir à la réalité du monde qui nous entoure.
Notre puissance militaire, tout comme notre puissance économique, doivent pouvoir s'exercer là où les hommes vivent, travaillent, s'enrichissent, se déchirent, se battent et se tuent, c'est-à-dire sur terre. C'est d'abord sur ce terrain que nous

devons imaginer notre avenir et concentrer nos efforts de recherche, de part et d'autre de l'Atlantique.

« Un nouveau système de production d'armement pour la France dans un monde en mutation »

par

Jean-Paul HEBERT
Directeur du CIRPES / EHESS

L'évolution des formes de la guerre a toujours été scandée par les sauts technologiques : la seconde guerre mondiale avait vu se mettre en place l'emploi généralisé de l'aviation, le radar et finalement l'arme atomique.[1] Mais ces bouleversements technologiques ne sont pas inédits : l'histoire militaire est jalonnée de ces innovations qui changent le cours des conflits : avec la cuirasse et la vapeur les combats navals changent de nature. Le feu de l'infanterie prend une autre dimension avec, en 1840-42, l'introduction de la capsule au fulminate de mercure, des canons rayés et du chargement par la culasse. Ces capacités avaient déjà été notablement modifiées par le règlement de 1741 instaurant la baguette de fusil en fer et non plus en bois, ou en 1684 par la mise en place de la baïonnette à douille. On n'insistera pas sur l'importance de la poudre et de l'artillerie, mais on sait aussi le rôle de l'arbalète, vainement interdite d'emploi par le concile de Latran en 1139.[2] Et on pourrait encore citer l'utilisation par les francs de la hache de combat comme

[1] On trouvera une présentation détaillée dans l'ouvrage de référence d'Alain BRU *Évolution des matériels militaires 1939-1945*, Economica, 1990

[2] Interdiction limitée aux guerres entre chrétiens … !

arme de jet ou l'introduction des étriers doubles par les avars au sixième siècle (à moins que ce ne soit par les chinois).

Jusqu'à César qui témoigne dans ses commentaires de la guerre des Gaules de l'importance de la technologie : Quand, au large du Morbihan, il s'attaque à la flotte des Vénètes qui sont de bien meilleurs marins, c'est sa technologie qui va lui donner l'avantage :

> *Une invention préparée par les nôtres fut d'un grand secours : c'étaient des faux extrêmement tranchantes emmanchées de longues perches, assez semblables à nos faux murales. Avec ces faux on accrochait et on tirait à soi les cordages qui attachaient les vergues aux mats ; on les rompait en faisant force de rames ; une fois rompues les vergues tombaient forcément et les vaisseaux gaulois, en perdant leurs voiles et les agrès sur lesquels ils fondaient tous leurs espoirs, étaient réduits à l'impuissance*[3]

Mais on apprend déjà que la technologie n'est pas toute-puissante et que le rêve de l'invulnérabilité porte en lui-même sa propre faiblesse :

Sous Tibère (-38 + 42), l'Éduen Julius Sacrovir mène une des dernières grandes tentatives gauloises pour secouer le joug romain. Il innove militairement lors de la bataille d'Autun qui sera la rencontre décisive, en plaçant en première ligne pour soutenir le choc des légions de Silius, ses crupellaires : des hommes bardés de fer de la tête aux pieds et ainsi impénétrables aux coups. Hélas si cette première version de l'armure protège ceux qui la porte, elle les rend peu habiles pour frapper et lents à se déplacer et les gaulois seront défaits (et Julius Sacrovir injustement oublié).[4]

Les technologies de guerre d'aujourd'hui sont un ensemble multiforme, indiscutable, et présentées comme ins-

---

[3] Commentaires de la guerre des gaules, livre III, chapitre XIV

[4] Tacite, annales livre III chapitres XLIII à XLVI

truments *sine qua non* de la victoire : lasers, armes à énergie dirigée, moyens nouveaux de communications, surveillance spatiale, explosifs insensibles, têtes nucléaires réglables, drones et robots de tous ordres, etc.... Mais l'emballement technologique a un coût et ce coût croit de manière exponentielle :

Les drones considérés aujourd'hui comme le nec plus ultra des nouvelles technologies en sont un bon exemple. Le GAO[5] a calculé que les six principaux programmes de drones américains avaient vu leurs coûts de développement augmenter suivant les cas de 25 à 264 %.[6] Le coût de développement du Global Hawk pour *l'Air Force* est ainsi passé de 1,006 milliard de dollars à 3,657, celui du sky warrior de 333 millions de dollars à 568, etc..[7]

En conséquence, les coûts unitaires, suivant une progression exponentielle, ont atteint des niveaux très élevés qui portent en germe le risque d'un *désarmement structurel* comme l'ont souligné depuis le milieu des années soixante dix un certain nombre d'observateurs : c'est ainsi que, entre 2001 et 2008 le coût unitaire du global Hawk est passé de 83 millions de dollars à 180 millions. Celui du sky warrior a diminué d'un million de dollars mais c'est pour passer de 196 à 195 millions de dollars, soit presque deux fois le coût d'un JSF chiffré dans le même document à 99,7 millions de dollars.[8]

L'accélération technologique marque de plus en plus nettement le mouvement mondial de production des arme-

---

[5] United States Government Accountability Office, l'équivalent de la cour de comptes aux États-Unis

[6] GAO : Defense Acquisitions: Opportunities Exist to Achieve Greater Commonality and Efficiencies among Unmanned Aircraft Systems GAO-09-520 July 30, 2009

[7] Ibidem page 8

[8] GAO United States Government Accountability Office, Report to Congressional Committees, *DEFENSE ACQUISITIONS Assessments of Selected Weapon Programs,* March 2009, GAO-09-326SP

ments, au point qu'on peut considérer qu'il s'agit là d'une nouvelle forme de course aux armements ;[9] mais cette accélération est donc aussi une accélération économique. Dans ces conditions il est nécessaire d'évaluer de quels moyens industriels disposent la France pour répondre à ce défi : quel est l'état de l'appareil français de production d'armement ? Est-il en position de soutenir la concurrence avec l'appareil de production dominant ? Quels sont les enjeux stratégiques de la sidération technologique générale ?

Le système français de production d'armement à l'orée du troisième millénaire

C'est peu dire que le système français de production d'armement a changé : en vingt ans, sa place économique tant en valeur absolue qu'en part relative s'est réduite, qu'il s'agisse des crédits, des effectifs, des chiffres d'affaires :

	1987	2007	Evolution (en %)
Part du budget de la défense dans le PIB	4 %	2,4 %	
budget de la défense (euros 2008)	39 314	36 465	-7,2
Credits Titre V (euros 2008)	19 932	16 446	-17,5
effectifs de la DGA	71 100	17 788	-75
Effectifs directs Armament	281 000	155 000	-44,8
Chiffre d'affaires armement total (euros 2008)	24 800	14 400	-41,9
Exportations d'armement (euros 2008)	7 900	4 900	-38
Part de l'armement dans le PIB	1,92 %	0,74 %	

[9] Voir Jean-Paul Hébert, « les relations transatlantiques entre divorce et refondation » , in Mélanges en l'honneur du professeur Jean-François Guilhaudis, *La sécurité internationale entre rupture et continuité*, Bruylant, Bruxelles, 2007

Part des exportations d'armement dans les exportations totales	3,09 %	0,95 %	

Dans ce système la relation des producteurs avec l'État a été complètement bouleversée sous les différents aspects de la privatisation, la diversification, l'européanisation et la mondialisation :

Dans son fonctionnement classique, le système français reposait sur une part des entreprises publiques et nationalisées qui représentait environ 85% de la production d'armement. A l'aube de la deuxième décennie du troisième millénaire, c'est l'essentiel des entreprises d'armement qui, totalement ou partiellement, ont été privatisées : Thomson-Csf, Aérospatiale, GIAT-Industries, direction des constructions navales, SNECMA, SNPE, Renault véhicules industriels, SEP, Compagnie générale d'électricité, etc.

Ces entreprises ont diversifié leur production, réduisant notablement la part des productions de défense dans leur chiffre d'affaires global, et diminuant ainsi leur dépendance par rapport à l'Etat :

Entreprises [10]	Part du militaire dans le chiffre d'affaires en 1987 (en %)	Part du militaire dans le chiffre d'affaires en 2007 (en %)
Thales	77,1	55,5
Dassault Aviation	66,4	42,5
SNPE	40,9	36,0
Safran	37,7	31,8
EADS	50,1	24,5

La dimension européenne est devenue primordiale : qu'il s'agisse des aspects institutionnels (code de conduite sur les exportations, lettre d'intention Organisation conjointe de coopération en matière d'armement, code de conduite sur

[10] En 1987, Thales c'est Thomson-CSF, Dassault aviation est AMD-BA (avions Marcel Dassault- Bréguet aviation), Safran c'est Snecma plus Sagem et EADS c'est Aérospatiale plus Matra.

les acquisitions, etc.) ou des programmes d'armement proprement dit (hélicoptère NH 90, Tigre, avion de transport A400M, satellites Helios I et Helios II, Frégates horizon, missile meteor, FSAF, défense aérienne (avions et missile) de l'ensemble des armées, PAAMS, système d'armes principal des frégates anti-aériennes de nouvelle génération , radar de contrebatterie, frégates multimissions), conformément aux énoncés des livres blancs de 1994 et de 2008.

Enfin la mondialisation se traduit par une nouvelle répartition des chiffres d'affaires et des activités : le marché d'EADS est à 55% hors d'Europe. Et la part de l'exportation dans les résultats globaux a nettement augmenté :

	Part de l'exportation dans le chiffre d'affaires en 1987 (en %)	Part de l'exportation dans le chiffre d'affaires en 2007 (en %)
DCNS	5	28
SNPE	38	53
Safran	41	67
Thales	62	75
Dassault	66	76

Ces transformations n'ont pas seulement touché la relation entre l'Etat et les firmes, mais aussi le tissu industriel lui-même dont il n'est pas exagéré de dire que le panorama actuel est celui d'un paysage après la tempête :

En effet, sur les 36 premiers fournisseurs du ministère de la défense en 1987

* **6 ont changé de nom** et souvent de périmètre :

Thomson est devenu Thales, DCNS est devenu DCNSS, AMD-BA est devenu Dassault aviation, Hispano-Suiza est devenu Aircelle, GIAT est devenu GIAT Industries puis Nexter et la Compagnie générale d'électricité (CGE) est devenu Alcatel-lucent

* **6 autres ont fusionné** : Aérospatiale et Matra hautes technologies (EADS), SNECMA et Sagem (Safran),

Hurel-Dubois et Hispano-Suiza Aérostructures (Hurel-Hispano)

* **9 ont été absorbés :** SFIM, SAT, SILEC et Sopelem par SAGEM, SFENA a été fondue dans Sextant avionique, Auxilec, LCTAR, ESD ou TRT ont été intégrés dans Thales.

* **14 ont vu leur capital changer de contrôle ,** Bronzavia – Air équipement, Crouzet, Heuliez (groupe), Lohr industrie, Luchaire, Marrel (bennes), Matra-Manurhin-Defense, Messier-Hispano-Bugatti, Microturbo, Panhard et Levassor, RVI, SACM, Souriau, Turboméca

* **1 est sorti de la production militaire**. Creusot-Loire-Industrie

La confrontation avec l'appareil de production américain :

Enfin cette mondialisation de la production d'armement se traduit aussi par un face-à-face déterminant avec l'appareil de production américain.

Chiffre d'affaires total (milliards d'euros courants)								
	2000	**2001**	**2002**	**2003**	**2004**	**2005**	**2006**	**2007**
Boeing	55,9	65,1	57,4	44,7	42,5	44,1	49,0	45,8
EADS	24,2	30,8	29,9	30,1	31,8	34,2	39,4	39,1
Lockheed-Martin	27,5	26,8	28,2	28,2	28,8	29,9	31,6	28,9
Northrop Grumman	8,3	15,2	24,1	23,2	24,2	24,7	24,0	22,0
General Dynamics	11,2	13,6	14,7	14,7	15,5	17,1	19,2	18,8
Raytheon	18,3	18,9	17,8	16,0	16,4	17,7	16,2	14,7
Thales	8,6	10,3	11,1	10,6	10,3	10,3	10,3	12,3
Safran	9,9	9,9	9,3	9,6	10,4	10,6	10,8	12,0
Dassault	3,5	3,5	3,4	3,3	3,5	3,4	3,3	4,1
DCNS	1,7	1,2	1,5	1,7	2,6	2,8	2,7	2,8

Etant donné la concentration dans lc secteur de l'armement, la comparaison des cinq premières firmes de chaque pays est significative.

Comme on peut s'y attendre la différence de taille En ce qui concerne le **chiffre d'affaires**, est sensible : à l'exception d'EADS qui fait jeu égal avec Boeing. Pour les autres firmes françaises l'inégalité est marquée, spécialement pour Dassault et DCNSS. Toutefois la progression de ces chiffres d'affaires (tableau en indice) montre que si la croissance de Northrop Grumman a été exceptionnelle (croissance externe acquisitions de Litton Industries en 2001 et Newport News Shipbuilding et TRW en 2002), la progression des firmes françaises soutient tout à fait la comparaison,

Chiffre d'affaires en indice base 100 en 2000								
	2000	**2001**	**2002**	**2003**	**2004**	**2005**	**2006**	**2007**
Northrop Grumman	100	184	291	281	293	299	291	265
General Dynamics	100	121	131	131	138	152	171	167
EADS	100	127	124	124	131	141	163	162
DCNS	100	68	84	95	150	163	156	162
Thales	100	120	129	123	120	120	120	143
Safran	100	100	93	97	105	107	109	121
Dassault	100	100	99	95	99	98	95	117
Lockheed-Martin	100	98	103	103	105	109	115	105
Boeing	100	116	103	80	76	79	88	82
Raytheon	100	103	97	88	90	96	88	80

Le **chiffre d'affaires militaire** montre, lui, clairement un hiatus entre les deux groupes de firmes :

chiffre d'affaires militaire (milliards d'euros courants)								
	2000	**2001**	**2002**	**2003**	**2004**	**2005**	**2006**	**2007**
Boeing	18,3	20,1	21,8	21,6	22,3	22,6	24,5	21,0

Lock-heed-Martin	20,2	20,0	20,0	22,1	21,4	21,3	22,4	20,4
Northrop Grumman	7,2	11,8	18,9	20,1	21,1	22,2	18,8	17,7
General Dynamics	7,1	8,7	10,4	11,6	12,3	13,3	15,0	14,7
Raytheon	11,0	16,0	16,2	13,7	13,9	15,9	15,6	14,0
EADS	4,8	6,2	6,0	7,2	7,7	7,7	10,0	9,6
Thales	4,9	5,7	6,7	6,6	6,6	6,7	6,6	6,8
Safran	1,8	2,2	2,2	2,6	2,7	2,1	3,0	3,8
DCNS	1,7	1,2	1,5	1,7	2,6	2,8	2,7	2,8
Dassault	1,0	0,8	1,2	1,6	1,3	1,8	1,2	1,7

chiffre d'affaires militaire en indice base 100 en 2000								
	2000	2001	2002	2003	2004	2005	2006	2007
Northrop Grumman	100	164	262	279	291	307	261	245
Safran	100	121	124	146	152	118	167	213
General Dynamics	100	123	147	164	174	188	211	207
EADS	100	127	124	149	159	159	207	198
Dassault	100	81	120	159	133	176	124	172
DCNS	100	68	83,7	95	150	163	156	162
Thales	100	116	137	134	133	135	133	138
Raytheon	100	146	148	125	127	145	142	127
Boeing	100	110	119	118	122	123	133	114
Lockheed-Martinartin	100	99	99	109	106	105	111	101

En valeur : les cinq firmes françaises sont loin derrière les firmes américaines : pour ne citer que cet ordre de grandeur, le chiffre d'affaires cumulé de Thales, Safran, DCNSS et Dassault équivaut à celui de General Dynamics. En revanche, là encore (mis à part Northrop grumman) on doit remarquer que la croissance des firmes françaises est bonne, plus rapide que celle des trois plus gros groupes américains.

Le **résultat net** des firmes sur la période montre des différences sensibles suivant le type d'activité des firmes et leur politique de croissance, mais pas de distinction nette suivant la nationalité :

En valeur absolue, on constate une grande variabilité pour Boeing et EADS, mais aussi Lockheed, raytheon ou Thales contrastant avec la régularité de General Dynamics ou Dassault

La croissance telle qu'elle ressort des indices montre la même dispersion : les meilleurs résultats en moyenne sur la période sont ceux de Lockheed-Martin et DCNS, les plus faibles sont ceux de Safran et Boeing. L'idée reçue d'une différence fondamentale sur ce point est donc loin d'être confirmée.

Résultat net (millions de dollars courants)								
	2000	**2001**	**2002**	**2003**	**2004**	**2005**	**2006**	**2007**
Boeing	2 310	3 164	523	636	1 518	2 068	1 765	2 810
Lockheed-Martin	-563	-1 171	531	933	1 026	1 467	2 016	2 092
Raytheon	153	-854	-680	323	338	700	1 023	1 778
General Dynamics	978	1 055	974	890	995	1 175	1 479	1 429
Northrop Grumman	660	478	186	716	879	1 126	1 229	1 249
Thales	201	-366	111	112	198	334	388	1 009
Safran	470	343,8	183	302	368	501	177	406
Dassault	237	274	312	295	308	305	281	382
DCNS	-92		105	41	209	274	222	146
EADS	-909	1372	-299	152	1 030	1 676	99	-446

résultat net base 100 en 2000								
	2000	2001	2002	2003	2004	2005	2006	2007
Raytheon	100	-558	-444	211	221	458	668	1162
Lockheed-Martin	100	-8	294	366	382	460	558	571
Thales	100	-182	55	56	99	166	193	502
DCNS	100		314	245	427	498	441	359

Northrop Grumman	100	72	28	108	133	171	186	189
Dassault	100	116	132	124	130	129	119	161
EADS	100	351	167	217	313	384	211	151
General Dynamics	100	108	100	91	102	120	151	146
Boeing	100	137	23	28	66	90	76	122
Safran	100	73	39	64	78	107	38	86

L'analyse de l'évolution des **effectifs** montre des différences qui convergent avec celles relevées quant au chiffre d'affaires :

Effectifs employés (en milliers)								
	2000	**2001**	**2002**	**2003**	**2004**	**2005**	**2006**	**2007**
Boeing	198	188	166	157	159	153	154	159,3
Lockheed-Martin	130	125	125	130	130	135	140	140
Northrop Grumman	39,3	96,8	120	122,6	125,4	123,6	122,2	121,7
EADS	88,9	103	104	109	110,7	113,2	116,8	116,5
General Dynamics	43,3	51,7	53,9	67,6	70,2	72,2	81,0	83,5
Raytheon	93,7	87,2	76,4	77,7	79,4	80,0	80,0	72,1
Safran	52,6	49,8	51,1	54,4	54,9	58,1	61,4	63,3
Thales	57,2	62,5	60,7	57,4	55,5	53,4	52,2	61,2
DCNS	16,0	14,8	14,4	14,0	12,9	12,6	12,5	12,7
Dassault	11,4	12,0	12,2	12,0	12,0	12,1	11,9	12,2

Effectifs employés, base 100 en 2000								
	2000	**2001**	**2002**	**2003**	**2004**	**2005**	**2006**	**2007**
Boeing	100	95	84	79	80	77	78	80
Lockheed-Martin	100	96	96	100	100	104	108	108
Northrop Grumman	100	246	305	312	319	315	311	310
EADS	100	116	117	123	125	127	131	131
General Dynamics	100	119	124	156	162	167	187	193
Raytheon	100	93	82	83	85	85	85	77

Safran	100	95	97	103	104	110	117	120
Thales	100	109	106	100	97	93	91	107
DCNS	100	92	90	87	81	78	78	80
Dassault	100	105	107	105	105	106	104	106

En valeur absolue, mis à part EADS, les autres groupes français sont des nains par rapport à leurs homologues américains : les quatre groupes représentent ensemble moins de personnel que le seul Boeing. L'évolution se différencie nettement : Boeing, Raytheon et DCNS perdent environ 20% de leurs effectifs sur la période. Les progressions très élevées de Northrop Grumman et dans une moindre mesure de General Dynamics s'expliquent par leur croissance externe. Pour les autres la bonne tenue d'EADS et de Safran est plus positive que la quasi stagnation de Lockheed-Martin, thales ou Dassault.

Ces données permettent aussi d'examiner de ratios significatifs : taux de militarisation, rentabilité apparente, productivité apparente :

Mis à part l'ex-arsenal DCNS le **taux de militarisation** (part du chiffre d'affaires militaire dans le chiffres d'affaires total) est beaucoup moins fort pour les firmes françaises que pour les firmes américaines :

Taux de militarisation								
	2000	**2001**	**2002**	**2003**	**2004**	**2005**	**2006**	**2007**
DCNS	100	100	100	100	100	100	100	100
Raytheon	60	85	91	85	85	90	96	95
Northrop Grumman	87	78	79	87	87	90	78	81
General Dynamics	63	64	71	79	79	78	78	78
Lockheed-Martin	73	74	71	78	74	71	71	71
Thales	58	56	61	62	64	65	64	56
Boeing	33	31	38	48	52	51	50	46
Dassault	29	24	35	49	39	52	38	43

Safran	18	22	24	27	26	20	28	32
EADS	20	20	20	24	24	23	25	24

La **rentabilité apparente** des firmes (part du résultat net par rapport au chiffre d'affaires) est un autre critère intéressant :

rentabilité apparente (résultat net en proportion du chiffre d'affaires total)									
	2000	2001	2002	2003	2004	2005	2006	2007	moyenne 2000-2007
Dassault	6,80	7,90	9,08	8,94	8,90	8,90	8,51	9,35	8,5
General Dynamics	8,70	7,75	6,63	6,04	6,40	6,88	7,71	7,61	7,2
DCNS	-5,29	0,00	7,21	2,47	8,01	9,67	8,20	5,18	4,4
Northrop Grumman	7,98	3,15	0,77	3,08	3,63	4,56	5,11	5,69	4,2
Boeing	4,13	4,86	0,91	1,42	3,57	4,69	3,60	6,14	3,7
Safran	4,74	3,46	1,97	3,14	3,54	4,74	1,63	3,38	3,3
Lockheed-Martin	-2,05	-4,36	1,88	3,31	3,56	4,90	6,38	7,25	2,6
Raytheon	0,83	-4,52	-3,82	2,02	2,06	3,96	6,32	12,1	2,4
Thales	2,34	-3,56	1,00	1,06	1,92	3,25	3,78	8,21	2,3
EADS	-3,75	4,45	-1,00	0,50	3,24	4,90	0,25	-1,14	0,9

Elle est très élevée (et régulière) pour Dassault comme pour General Dynamics. Mais on doit noter également le changement fondamental pour DCNS quant à ce critère. En bas de tableau, les résultats erratiques concernent aussi des firmes françaises (EADS, thales) qu'américaines (Raytheon et dans une moindre mesure Lockheed-Martin)

L'étude de la **productivité apparente** (chiffre d'affaires par personne) apporte d'autres leçons :

productivité apparente (chiffre d'affaires (milliers d'euros) par personne)								
	2000	**2001**	**2002**	**2003**	**2004**	**2005**	**2006**	**2007**
Dassault	305	289	282	276	287	284	277	336
EADS	272	299	288	276	287	302	338	336
Boeing	282	346	346	285	267	288	318	287
General Dynamics	260	263	273	218	221	237	237	225
DCNS	109	80	101	119	202	226	217	222
Lockheed-Martin	211	215	226	217	222	222	226	206
Raytheon	196	216	233	207	207	221	202	204
Thales	150	164	183	184	185	192	197	201
Safran	189	199	181	177	189	182	177	190
Northrop Grumman	210	157	201	189	193	200	197	180

Le tableau montre le niveau très élevé du ratio pour Dassault et EADS ainsi que la progression de DCNSS et Thales qui fait que, avec Safran, les trois firmes françaises sont dans le même ordre de grandeur que les firmes américaines

Part des crédits étatiques d'acquisition dans le chiffre d'affaires 2007 :

Une autre idée reçue concernant le système français de production d'armement est celle du poids excessif de l'Etat. Les idéologues qui érigent une vision naïve de la concurrence en dogme irréfragable[11] n'ont de cesse de dénoncer cette importance de l'Etat accusée d'être un handicap fran-

[11] C'est par exemple au nom de cette concurrence que les autorités de Bruxelles ont refusé dans la passé le droit à l'Aérospatiale de prendre le contrôle de la société De Havilland ...

çais. En réalité, l'examen des chiffres montre que l'administration américaine est un client beaucoup plus important de ses firmes nationales d'armement que ne l'est l'Etat français :

Part des crédits étatiques dans le chiffre d'affaire en 2007			
	Chiffre d'affaires total (en $ ou euros)	**paiements du DoD ou du MINDEF ($ ou euros)**	**proportion des crédits étatiques (en %)**
Lockheed-Martin	41 862	27 266	65
Raytheon	21 301	10 861	51
General Dynamics	27 240	13 557	50
Northrop Grumman	31 828	15 832	50
DCNS	2 821	1 016	36
Boeing	66 387	22 138	33
Dassault	4 085	1 113	27
Thales	12 296	1 418	12
Safran	12 003	551	5
EADS	39 123	1 305	3

Au final, l'examen des principales caractéristiques des cinq premières firmes américaines et françaises d'armement montre que, s'il existe d'évidentes différences de taille (et de marché intérieur et de budget), en revanche sur les autres critères les entreprises soutiennent la comparaison avec leurs homologues d'outre-atlantique, ce qui donne au système français la possibilité d'une certaine autonomie dans le secteur de la technologie de pointe et de la recherche-développement de haut niveau

Conclusion : trois défis à relever

En fait l'avenir se joue sur plusieurs tableaux : face à nous-mêmes, face aux Etats-Unis, face à la technologie

Face à nous mêmes : quelle place donnons-nous à l'industrie d'armement ?

Les moyens industriels sont une des conditions de la souveraineté. D'où l'inquiétude qui naît de l'incertitude quant à la place de l'industrie d'armement dans la pensée stratégique française contemporaine. On pouvait déjà se poser la question après la lecture du livre blanc de 2008 : l'ouvrage ne fait en effet qu'une place réduite à la politique de l'armement : sur les 350 pages du volume, un seul chapitre (le chapitre 16) est consacré à l'industrie et la recherche (pages 261 à 283). Si l'on tient compte d'une présentation descriptive (pages 261 à 264) et d'un développement sur les exportations (pages 279 à 283), ce ne sont en fait que quinze pages qui sont consacrées au sujet.

Il n'est pas exagéré de dire qu'on fait l'impasse sur la réalité industrielle : d'un coté, on porte une grande attention à l'analyse stratégique générale, de l'autre on détaille de manière très spécialisée des technologies particulières mais, entre les deux, les moyens industriels sont perdus de vue : en ce qui concerne la programmation militaire 2009-2014 par exemple, le contraste est flagrant avec les rapports de François Fillon pour la programmation 1987-1991 ou de Jean-Michel Boucheron pour les programmations 1990-1993 et 1992-1994. ces documents comportaient des chapitres consistants d'analyse du tissu industriel de l'armement qui constituent encore aujourd'hui des publications de référence. Les premiers documents sur la programmation 2009-2014[12], ne comportent sur l'industrie d'armement que quelques déclarations d'intention générales du genre :

« l'échelle européenne est la plus appropriée pour offrir la taille critique permettant d'allier compétitivité indus-

[12] François FILLON et Hervé MORIN , projet de loi relatif à la programmation militaire pour les années 2009 à 2014 et portant diverses dispositions concernant la défense, Assemblée nationale, 29 octobre 2008, document N°1216.

trielle et autonomie stratégique » (alinéa 411 du rapport annexé)

il faut « structurer l'offre industrielle sur la base d'une harmonisation des besoins militaires /../ et de l'identification de besoins communs » (alinéa 416)

Le rapport de la commission de la défense[13] quant à lui ne consacre que trois pages à l'industrie d'armement : pas une entreprise n'est citée, pas un chiffre n'est publié. Où en est l'industrie française d'armement en 2009 ? On ne le saura pas en lisant ce rapport. Dans une période où l'affrontement avec les producteurs américains se caractérise par une intensité accrue, cette marginalisation ne laisse pas d'inquiéter.

Face aux Etats-Unis :

Le déséquilibre des relations transatlantiques ne ce qui concerne les flux d'armement n'a pas cessé de s'aggraver : pour s'en tenir à cette unique illustration, la collection des rapports sur les transferts d'armement classiques pour le registre de l'ONU depuis 1992 nous permet d'établir la synthèse suivante qui se passe de commentaires :

Rapports transatlantiques 1992-2007 pour les grands systèmes d'armes (d'après le registre de l'ONU)		
	livraisons par les Etats-Unis aux 25 pays de l'Union	**livraisons par les 25 pays de l'Union aux Etats-Unis**
Chars de bataille	1 663	28
Véhicules blindés de combat	857	5
artillerie de gros calibre	321	10
avions de combat	294	13

[13] Patrick BEAUDOUIN, Yves FROMION, Rapport fait au nom de la commission de la défense nationale et des forces armées sur el projet de loi relatif à la programmation militaire pour les années 2009 à 2014 et portant diverses dispositions concernant la défense, Assemblée nationale, 8 avril 2009, Document N°1615, Tome I.

hélicoptères d'attaque	82	1
Navires	6	1
missiles et lanceurs	6 341	189

Mais là encore le livre blanc (repris dans les attendus de la programmation) peut susciter des interrogations, tant il parait tenir peu compte des réalités de ce déséquilibre :

* L'annonce « d'une stratégie industrielle tournée vers l'Europe »[14] s'accompagne de la définition de trois cercles : le premier cercle est celui d'une maîtrise nationales des technologies et capacités pour les équipements nécessaires aux domaines de souveraineté. Le deuxième est celui d'une interdépendance européenne pour la majorité des acquisitions de défense et de sécurité. C'est le troisième cerce qui introduit une dimension nouvelle et problématique. On lit en effet :

> *Pour tous les cas où la sécurité d'approvisionnement n'est pas directement en jeu, soit parce qu'elle peut être assurée grâce à la pluralité des sources, soit parce qu'il est possible de constituer des stocks stratégiques pour faire face à une rupture d'approvisionnement, la France recourra au marché mondial. L'acquisition sur le marché sera considérée par l'acheteur public comme une solution à part entière de la stratégie d'acquisition et non comme un pis-aller venant après l'épuisement de toutes les autres options.*[15]

Il est clair que les fournisseurs du marché mondial ne sont pas légion ou plutôt que, mis à part quelques fournitures particulières (drones israéliens ou achats en compensations de marchés d'exportation) ces fournisseurs se résument en fait aux firmes américaines. Une telle éventualité n'est pas seulement une menace pour les entreprises nationales mais

[14] page 264

[15] ibidem

comporte aussi le risque de se laisser entraîner dans la course américaine à la technologie sans moyen de la freiner.

Face à l'impérialisme de la technologie

Les engagements dans les conflits contemporains montrent à l'envi les limites de l'illusion technologique, ce qu'exprime clairement Pierre CONESA dans un ouvrage récent : [16] *l'heure n'est plus à la recherche de la suprématie technologique, comme cela a été le cas durant la guerre froide.* Ajoutant :

> *La réflexion stratégique occidentale doit opérer sa mutation sur deux plans. D'abord l'homme doit redevenir le centre des nouveaux concepts et des nouveaux armements. La guerre classique est relativement aisée à gagner par la suprématie technologique mais la pacification suppose des hommes entraînés militairement, sociologiquement et politiquement. L'Homme est redevenu le centre du combat.*[17]

[16] Pierre CONESA, *Les mécaniques du chaos*, Editions de l'aube, Paris, 2009

[17] Pages 154-155

« Quelques orientations technologiques militaires nouvelles pour la France »

par

le Général (CR) Etienne COPEL
Président du collège des experts du Haut Comité pour la défense civile

Les militaires ont souvent une certaine réticence vis à vis de la Défense civile. Ils se disent que si des crédits sont alloués à ce type de défense il y en aura moins pour la Défense militaire. A mon sens ce sentiment serait moins répandu si le ministère de la Défense s'appelait ministère des Armées. Il y aurait moins d'ambiguïté car la Défense n'est pas seulement militaire, elle est aussi civile et économique.. Quoi qu'il en soit, les intérêts peuvent converger. Et, si vous le voulez bien, je prendrai l'exemple de la protection des avions civils et militaires contre les missiles légers sol-air portables (Manpads) pour montrer l'intérêt des technologies duales.
Ensuite, je tenterai de vous démontrer qu'il est souvent souhaitable de marier des technologies anciennes et modernes. Pour cela je prendrai deux exemples de « rétro-innovation » :

- Le dirigeable et les multiples applications que l'on peut aujourd'hui lui trouver … dans la mesure où il est équipé de senseurs de haute technologie et puis
- Et puis l'avion d'appui subsonique avec ses non moins nombreux avantages

1. La protection contre les « Manpads »

La menace.

Plus de 500 000 missiles légers ont été construits dans un pays ou un autre de la planète. Sur ce total près de 15 000 ont « disparu ». Les Services de renseignements occidentaux sont persuadés que nombre d'entre eux sont entre les mains de terroristes. Les services français en ont même trouvé dans les caches de l'ETA. D'ailleurs, près d'une vingtaine de tirs ont été effectués contre des avions civils. Celui contre l'avion du Président du Rwanda a été à l'origine d'un épouvantable génocide. L'exploit du pilote de l'Airbus 319 à Bagdad est encore dans tous les esprits.

Les avions commerciaux sont vulnérables à peu près jusqu'à dix mille pieds … ce qui permet à d'éventuels terroristes de s'éloigner sensiblement des aérodromes et d'être pour ainsi dire indétectables. Et il n'est pas nécessaire d'être prophète pour imaginer les conséquences humaines et économiques de quelques attaques terroristes simultanées contre des avions au décollage, par exemple de Los Angeles, Francfort et Roissy. Il est donc très clair que les avions militaires ne sont pas les seuls à risquer d'être pris à partie par un missile portable.

Les moyens de protection.

Il n'est pas envisageable de protéger les avions commerciaux avec des leurres pyrotechniques car les substances inflammables ne sont guère compatibles avec la sécurité d'avions transportant des passagers. Il faut noter que bientôt les avions militaires ne pourront pas plus se satisfaire de leurs protections par leurres infrarouge car les missiles modernes sont justement développés pour ne pas être leurrés par ces dispositifs.

D'aucuns envisagent des lasers de puissance ou des micro-ondes actionnés depuis le sol. Cette solution pourrait, à la rigueur, être efficace pour protéger des avions à proximité immédiate d'un aérodrome équipé, mais sûrement pas à plusieurs dizaines de kilomètres. Or, la menace va jusque là.

D'autres avaient imaginé des lasers de puissance actionnés à partir de drones en orbite au dessus de l'aérodrome à protéger. Mais cela ne convient pas car il aurait fallu des puissances considérables, très dangereuses au sol et même pour l'avion à protéger !
La seule solution raisonnable aujourd'hui est à base de tourelles laser portées par l'avion-cible. Ces tourelles, alertées par un détecteur classique de départ missile, s'orientent vers l'autodirecteur de l'attaquant et le brouillent pour le faire dévier de la trajectoire prévue. La puissance nécessaire est très faible car il ne s'agit pas de détruire le missile montant par effet de peau, mais seulement de brouiller son autodirecteur. Et ce, non pas en le saturant mais en lui envoyant de fausses informations de temps, donc d'espace.

Les développements actuels.

Les Américains font déjà voler de tels prototypes destinés aux avions de transport militaires. A partir de ce développement militaire, ils développent maintenant un système susceptible d'être installé sur des avions commerciaux.
Les Européens (Sagem, Thalès, Diehl, EADS ...) aidés par un tout premier financement « recherche » de la Commission achèvent la mise au point d'un démonstrateur au sol, qui devrait faire sa première démonstration l'été prochain. La technique européenne a plusieurs années de retard sur celle des Américains, mais elle est susceptible d'être bien meilleure, car la technique européenne, développée dans le cadre du projet CASAM, commence par analyser les réflexions laser sur le missile attaquant pour déterminer sa nature exacte et celle de l'autodirecteur avant de le brouiller. Cela permet d'être plus efficace et même plus rapide. Ce qui est fort utile en cas d'attaque par plusieurs missiles simultanés.

Technique duale ou non ?

Les avions commerciaux volent beaucoup plus que les avions militaires mais risquent nettement moins d'être pris à partie par des missiles sol-air. Donc, bien que la finalité de l'équipement de protection soit identique, les différences de profils d'utilisation induisent une pondération différente des éléments de spécification. Pour les avions de ligne, le grand objectif sera de minimiser les coûts de possession (achat, masse, maintenance). En revanche, pour les aéronefs militaires qui volent moins c'est, outre la fiabilité du dispositif, son prix d'achat qui sera prioritaire.

Aujourd'hui, une question se pose : les Européens vont-ils faire comme les Américains et développer leur système en deux temps, d'abord militaire puis civil ou bien vont-ils essayer de rattraper leur retard en mettant au point directement un système adapté aux deux besoins ? Le développement pour l'A 400 M - ou un autre avion de transport militaire- paraît aujourd'hui définitivement acquis. Celui pour les avions civils est seulement envisagé. La DGAC y est favorable, la DGA semble un peu partagée et les constructeurs ... comme les compagnies aériennes veulent surtout de la discrétion, car il ne faut pas faire peur aux passagers.

Or, si on ne développe pas rapidement un système adapté aux avions de ligne, tout porte à croire que nous ne rattraperons jamais les Américains qui risquent alors, en cas de crise, d'imposer leur système à tous les avions franchissant le ciel américain ... C'est-à-dire rapidement à tous les avions de ligne du monde.

Coûts et financements.

La flotte mondiale est actuellement de 14000 avions civils, les équiper tous donnerait un marché potentiel voisin de 10 milliards d'euros, si l'on admet une légère augmentation de cette flotte au cours des vingt prochaines années et un coût d'acquisition voisin de 700 000 euros par appareil.

Ces chiffres paraissent énormes, mais si on les rapporte au coût par passager et par vol cela devient très raisonnable. Prenons l'exemple d'un Airbus A 320, volant 3000 heures par an. On s'aperçoit qu'une protection contre les Manpads coûterait 70 euros par heure de vol soit 0,43 euros par passager et par heure de vol. Guère plus d'un euro par ticket ven-

du pour un vol moyen d'A 320. A titre de comparaison on peut noter que la partie sûreté des taxes d'aéroport est aujourd'hui supérieure à 7 euros sur la plupart des grands aéroports du monde.
Il serait vraiment dommage de laisser ce marché à nos concurrents d'Outre Atlantique. Dans l'immédiat, l'important est de financer rapidement le développement d'un démonstrateur en vol civilo-militaire. Il s'agit seulement de trouver 180 millions d'euros à répartir entre les Allemands et les Français, les civils et les militaires. En coupant en quatre, il est clair que tous y gagneraient … tout au moins en Europe !

2. Mariage entre technologies récentes et modernes

2.1 Les dirigeables.

Quand un hélicoptère vole en stationnaire, il dépense une énergie considérable pour rester immobile ; quand un avion de patrouille maritime « fait des ronds » autour d'un navire qu'il doit surveiller, il dépense beaucoup d'énergie pour bouger très peu. Dans un monde où l'on cherche de plus en plus à faire des économies de pétrole, il y a là des gaspillages considérables. Ils sont d'autant plus regrettables que, bien souvent, un dirigeable pourrait faire aussi bien - et souvent mieux- le même travail.
Mais avant de regarder de plus près les missions susceptibles d'être confiées à un dirigeable il importe de tordre le coup à quelques idées reçues. La première est la plus répandue : « En dehors du tourisme, un dirigeable est bien trop vulnérable pour être utile ».
Or, la réalité est qu'au contraire un dirigeable est incroyablement peu vulnérable. Plusieurs raisons expliquent ce phénomène. La première est que le gaz utilisé par tous les dirigeables modernes est parfaitement inerte : cela tout le monde le sait ou presque. La deuxième raison est que la surpression à l'intérieur d'un dirigeable est très faible. En conséquence, s'il y a un trou dans l'enveloppe, le gaz s'échappe très len-

tement. La troisième est que les obus traversent l'enveloppe sans exploser : l'enveloppe est trop fine.
Ceci a été prouvé par l'expérience. Prenons quelques exemples :

- En 1985, un Skyship 500 qui faisait des démonstrations au Bourget a reçu 14 projectiles (soit 28 trous). Il a terminé normalement sa journée et ce n'est que le lendemain qu'il a été immobilisé quelques heures pour un complément de plein d'hélium et pour la pose de rustines.

- Mieux, le service de recherche de la Police Nationale, il y a quelques années, a voulu estimer la vulnérabilité d'un ballon captif de 9 mètres cubes, conçu exactement comme un dirigeable. Il a tiré pendant plusieurs heures faisant 287 impacts (donc deux fois plus de trous) et le soir il a fallu tirer sur le câble pour descendre le ballon !

- Pendant la première guerre mondiale les Zeppelin ont effectué de nombreux bombardements sur Londres. Ils étaient largement percés par les défenses britanniques mais regagnaient tranquillement leur base ... jusqu'au jour où l'apparition des balles traçantes a mis fin à leurs exploits en mettant le feu à l'hydrogène alors employé ; il est remplacé aujourd'hui par l'hélium.

- Notons enfin que, au cours de la deuxième guerre mondiale, les dirigeables de la marine américaine ont effectué plus de 600 000 heures de vol, à la satisfaction générale.

La deuxième grande critique contre les dirigeables concerne leur vulnérabilité aux mauvaises conditions météo. Il est vrai que ces aéronefs n'aiment pas trop les grosses tempêtes surtout quand ils sont au sol sans disposer d'abris adaptés. Rappelons toutefois que de nombreuses expéditions polaires ont eu lieu avec des dirigeables. Certes, il ya eu des accidents, mais somme toute assez peu. Et surtout, avec les progrès de la météo il est possible dans la plupart des pays du monde de prévoir l'arrivée des tempêtes et de mettre les dirigeables à l'abri.

Voyons maintenant quelles sont les capacités d'un dirigeable. Encore une fois, prenons un exemple concret. A l'automne prochain un dirigeable de la Société Zeppelin viendra à Paris, à la demande des autorités françaises (DGA), pour effectuer diverses expérimentations en matière NRBC au profit de la Police Nationale, des Sapeurs pompiers ... Ce dirigeable, avec une volume de 8 400 m3 (1 M3 d'HE soulève 1Kg) sera capable d'emporter 2 tonnes de fret, et de tenir l'air pendant 24 heures. Au sol, il sera mis en œuvre par une équipe de 4 hommes. Sa vitesse maximale de déplacement sera de 125 kilomètres par heure. Entre les vols, il sera attaché à un mat déployé à partir d'un camion.
A partir d'un dirigeable de ce type on peut imaginer de très nombreuses utilisations. Pour la Police, un dirigeable peut être très utile afin de surveiller des foules ou des quartiers sensibles, de jour comme de nuit. Le fait qu'il soit remarquablement silencieux étant un atout important. A la demande, il peut emporter des phares, des haut-parleurs, des caméras transmettant leurs images en temps réel vers différentes autorités. Avec sa capacité de largage de parachutistes et d'aérotreuillage il pourra aussi effectuer, si besoin, des interventions rapides à partir de sa position sur zone. Il est quasi invisible lors des vols nocturnes.
En cas d'accident technologique ou d'attentat chimique, un dirigeable peut faire des prélèvements d'air beaucoup mieux qu'un hélicoptère puisqu'il ne brasse pas d'air. Il peut assurer aussi la gestion d'une crise en servant de PC de commandement ou d'aide à la décision. Il peut également être très utile pour faire face à des évènements mettant en œuvre des substances radioactives. Je pense, en particulier, aux « bombes sales ».
Par nature, les dirigeables sont particulièrement adaptés à la surveillance maritime. Ils ne sont pas rapides, mais ils vont quand même plus vite que les bateaux. Ils peuvent les détecter de loin avec des radars de hautes performances, ils peuvent les intercepter, et les suivre pendant des heures et des

heures, ils peuvent même les arraisonner avec des équipes de commandos spécialisés. En effet, de nombreuses expériences de mises à l'eau de canots ont été effectuées en pleine mer. Un dirigeable peut même facilement être armé. Il peut aussi emporter des drones pour augmenter son allonge et sa rapidité d'intervention. La surveillance maritime, au sens large, peut se décliner de nombreuses manières : lutte contre les narcotrafics et les immigrations clandestines, lutte contre les pirates de haute mer, surveillance et suivi de pétroliers susceptibles de dégazer en mer, lutte contre toutes les formes de contrebande : cigarettes, contrôle des navires susceptibles de transport illicite de matériaux fissiles etc. ... Notons aussi que la surveillance maritime peut s'accompagner d'actions multiples de sauvetage en mer, par exemple en larguant des canots pneumatiques de sauvetage.
Un dirigeable peut aussi, bien sûr, servir de PC volant, de relais de transmissions, de surveillance de réunions de chefs d'Etat ...
Tout cela un dirigeable peut le faire pour un coût raisonnable voisin de 800 euros par heure de vol. Qui dit mieux ?

2.2. L'avion d'appui subsonique.

Il y a soixante ans a été conçu en France un avion de combat dénommé Vautour, décliné en trois versions. Sa version d'appui : le Vautour II A a été commandée à soixante exemplaires par les Israéliens qui appréciaient son autonomie et sa puissance de feu (4 canons de 30 mm en particulier) . Les Français n'ont pas été intéressés et ont construit des avions supersoniques. Comme les autres Européens d'ailleurs. Or ces avions supersoniques ont tous en commun une caractéristique originale : ils ne sont jamais employés en supersonique. Ce qui conduit à des gaspillages majeurs et, pire, à un manque d'efficacité très regrettable.
Prenons un premier exemple : le Jaguar. Au départ il était prévu de construire un avion « Ecole et appui tactique », il devait être économique et facile à piloter. Il aurait pu empor-

ter des armements variés et au fil des ans on aurait pu lui donner progressivement tous les équipements modernes de conduite de tir pour le rendre de plus en plus précis et de plus en plus efficace. Malheureusement, de beaux esprits ont estimé qu'il fallait le rendre supersonique. Pourquoi ? Pour le vendre mieux ? Peut-être . Pour satisfaire des plans de charge de bureaux d'études ? Je ne sais pas. Sans doute aussi pour contenter des donneurs d'ordre sensibles à la mode « Hors du supersonique point de salut ». Toujours est-il que le moteur a été modifié à grand coût, que la cellule a suivi les mêmes avatars et que l'avion a vu son prix multiplié, m'a-t-on dit, par au moins 1,4. En outre, le moteur au maître couple réduit – à cause du supersonique- est devenu plus gourmand à basse altitude et le rayon d'action comme l'autonomie ont été réduits d'autant. Et bien sûr, l'avion étant plus cher et par-dessus le marché développé en même temps que le F1, il n'y avait plus de crédits pour lui donner les équipements de tir et les systèmes de guidage qu'il aurait dû avoir pour le rendre pleinement opérationnel.

Au moment où j'ai quitté l'armée de l'air j'ai rencontré un pilote de Jaguar ayant effectué plus de 1400 heures de vol sur cet appareil. Il n'avait pas volé une seule minute en supersonique ! Même à l'entraînement.

Après le Jaguar, les avions de combat se sont succédés. Tous supersoniques. Tous hors de prix. Tous ayant bien des difficultés à financer leurs équipements. Tous peu adaptés à l'appui feu dans des combats dits dissymétriques : c'est-à-dire tous les combats récents. Le dernier exemple étant bien sûr le Rafale. Fort bel avion au demeurant. Mais outrageusement cher et au rayon d'action limité. Pourquoi ? A cause de la faiblesse de sa série de lancement et surtout à cause de sa polyvalence tant vantée.

Il est inutile d'insister sur les conséquences financières dramatiques d'une série de lancement limitée aux besoins d'un seul pays « moyen ». Cet handicap ne peut pas être rattrapé. Je sais bien qu'en disant cela, depuis plus de vingt ans, j'ai

souvent été considéré comme un traître. Mais les faits sont têtus ; on ne peut pas s'asseoir dessus.
Restent les méfaits de la polyvalence. Pour être hautement supersonique, le Rafale –comme ses concurrents européens l'Eurofighter et le Grippen- a obligatoirement des réacteurs à faible maître couple, crachant peu d'air mais à grande vitesse, ce qui donne un très mauvais rendement à vitesse subsonique. Son rayon d'action est inévitablement limité et il ne peut compenser cet handicap qu'en allant se ravitailler en vol à grande cadence. En Afghanistan, par exemple, on voit, en lisant le livre du capitaine Romain, que pour une mission non exceptionnelle de cinq heures un Rafale peut être amené à consommer 20 000 litres de kérosène ! Et ce, bien sûr, sans assurer une permanence sur zone puisqu'il faut bien aller se ravitailler.
Toujours en lisant ce livre – au demeurant vivant, précis et fort bien écrit- on constate que le Rafale n'est guère adapté à la lutte contre des Talibans qui, derrière leurs rochers, ne sont guère différents des fellaghas que les pilotes de ma génération ont connus. Même avec des jumelles stabilisées un pilote de Rafale n'a à peu près aucune chance d'apercevoir son adversaire et encore moins de le suivre dans ses déplacements. Son rayon de virage ne le permet évidemment pas. Il ne peut tirer que sur des coordonnées. Comme un artilleur. Les coordonnées étant, de plus, transmises par un contrôleur n'ayant généralement pas lui-même la vue de l'objectif. On ne peut pas demander à un chef de section de l'armée de Terre de guider directement un avion comme le Rafale !
Entendons nous bien. Je ne dis pas qu'il ne faut aucun avion supersonique. Il en faut un minimum pour la Défense aérienne et surtout pour la Police du ciel. Je ne dis pas non plus qu'il faut commander de nouveaux Piper, Broussard, T6 ou P 47. Ce que je souhaite c'est que les Européens, tous ensemble, lancent un avion d'appui spécialisé. Un avion subsonique, peu gourmand en carburant, capable de tenir des heures et des heures sans ravitaillement en vol. Un avion

capable de virer serré et de ne pas perdre de vue un objectif mobile de faibles dimensions. Un avion coûteux uniquement à cause de ses équipements de très haute qualité et non pas un avion hors de prix en raison de ses performances à très grande vitesse … obtenues d'ailleurs sans armement !
Ce dont les Européens ont aujourd'hui besoin, c'est surtout de lancer un avion d'appui subsonique très manœuvrable s'inspirant un peu de la philosophie de l'A 10 qui fait merveille actuellement en Afghanistan.

« Les appropriations sociales des TIC dans les conflits »

par

André BRIGOT
Enseignant à l'Ecole des Hautes Etudes en Sciences Sociales (EHESS) et à SAINT-CYR Coëtquidan

Le problème des relations entre la technique et la guerre est millénaire. Au début des années 50, la notion de Révolution militaire a été développée par des historiens, puis est devenu un thème dans la littérature stratégique des Etats-Unis à la fin des années 80. Elle devient alors une stratégie discursive visant à magnifier le « capacitaire technique » et les forces très professionnalisées. Le terme est utilisé pour affirmer une supériorité, existante ou future, virtuelle, dans une série de débats politiques, institutionnels sociaux, en jouant sur des représentations médiatiques, visuelles, comme souvent dans la vie politique aux Etats-Unis. Quitte à l'abandonner ensuite pour un autre, dans des tactiques langagières, sans doute moins planifiée que pragmatiquement utilisées, servant des stratégies sociales dont il importe d'être conscient hors des Etats-Unis mêmes, tant l'exportation de ces concepts fluctuants a des conséquences externes. Tel a été le sort de la notion de RMA, entraînant des débats sur la réalité de ce qu'elle était sensée désigner, les thuriféraires systématiques des Etats-Unis en rajoutant sur cette « révolution », les sceptiques étant rejetés dans le camp des technophobes passéistes...D'autres représentations, d'autres notions suivront, avec des effets comparables. Au sein même de la RAM, des

formules plus récentes ont décliné ensuite la représentation globale : « *Transformation* » surtout, mais tout aussi bien « Opération basées sur les effets » etc.…avec des fortunes et des longévités diverses. Les limites du tout technologique sur les terrains du Grand Moyen Orient ont déjà provoqué des inflexions doctrinales.
Des études faites autour de cette notion de « révolution militaire » par les chercheurs, notamment les historiens et les sociologues[1], se dégagent pourtant quelques thèmes. Le premier est un débat sur le nombre et les dates de ces RMA : âge du bronze, Renaissance, guerres de la révolution et de l'empire, nucléaire au XX° siècle, et donc technologies de l'information et de la communication (TIC) aujourd'hui ? Second débat : Peut-on tirer de ces exemples historiques des éléments permettant de mieux comprendre les conséquences des technologies actuelles? Il semble que des comparaisons entre ces phases d'appropriation des technologies dans l'histoire longue, indépendamment de la question de leur nombre ou des périodes, se dégagent quelques points forts. Pour qu'une technique nouvelle entraîne des transformations sociales profondes et de longue durée il faut qu'elle soit :
- Relativement simple à produire en grand nombre, reproductible
-A un coût assez faible,
- Simple à employer,
- Que ses conséquences ne touchent pas seulement les institutions militaires mais entraînent des transformations au-delà, dans les sociétés civiles elles mêmes, notamment dans l'emploi de la force et ses conséquences politiques Bref que cette ou ces techniques entraînent des changements sociaux plus globaux, dans une temporalité où les organisations mili-

---

1 voir le Séminaire de l'EHESS depuis 2006. Le texte fondamental est *La révolution militaire. La guerre et l'essor de l'Occident 1500-1800.* de Geoffrey Parker 1993 Gallimard (1988 en anglais).

taires les utilisent d'abord, puis elles se diffusent dans les sociétés qui y sont confrontées. L'organisation militaire qui en dispose initialement obtient une supériorité, souvent passagère, sur son ou ses adversaires puis dans un deuxième temps, ses adversaires vont soit adopter les mêmes techniques soit trouver une parade, le plus souvent les deux
Mais au-delà de cette adaptation réciproque, d'une durée plus ou moins longue, les mutations actuelles, à juste titre qualifiée de Révolution dans les *Affaires* Militaires, avec un sens très économique du mot affaires, ont des conséquences sur la société toute entière. Ce point semble autoriser à utiliser le terme toujours délicat de « révolution », car les effets de diffusion dans l'ensemble de l'organisation sociale des entités politiques auxquelles appartiennent les forces et organisations militaires confrontent ces sociétés aux changements techniques. Il s'agit cette fois des conséquences sur les groupes sociaux : adaptation ou disparition d'un groupe jusqu'à alors dominant ou hiérarchiquement puissant. Autrefois chevaliers ou seigneurs doivent faire face *socialement* aux archers, arbalétriers ou à l'infanterie en général.... Question de l'artillerie et destructions des places et surtout des cités en Italie..... Les groupes dominants peuvent s'adapter : par exemple les seigneurs deviennent des officiers du Roi, moins autonomes donc, mais en même temps retrouvent un statut que la diffusion des techniques mettait socialement en danger. Autre remarque : le commandement est le plus souvent le lieu où l'on peut repérer les enjeux, où se concentrent les conflits sociaux issus des changements techniques, car il permet une lecture plus politique. En transformant les seigneurs ou une partie de la noblesse en officiers, le roi à la fois leur redonne une supériorité sur le bas mais en même temps les soumet à son autorité. Un nouveau compromis social se met en place. Naturellement ces transformations sociales provoquées par des changements techniques ne s'arrêtent pas à l'intérieur d'un Etat, et aux groupes sociaux

internes. Elle a des conséquences sur les relations entre les Etats entre eux.
Qu'en est-il alors aujourd'hui des « appropriations sociales » de l'ensemble de techniques ou de techno-sciences dites de l'information et de la communication (TIC) ? Il ne saurait être question de prétendre tirer des prévisions assurées quant aux appropriations de ces techniques. Les Etats-Unis ont mis en circulation un rapport de la Rand datant de la fin des années 90 et portant sur le développement des TIC à l'horizon 2010. Les auteurs de ce rapport avaient prévu à peu près correctement l'évolution des techniques et des objets, mais en revanche s'étaient à peu près totalement fourvoyés sur les usages, les appropriations sociales de ces techniques. Autre remarque, les analystes des pratiques sur le NET (essentiellement au bénéfice et à la demande des entreprises de communications et de publicité) ont observé que les « webacteurs » les plus jeunes passent dans des délais extrêmement courts des modèles You Tube à Face Book puis à Twitter. D'où une très grande imprévisibilité dans les pratiques. Il ne s'agira que de rappeler quelques éléments aujourd'hui connus, centrés sur les questions sécuritaires. Et cela à quatre niveaux. Dans :

- les organisations militaires officielles, « étatiques »
- les forces auxquelles elles sont confrontées : les « insurgés »
- les Etats et les sociétés civiles
- les relations entre grands Etats ou puissances.

1° **Le développement des TIC dans les organisations militaires étatiques.**

Depuis le milieu du siècle dernier le nucléaire militaire introduit une distinction encore fonctionnelle entre puissances « dotées », grandes ou moyennes, et puissances « non détentrices de l'arme nucléaire », selon la terminologie du Traité sur la Non Prolifération, qui évite mal celle de « petites puissances » dans ce domaine. La physique nucléaire, technique majeure de la seconde moitié du XX°, et son application militaire, ont donc eu des conséquences surtout dans les relations entre les Etats. Certes, la « terreur nucléaire » et ses éventuels « équilibres» avaient des dimensions collectives. Mais elles restaient, et restent largement dominés par les gouvernements, s'inscrivent dans des jeux de puissances dominées par des pratiques gouvernementalisées. Les appropriations par d'autres acteurs que les Etats, le « terrorisme nucléaire » restent beaucoup moins crédibles, ne serait-ce que par les difficultés techniques qu'elles conservent, que d'autres techniques nouvelles. La prolifération elle-même reste une affaire d'Etats, qui tentent de la limiter au maximum, sa diffusion sociale est infime. En revanche, en matière spatiale, la diffusion est beaucoup plus large. Il y a très peu de différence entre un satellite ou un lanceur militaire et civil. Dans les domaines de la biologie, ou du vivant en général, la situation sera bien différente.

En matière de technologies de l'information et de la communications, techniques majeures depuis quelques décennies, la situation est déjà inverse. Ces techniques sont plus répandues dans la société civile que dans les organisations militaires. Non que celles-ci ne les utilisent pas, évidemment, mais la rapidité de leurs transformations, de leur renouvellement et leur coût font que le domaine militaire paraît presque avoir un temps de retard, au moins dans certains domaines. Certes, les investissements dans ces technologies et leur part sont considérables dans les systèmes d'armes, et de plus en plus importantes dans le spatial, l'aéronautique, le naval et le terrestre. Mais, et bien qu'internet soit une innovation issue du secteur militaire des Etats-Unis, les organisations militaires sont de moins en moins *à l'origine* des innovations techniques dans ce domaine et les équipements civils deviennent prédominants[2] . Une grande partie des innovations

[2] La question de la relation entre technologie et application à la violence ou à la force est ainsi moins celle, beaucoup débattue autrefois, de

se déploient hors du domaine militaire : contrairement à ce qui s'est passé dans le nucléaire ou des secteurs plus précis tels que la mécanique des fluides pour les sous marins. La numérisation, la logistique, l'industrie du logiciel ou même du *hard,* se déploient à partir du civil. Les budgets militaires peinent à suivre le coût des équipements, et surtout la rapidité des renouvellements technologiques. Il arrive même que les industriels ne soient plus intéressés économiquement, voire réticents à répondre à des commandes militaires compte tenu des spécificités demandées, telle que la robustesse, les conditions d'emploi spécifiques, coûteuses à réaliser sur des séries trop courtes au regard des débouchés civils. On observe des applications plus rapides des TIC dans les entreprises privées de sécurité[3], lesquelles fonctionnent avec des équipements de TIC « civils », même peuvent être cryptés, et surtout se spécialisent dans la maintenance des équipements les plus nouveaux , plus rapidement que les organisations militaires.

Au plan des individus, des personnels militaires, on assiste à des équipements spontanés, indépendamment ou à coté des moyens mis en service par les institutions, notamment en moyens de communications. Communications de travail, privées, acquisition de logiciels, en matière de jeux, de simulations, de formation etc.... Ce phénomène d'équipement « privé », extérieur aux circuits militaires, massif à travers des portables, clefs USB, va jusqu'à se procurer des équipements de base plus performants. Ils ont

---

l'humain face au « tout technologique », mais plutôt celle de la capacité des institutions militaires à suivre des mutations largement avancées dans la société civile

[3] La notion d' « entreprise privée de sécurité » englobe les « sociétés militaires privées » (SMP) et les entreprises orientées vers la sécurité privée « intérieure ». En fait les plus importantes d'entre elles couvrent les deux secteurs (militaire-extérieur et policier –intérieur) à la fois en raison de la gamme de leurs missions et de l'indifférenciation spatiale dans de nombreux domaines : protection, surveillance, information-renseignement...

même servi à acheter, à travers des réseaux internet, et jusqu'à la livraison, des équipements supérieurs à ceux mis à disposition des forces, par exemple en ce qui concerne, rangers, gilets pare-balles, mais aussi GPS, portables.... Google Earth et le GPS sont plus performants que bien des systèmes militaires. Au moins en temps de paix, ou de conflits considérés comme secondaires, les budgets alloués aux institutions militaires ne leur permettent pas d'acquérir, et de mettre à la disposition des forces des matériels, surtout de dernière génération.

Cette situation déplace les réflexions sur les conséquences des techniques. La question n'est pas seulement : « y-a-t-il trop ou pas assez de technologie dans les forces? », mais quelle efficacité pratique, et même d'un point de vue politique et moral, les moyens disponibles dans la société civile transmettent-ils vers les organisations militaires. La société civile englobe-t-elle la société militaire, qui doit se conformer parfois avec un certain retard à ces évolutions. Il ne s'agit pas seulement de pondérer l'importance de ces technologies, en faisant remarquer qu'elle ne donne pas une supériorité sur tous les terrains d'affrontement, mais de s'interroger sur une représentation classique qui faisait du militaire le champ d'expérimentation de technologies diffusées ensuite dans le monde civil. Aujourd'hui, une part croissante des équipements civils sont plus développés, plus nombreux, que les équipements militaires correspondants, et les pratiques d'emploi issues du civil (simulation jeux, usage du GPS...) et innovations peuvent précéder leurs applications dans le monde militaire. La société civile se « technologise », sinon plus vite, du moins si massivement, que la question de la technique ne peut être posée simplement à l'intérieur de l'organisation militaire. Les pratiques à la base se multiplient, chez les civils (passifs ou agressifs) et chez les militaires. Le meilleur exemple est le recours à Internet sur le terrain, qu'il devient très difficile de contrôler, malgré les risques pris en matière de renseignement. Cet effet est le même chez les « adversaires » : par exemple lorsque des talibans ont voulu couper les portables et les antennes de transmission, ils ont suscité l'opposition de la société civile, dont les commerçants d'héroïne pour qui ils s'agissaient d'un outil de travail. Ou encore des groupes de tueurs en Irak pour se faire connaître de leurs clients, diffusent des exécutions sur Internet pour montrer leur efficacité, au risque d'ailleurs de se faire reconnaître …

Quelques conséquences de la diffusion des TIC dans les institutions militaires

Tout naturellement, une des conséquences les plus intéressantes est celle entraînée par l'obtention et la diffusion de l'information dans une structure où l'information est gérée de façon séculaire de façon verticale.

Pour le commandement, le problème a été résumé dans la formule devenue symbolique du « caporal stratégique »[4]. Pour simplifier, le caporal sur le terrain dispose (ou peut disposer s'il le veut, notamment en utilisant différents réseaux, militaires et civils) non seulement d'informations de la plupart des échelons supérieurs, mais de plus il peut les relier immédiatement à celles du terrain ou il agit, et dès lors prendre des « décisions » aux conséquences extrêmement larges[5].

« *Dans le monde digital, on transcende la règle fondamentale de la mise en ordre du monde réel : au lieu que chaque chose ait sa place, ce qui est à la source de la représentation hiérarchiques militaire, c'est mieux si les choses peuvent se voir attribuer plusieurs places simultanément (polyvalence*

[4] voir la note de l'Institut français de relations internationales.

[5] En France, le phénomène s'analyse entre autre à travers les conséquences de l'équipement dit « Félin », qui comporte des sources multiples d'information. Les critiques vont de sa relative complexité tout simplement à son poids. « Félin » n'équipe encore qu'un nombre très limité de combattants, il existe plusieurs types d'équipements, et ce modèle n'est pas le plus complet existant. Mais il donne déjà des indications de tous ordres.

dont on parlait autrefois pour les forces). Or que ce soit dans les procédures de recherche sur Internet ou dans l'action militaire, le fait de pouvoir trouver ce qu'on cherche sans passer par des classifications rigides et établies bouleverse l'autorité de ceux qui passent pour avoir les clefs du savoir. Si nous pouvons tous participer à l'organisation des connaissances sans paralyser les capacités des autres d'y accéder, alors le pouvoir des « spécialistes » est en question. Classer devient un processus social, et peut être opposé à une « procédure ».[6]

Plus collectivement, on assiste au phénomène de la « wikipédiatisation », au sens de l'élaboration d'un savoir par un groupe interactif, savoir qui ne se réfère plus à une autorité classique. Quand on fait la moyenne des opinions émises par un groupe suffisamment nombreux, divers et composés de gens indépendants, les erreurs de chaque membre s'annulent. L'estimation de chacun est faite d'informations et d'erreurs. Si vous enlevez les erreurs il vous reste l'information. La diversité et l'indépendance sont importantes parce que les meilleures décisions collectives sont le produit du désaccord et de l'affrontement, pas du compromis.» L'amiral américain John Poindexter avait ainsi proposé en 2003 de créer un marché prévisionnel pour anticiper les attentats terroristes. Il s'agissait de demander à tout un chacun ce qu'il ferait s'il devait réaliser un attentat terroriste, puis de trier dans les propositions obtenues, en fonction de différents critères : possibilités concrètes de réalisation, dangerosité etc.... La proposition avait été rejetée par le Sénat. Cette méthode est aujourd'hui couramment utilisée.

Au plan tactique, l'introduction de l'image a de multiples effets.

L'adversaire imaginé se substitue à l'adversaire réel. La formalisation, l'introduction de logiciels font que la représentation de l'adversaire remplace le réel. Du coup, les ré-

[6] *Le web 2.0* 2008

ponses données sur le terrain peuvent être totalement inadaptées. Ce phénomène est aussi vécue dans d'autres secteurs de la sécurité. Ainsi, policiers et douaniers se plaignent, surtout les plus anciens de ce que l'automaticité des contrôles, et leur multiplication, suscitent bien plus de difficultés, notamment sociales, que de détections utiles. « *Le flair* » disparaît.

Dans le domaine militaire, on note aussi que les ordres se donnaient autrefois à la voix, impliquant une présence du chef, un ton, une relation directe. Puis on est passé de la voix à l'écrit, le papier remplaçant la parole, confirmant l'ordre. On passe actuellement de l'écrit à l'image : c'est sur l'écran que se fait l'analyse et qu'apparaît son résultat, qui devient éventuellement un ordre. Cette transformation, non seulement éloigne encore le chef de l'exécutant, mais tend à donner au chef des déductions préparées. Plutôt que l'adversaire « réel », on veut voir, ou on cherche celui auquel on s'est préparé. C'est le syndrome du power point sur l'écran d'ordinateur.

In fine, on assiste à la prolifération de déclenchements automatiques à partir d'algorithmes intégrés, de programmes fonctionnant sur des mécanismes de reconnaissance multiples. Le modèle du déclenchement des programmes financiers est exemplaire de ce phénomène.

L'appropriation des TIC par des acteurs non institutionnels.

Il s'agit ici des appropriations des TIC par les adversaires des forces étatiques. Cela va des délinquants jusqu'aux combattants irréguliers. On peut faire une double remarque : d'abord les appropriations sociales agressives sont encore faibles, peu nombreuses ; mais, compte tenu des potentialités, c'est-à-dire des vulnérabilités des systèmes, elles sont d'une efficacité redoutable.

Dans les affrontements armés, une grande partie des éléments permettant une action à travers les TIC correspond à ce qu'on a défini en introduction comme constitutif des « révolutions dans les affaires militaires » dans le passé une

RAM : ils sont peu coûteux, reproductibles et simples d'emploi contre des systèmes « classiques ». Le meilleur exemple est celui des « explosifs improvisés »(IED) contre les véhicules terrestres. Ces explosifs fonctionnent comme des mines, mais ils peuvent être déclenchés à courte distance, à vue, en utilisant des signaux électriques venant d'un portable, d'un système d'ouverture de porte etc. ... Cette proximité permet de choisir la cible : par exemple tel véhicule spécifique d'un convoi, d'agir en zone urbaine et de se dissoudre très vite dans une foule, etc.. La difficulté principale est de disposer d'un détonateur, mais la dilution des arsenaux de l'Est, puis de grandes armées au Moyen Orient, et notamment en Irak, sans compter les revendeurs multiples multiplient les possibilités. Sur les champs de bataille du « Grand Moyen Orient », les pertes sont essentiellement dues aux IED. On peut simplifier en disant : « les IED sont des mines », mais il faut remarquer l'étrangeté de la notion « d'improvisé ». Or il s'agit de moins en moins d'improvisation, mais bel et bien d'un très large usage tactique. Le meilleur exemple est ici celui du Hezbollah au sud Liban en 2008. Ramener les IED à des mines artisanales de criminels en armes sous-estime aussi le fait que ce sont des systèmes peu coûteux et d'autant plus « intelligentes » que leurs composants (déclenchement par portables, signaux électroniques...) se perfectionnent à bas prix. L'hyper-technologie est ainsi confrontée à des appropriations collectives mêlant des techniques rustiques, ancestrales à une *compétence* des utilisateurs - adversaires et que celle ci s'améliore sans cesse du fait des objets techniques civils. La question posée renouvelle celle du contrôle du port d'armes
Les savoirs nécessaires à des actions contre les systèmes et réseaux informatiques eux mêmes sont plus élaborés, mais ne relèvent que de capacités individuelles « intellectuelles ». On retrouve alors l'avantage démographique: il est plus facile de trouver ces capacités intellectuelles dans une population civile étendue que dans celles de quelques centaines de

spécialistes « militaires ». De plus, au niveau mondial, la plus grande partie des spécialistes sont des jeunes étudiants des pays émergents : Chine, sous-continent indien, Amérique du Sud… Les acteurs civils mélangent civils-politiques et civils délinquants.

Face à ces appropriations à tous niveaux des technologies de l'information et de la communication, on ne peut que constater « les malheurs du bouclier ». La traditionnelle parade du brouillage multiplie les effets pervers sur les systèmes des forces traditionnelles. Il faut de plus prendre en compte les effets futurs d'un recours à une riposte destructrice. Il n'est pas impossible d'avoir une action destructrice plus globale (par exemple par l'utilisation d'effets électromagnétique) mais après la crise que faire si les systèmes électriques et informatiques ont été détruits ?

La difficulté de la réponse est particulièrement symbolique dans le domaine de la **lutte informatique.** Tant qu'il s'agissait de *se défendre* contre des attaques sur les réseaux, la doctrine et la légitimité étaient assez simples, et les entreprises de sécurité informatique ont prospéré. Mais le concept de lutte informatique offensive (introduit en France par le Livre blanc sur la sécurité nationale et la défense de 2008) fait passer d'une position de défense à une stratégie d'utilisation. Avec cette notion de lutte *offensive*, la situation entraîne des glissements tant en matière pratique que juridique ou éthique. Sur ces derniers points, la position « défensive » suppose d'avoir identifié les vulnérabilités ; mais cette identification dans ses propres systèmes donne immédiatement une capacité offensive, compte tenu de la quasi-« universalité » des objets, processus et procédures en cause. L'introduction d'un discours sur la lutte offensive lève un tabou juridique : le secret des communications. Ce secret de Polichinelle était tenable tant qu'on se centrait sur la sécurité des systèmes de communications. Il s'est dissout. Très largement dissoute aussi avec la lutte informatique, la notion de **territoire**, donc de frontières, lié à une **souveraineté poli-**

tique. Elle laisse la place à celle de réseaux. Le cyber espace est transfrontière, universel, immédiat, mêle acteurs étatiques et non étatiques, civils et militaires.
La cybercriminalité contre laquelle on entend réagir, y compris par la riposte, brouille non seulement la « **figure » de l'adversaire**, mais aussi celle de la cible. Doit-on rechercher *l'acteur :* étatique, civil (hacker), hacker pirate (qui agit pour lui même), ou hacker « corsaire », qui agit pour un Etat. Quelle serait la légitimité d'action, surtout violente, contre des internautes s'attaquant à des réseaux financiers couramment qualifiés de richissimes « spéculateurs » ? Quant aux personnes, quel peut être l'usage et la crédibilité du militaire de ce qui fait le cœur du militaire : la menace de mort ? Cette menace constitue à la fois la spécificité et la légitimation des militaires. Source de « peur» pour ceux qui s'affrontent, sa crédibilité diminue considérablement avec l'usage des TIC. Mais viser les « *objets* », c'est-à-dire le processeur, le réseau, les terminaux c'est à la fois atteindre tout le monde sans toucher aucune « volonté »... La vulnérabilité et la capacité souveraine à se défendre interrogent aussi les capacités « nationales » ou même au sein d'alliances. Ainsi le nombre de fonderies de composants électroniques se compte sur les doigts de la main et sont majoritairement en Asie. Les fournisseurs d'accès ont un rôle majeur, de même que le contrôle des codes sources des logiciels....Il sortent très largement du cadre d'une « défense nationale »
S'il est assez simple de définir les missions d'une lutte informatique offensive[7] : protéger et défendre les systèmes ; dissuader par menace de rétorsion ; contraindre pour imposer « notre volonté » ; affaiblir ou détruire pour prendre une supériorité décisionnelle, il est beaucoup plus complexe de définir les voies et moyens En particulier pour le domaine militaire, la destruction des outils ou même la menace n'a

[7] Voir texte du CICDE-CEMA avril 2009 Concept interarmées de lutte informatique

qu'une efficacité limitée et peu même être contre-productive. De quels moyens dispose-t-on pour utiliser le potentiel agressif d'internet ? Principalement acheter des dizaines de milliers de « zombies » et les actionner à partir d'un réseau de sites ; et/ou indiquer sur un site à des « partisans » comment actionner au même moment des messages qui satureront un réseau ou un ou des sites cibles. Mais des pratiques telles que le piégeage, la paralysie semblent beaucoup plus productives que la destruction. On en revient à des pratiques traditionnelles (ruse, déception…) mais qui ne sont plus les préparatifs à une quelconque « bataille décisive », à une évaluation clausewitzienne des forces. La globalisation, la réversibilité immédiate et l'imprévisibilité des effets rendent dangereuse la pratique, relativement simple de la destruction. Militairement, le paradigme serait plutôt dans le modèle, et l'impasse, de l'usage des gaz, toujours susceptibles d'être détournés par les vents lors de l'affrontement.
Enfin qu'est ce que l'entraînement à la lutte informatique? Pour le militaire, attaquer un réseau relève de la destruction. Un premier problème vient du statut juridique et moral du militaire qui agit « en uniforme », c'est-à-dire à découvert, sans compter le mythe du secret des communications. Dans la pratique, s'il s'agit d'atteindre des réseaux militaires, fermés, par exemple les systèmes de commandement, de transmissions, de communications, il n'y a pas de difficultés théoriques. Mais par nature les réseaux dont il s'agit, notamment d'Internet, sont tous interconnectés. Il est donc quasi impossible de savoir où va aboutir l'agent destructeur, vers quelles connexions l'attaque va se répandre.
Chez le « défenseur régulier » la nécessité d'une action de protection, d'ailleurs peu militaire, est reconnue, mais la réponse, compliquée techniquement, est rendue plus difficile encore par la complexité notamment des structures opérationnelles interministérielles. Les incertitudes sont telles qu'elles poussent à une centralisation pyramidale quant à la décision. Or s'il est un enseignement admis par les praticiens

des TIC est que celles-ci ne dégagent tout leur potentiel que dans un contexte ouvert et qu'au contraire le contrôle tend à en stériliser les effets. On a une **contradiction entre un schéma technique et un modèle social.**
Les activités de police, ou de renseignement sont en revanche beaucoup plus à l'aise dans ce contexte. Il ne s'agit plus de détruire, mais de *savoir*, ou éventuellement de détruire sans signer l'agression. De nombreuses méthodes s'ouvrent alors : chevaux de Troie, système susceptible d'être déclenché ultérieurement, failles qu'on établit ou qu'on repère et qu'on se garde bien de révéler. Ici, les faiblesses seront recherchées pour elles mêmes, afin de les utiliser le plus longtemps possible.
Cette explosion des pratiques conduit à un imbroglio théorique. En ce qui concerne les « combattants », les notions de soldats en uniforme, de combattants armés, de civils, de saboteurs ou de partisans deviennent inopérantes. La cybercriminalité est le modèle d'une « guerre » où l'autre n'est pas, n'est plus le « même ». Or le piégeage, le contournement ne caractérisent beaucoup moins les cultures stratégiques occidentales que l'affrontement direct, ici inopérant.
Le caractère prospectif et la recherche d'adaptation se lisent dans la création et la réorganisation des structures institutionnelles et opérationnelles. Elles sont en (re)composition dans tous les Etats.
Aux Etats-Unis, une nouvelle Agence regroupe 22 agences, mais sans inclure le FBI et ni la CIA. [8] En France : subordonné au CADIR, l'OPVAR, niveau central est constitué d'un centre opérationnel : le Centre de planification et de conduite des opérations (CPCO) et d'un centre technique le CALID assurant la permanence et le lien à la fois avec les structures des autres ministères et celles avec les alliés. En Grande Bretagne on observe des réseaux sociaux très maillés

---

[8] Exposé très complet dans *Cyberpowezr and National Security* National Defense University Press, Washington DC, Potomac Books, Inc ; 2009

et des protections « civilianisées ». En Allemagne les caractéristiques sont plus fédérales. Mais partout, la centralisation de décision et de la réaction technique est notable.
A l'international des avancées dans l'OTAN et parallèlement dans l'Union avec une caractéristique intéressante si l'OTAN se préoccupe du militaire, l'Union permet d'aborder la sécurité intérieure et le paradigme policier. Or la matrice de ces organisations résulte de deux types d'oppositions : niveau fonctionnel (centre technique, d'opération) / niveau décisionnel ; et par ailleurs domaine militaire / domaine policier.

Les rapports de forces mondiaux et les stratégies interétatiques.
Quelques points peuvent être dégagés. D'abord les effets des TIC en matière de centralisation/diffusion. Le nucléaire avait, on l'a vu un effet de limitation et de centralisation, y compris pour les tentatives de contrôle et de régulations mondiales : par exemple à travers les traités sur les stocks, puis les essais, la prolifération etc.... D'un point de vue théorique les tentatives d'élaboration des stratégies ou des doctrines d'emploi des TIC cherchent souvent à retrouver des éléments issus de celles concernant le nucléaire. Or les TIC ont un effet inverse, de diffusion bien plus que de concentration du pouvoir. **Les TIC diffusent de la puissance plus qu'ils ne concentrent du pouvoir.** Cette diffusion de puissance ne se limite pas aux Etats, bien au contraire, la recherche d'une concentration par les Etats semble vaine. L'exemple le plus récent (mars 2010) en est sans doute les attaques menées par des millions d'internautes chinois (peut-être instrumentalisés) contre les mesures gouvernementales visant à « censurer » internet.[9] La tendance des Etats reste la recherche d'une concentration des moyens au plus haut ni-

[9] Ils se sont efforcés d'effacer sur tous les sites chinois les mots : parti communiste, société harmonieuse etc

veau. Aux Etats-Unis le rapport: *Securing cyberspacefor the 44° président* (déc 08) vise à concentrer au niveau présidentiel les responsabilités et la conduite des politiques. C'est d'ailleurs la même tendance qu'on retrouve dans le Livre blanc français publié à l'été 2008, notamment en ce qui concerne la concentration du renseignement.

La prédominance des Etats-Unis a longtemps été réelle dans les TIC et aujourd'hui, ils pensent toujours qu'Internet leur appartient, et ils ont pu maintenir jusqu'à présent une supériorité sur les réseaux (Verizon, AT&T, Global Crossing...). Mais l'augmentation des trafics, notamment en Asie, le développement de la fibre optique, la création de protocoles dédiés, réduisent cette supériorité US. La complexité des bakbones, les réseaux et les opérateurs régionaux rend de plus en plus difficile la cartographie des réseaux. La multitude des points de connexions rend quasi immaîtrisable l'ensemble, surtout en cas d'usage agressif/défensif : personne ne sait plus très bien ce qu'on va atteindre. Ceci joue sur la difficulté voir l'impossibilité des exercices. Non seulement dans le réel, mais même dans la simulation. La crise financière à travers l'automaticité et l'immédiateté des réactions peut être considérée comme une alerte « civile ». D'un point de vue juridique, aux Etats-Unis, les services gouvernementaux depuis Clinton -donc avant le 11/septembre- peuvent sortir du territoire national pour les actions concernant le contre-terrorisme. Plus que le Département de la Défense, la NSA gère ce domaine, et est autorisée à mener des attaques extérieures. Elle a des employés dans la plupart des grandes entreprises ; elle écoute. Enfin les grandes entreprises (CISCO, Intel ou Microsoft) pratiquent le dumping dans certains pays pour contrôler les utilisateurs potentiels. Mais ces pratiques de domination sont de plus en plus difficiles à maintenir, à la fois du fait de la rapidité des renouvellements des produits et d'une concurrence qui passe par la qualité et le prix.

D'où des conséquences en matière de répartition internationale des puissances. Une hypothèse souvent avancée est que survienne un véritable « peer competitor », qui choisirait de sauter une génération technologique en matière de puissance. Ce pourrait être une éventuelle stratégie de la Chine. Il est aujourd'hui impossible à une puissance d'affronter la supériorité militaire des Etats-Unis. Mais on peut imaginer la rendre peu opérante en attaquant non ses effets, mais son fonctionnement même par le biais des TIC dans leur ensemble, des logiciels. C'est le thème défendu par certains théoriciens chinois, mais plus encore occidentaux, dans une démarche alarmiste qui a fonctionné à de multiples reprises pour obtenir des ressources étatiques. « Puisqu'il est vain d'espérer se mesurer avec les Etats-Unis avec les techniques du XX° siècle, l'adversaire peut se lancer directement dans celle des TIC et paralyser les capacités existantes ».
Deuxième hypothèse à considérer : un « pouvoir égalisateur des TIC »? C'est ici le paradoxe de l'interopérabilité et du contrôle. Pour qu'une alliance fonctionne en intégrant les techniques d'informations et de communications, il faut imposer des normes, ce qui implique aussi que le dominant s'y soumette, les diffuse, tout en s'efforçant d'en conserver le contrôle, les connexions, la gestion pyramidale. Mais du même coup, cette diffusion peut permettre voire facilite la création de sous -ensembles Un rééquilibre des pouvoirs dans les alliances / coalitions s'avère ainsi imaginable, assez comparable au paradoxe vu plus haut du « caporal stratégique ».

Globalisation et rapports sociaux

Les TIC, un paradigme plus policier que militaire ?

La formule classique « Le militaire connaît le territoire, le policier connaît les populations » semble ici jouer au détriment du militaire, tant la notion d'espace informatique est ténue, pour ne rien dire du « territoire » au sens politique. Cette diminution des territorialités (au sens d'une souveraineté politique sur des espaces) donne-t-elle l'avantage au

policier ? L'avenir est-il à la police ? Ainsi, on a souvent dit, pour critiquer le traitement militaire de la menace terroriste par les Etats-Unis que celle-ci relève beaucoup plus d'un traitement policier. Faut-il pousser le raisonnement : plutôt que militaire, « la globalisation sécuritaire » serait policière. Tout se passe comme si les moyens des TIC, développaient mieux et plus leurs potentialités dans les pratiques policières que dans les modes d'actions militaires.
Les TIC apparaissent notamment productives en ce qui concerne le **croissement de données,** d'abord sur les choses numérisées, puis les mots et enfin les personnes.
- Les choses parce que leurs sont appliquées depuis des années les processus d'identification et de traçabilité. Les processus d'identification numérique des stocks, de traçabilité, de déplacement, de **flux logistiques** ont atteint des capacités[10]
- Les mots par les capacités de traitement des messages : voire l'ampleur donnée au renseignement. Certes on assiste à un développement considérable de la cryptologie, mais en face le traitement des « bruits » permet de cerner les messages
- Mais ces choses et ces mots deviennent les cobayes des personnes. Ou plus simplement les mêmes mécanismes, rodés, sont déjà appliquées aux populations et aux individus. Le double mouvement d'authentification puis d'identification s'applique ici. Pour faire simple : le ticket de métro nous authentifie comme appartenant au groupe de ceux qui peuvent y pénétrer. Le passe *Navigo* vous identifie personnellement, éventuellement visuellement, non plus seulement comme voyageur autorisé, mais à travers votre trajet, votre usage, le temps du transport, son coût réel etc... Le croissement de ces données avec d'autres informations devient infini.

[10] Il y a un lien logique et logistique entre la gestion des « invendus » et celles des indésirables stockés dans des camps.

En matière militaire, quant le Gl britannique Rupert Smith, repris par le Gl Desportes parlent de « guerre au sein de populations », ils ramènent cette notion à la question militaire, à travers la guerre urbaine par exemple. Il faut prendre ce mot « populations » au sens apparu à la fin du XVIII[11], c'est-à-dire de *groupement d'unités discrètes, vivantes ou non*. Or la guerre n'est sans doute qu'une forme extrême et déclinante de *la gestion des populations,* qui sera l'application aux vivants de processus expérimentés sur les choses. En cela, la notion de sécurité (associée à la stabilité) donnent une vision plus productive et englobante que celle de défense, surtout défense militaires. Les TIC permettent de lier les êtres « vivants » à des sources d'identification et de traçabilité permanentes : à travers nos cartes magnétiques ou nos portables. Le processus s'accentue avec des greffes directes : piles cardiaques, bracelets électroniques pour les délinquants…Le modèle ou le paradigme policier semble actuellement plus prometteur que le modèle militaire pour gérer les populations grâce aux TIC.
Mais simultanément, on l'a vu, la croissance de l'information suscite une volonté d'appropriation centralisée par les systèmes gouvernementaux, dont il n'est pas du tout certain qu'elle ne soit pas contre-productive. A vouloir concentrer le diffus, l'appropriation centralisée se heurte à la logique même de l'information, tend à la rendre inefficace.
Le vide juridique que l'on constate dans ces domaines apparaît comme une autre illustration des hésitations et de la recherche face à des mécanismes d'appropriations multiples. Dans l'ensemble du champ social, la légitimité et la légalité de l'usage des TIC ouvre une série de difficultés politiques lisibles dans les le système normatif et juridique. L'universalité de l'objet submerge des droits nationaux.

[11] Ensemble des espèces végétales et animales habitants un endroit (1778) ou aujourd'hui : « Ensembles limités d'individus, d'éléments de même espèce observés ensemble ou réunis abstraitement. En physique : populations d'électrons ».

Conclusion

Il serait absurde de ramener toutes les technologies en croissance aux TIC. Néanmoins celles-ci sont prépondérantes et les connexions avec les bio-technologies, autre grand domaine appelé à se développer, nombreuses. Il est donc légitime de leur accorder une place centrale dans la réflexion. Les TIC ouvrent un champ de vulnérabilités individuelles et collectives, et donc un potentiel de formes de violences face auxquelles les forces (comme ensemble organisé et contrôlé politiquement utilisant la menace de mort) semblent hésitantes. Elles reposent la question du « port d'arme »

Contrairement à d'autres techniques, et notamment le nucléaire, leurs effets sociaux sont multiples et concernent tout le spectre social, du Prince au valet d'arme. Les grands cadres sociaux et politiques, dans lesquels se déployaient les affrontements sont bousculés :

-l'espace, mais aussi le territoire comme application d'une souveraineté au sein de frontières…donc de fronts.

-le contrôle humain de l'action, (le *Zweck* ou fin politique – par opposition au *Zie*l, le but tactique ou opératif) par la tentation de l'automaticité des réactions – problème ancien- mais surtout par la remise aux systèmes de l'analyse des faits.

Les conséquences des techniques sur les ensembles politiques sont un problème ancien. **Machiavel** avait répondu à une évolution des techniques matérielles détruisant le fédéralisme communal latent de l'Italie du XV° en prônant une transformation politique : des Républiques où les mercenaires seraient remplacés par des soldats-citoyens et un souverain appliquant la raison d'Etat. Il faisait cependant l'impasse sur la, les techniques elles-mêmes. En revanche, les constructeurs de fortifications réalisèrent la voie italienne. **Clausewitz** reste totalement dans la logique étatique et si la guerre est la prolongation de la politique par d'autres moyens, c'est la prolongation de la guerre interétatique. Il ne faut cependant pas exagérer les nouveautés techniques des guerres de la révolution et de l'empire. A coté des armées de masses de la conscription, la nouveauté vient peut –être des irréguliers, que Clausewitz a reconnu comme tels mais qui disparaissent de sa réflexion ou du moins n'ont pas été traités, peut-être parce que la guerre est un livre « inachevé ». **C Schmitt** fait un lien direct entre la notion de politique comme différenciation entre l'ami et l'ennemi et sa théorie du partisan dont il est sans doute un des rares à montrer la modernité. Mais qu'est-ce qu'un « partisan informatique ? » **La période actuelle** associe nouvelles techniques matérielles, transformations économiques et sociales. On a donné quelques indications sur ces techniques. Les formes économiques se lisent dans la professionnalisation généralisée des forces et l'augmentation des sociétés de sécurité privées. Les conséquences militaires institutionnalisées se déploient à travers la notion de *transformation* (puis l'Etat-major dans l'OTAN) au sens des réorganisations techniques, de commandement et d'organisation des forces en cours notamment dans l'alliance atlantique. La redéfinition de l'adversaire/ennemi, l'intégration de la notion de défense et de sécurité intérieure dans celle de « sécurité» semblent les réponses aux potentialités sociales de ce qui constituera peut-être une nouvelle « Révolution ».

« Les perspectives européennes en matière de technologies de défense »

par

Vincent BAUDINAUD
En charge des relations institutionnelles
à la direction technique d'EADS

Quelle est la recherche que doit adresser la Défense Nationale ?

Depuis longtemps on cherche à identifier et classer en catégories la recherche. En plus du caractère « amont » (ou recherche fondamentale) ou « aval » (dit aussi recherche appliquée ou près du produit) de la recherche, il convient pour nous de distinguer qui définit et finance la recherche.

Quand il s'agit de recherche amont ce sont souvent les laboratoires publics qui proposent les actions de recherche. On parle alors de recherche « de curiosité ».

Pour la recherche appliquée on distinguera :

- la R&T civile pilotée par le marché qui est définie et majoritairement financée par l'industrie, même si dans de nombreux cas l'Etat soutient cette recherche et participe à la politique industrielle,
- la R&T pilotée par les besoins ou la politique des Etats qui doit rester financer exclusivement par eux. C'est le cas notamment de la recherche de défense.

Dans les faits de nombreuses technologies ne sont pas « adressables » exclusivement dans une catégorie : certaines technologies sont **« duales »** c'est-à-dire nécessaires pour des produits civils et défense, d'autres d'adressent à un domaine qui peut être civil et par lequel s'exprime la puissance des Etats modernes. Le domaine spatial notamment est dans ce cas et, au moins en partie, les technologies du domaine aéronautique. Ces dernières technologies sont souvent appelées **technologies de souveraineté**.

Quelques précisions sur les technologies de souveraineté.
Un travail récent du CORAC (Conseil d'Orientation de l'Aéronautique Civile) définit le périmètre technologies de souveraineté vu par les industriels du secteur :
Ces technologies doivent avoir trois objectifs:

- La supériorité ('leadership'): elle comprend la supériorité en termes de performances et la supériorité économique ;
- **La non-dépendance ou l'autonomie** (approvisionnement, brevets,...) de choix technologiques. Cette non dépendance est à assurer parfois par une multiplication des sources d'approvisionnement, sinon par la création ou le maintien d'une capacité, au niveau national ou Européen ;
- **Une base industrielle et technologique large.** L'industrie associée doit être de niveau mondial. La base industrielle doit être traduite en politique industrielle. Cette politique permet notamment de structurer le soutien aux technologies de souveraineté.

La coopération européenne en R&T doit tenir compte du caractère de souveraineté de certaines technologies, qui se réaliseront soit dans un cadre national, soit dans un cadre européen. Cette coopération, si elle est bien structurée peut être une chance pour garantir dans certains cas une bonne souveraineté technique.
Les secteurs où se situe EADS l'Aéronautique, le spatial et la défense sont des secteurs de souveraineté où chaque Etat dans le monde exprime une politique nationale.

Quelques perspectives en R&T de défense européenne

Presque tous les Etats européens ont constaté que seule la coopération européenne leur permet de développer ou sauvegarder des compétences en technologies de défense

Suivant le pays, la vision est cependant différente :

- Certains y voient d'abord un instrument pour leur défense, chargé de délivrer les capacités militaires nécessaires à la mise en œuvre de leur politique de défense ; c'est notamment le cas de la France et de la Grande-Bretagne; ils investissent à eux deux les deux tiers du budget de R&T de défense dépensé par les pays européens ;
- D'autres y voient davantage un acteur économique, source d'emplois et d'exportations;
- Certains raisonnent en technologies de défense, d'autre de manière plus large en technologies de souveraineté;
- Certains auront une vision économique court terme prédominante avec peu de financement R&T, d'autres auront une vision plus long terme avec un financement R&T significatif.
- Etc.

On ne peut pas recenser une seule sensibilité par pays ; les sensibilités se mêlent. La sensibilité dominante permet cependant de mieux comprendre certaines difficultés actuelles qui se traduisent dans la difficulté à définir de nouvelles actions.

Cela se traduit pour la R&T en général, par le volume d'argent dépensé, trop faible dans de nombreux cas :

- Le montant total de la R&T de défense en Europe reste faible : 2,6 G€ (USA: 9,7);
- Ce montant cache des disparités : la Grande Bretagne et la France financent 66% de la R&T de défense Européenne...
- Enfin la R&T de défense en coopération européenne 13% seulement de la R&T de défense européenne, mal-

gré cet outil nouveau qu'est **l'agence européenne de défense.**

Les nouvelles structures Européennes

Depuis peu l'Europe a mis en place de nouvelles structures qui permettent de garder un certain optimisme :

Tout d'abord le nouvel outil qu'est l'EDA fonctionne. L'approche capacitaire « top down » en plus de l'approche traditionnelle, est adoptée par les grands pays et est reprise par les petits. Seule cette approche permet de définir les programmes de demain.

Les engagements de programmes de recherche croissent même si le volume global est moins élevé que celui espéré par certains. De nouveaux outils contractuels ont été mis en place. La France, dans ce cadre a un rôle exemplaire qu'il convient de saluer.

De plus des « High Level groups » ont été créés, notamment entre la France et la Grande Bretagne permettent de renforcer la coopération entre les « grands » pays. Ils comprennent des programmes R&T bilatéraux et participent également à cette dynamique positive.

Ces deux initiatives ont eu le mérite d'accroitre la R&T en coopération pour les Etats volontaires, c'est-à-dire ayant dégagé des budgets suffisants pour des actions R&T concrètes.

Comment faire pour aller plus loin

Un des challenges majeurs pour réaliser plus de R&T de défense en collaboration est certainement une meilleure implication des pays qui investissent actuellement peu en R&T de défense mais qui achètent des équipements de défense.

Il s'agit pour traiter ce cas de proposer dans le contexte économique actuel à nos collègues européens d'investir en R&T de défense non pas en pourcentage de leur richesse nationale mais plutôt en pourcentage de leur budget de défense pour respecter les politiques nationales.

Les ministres de la défense ont proposé un objectif de 2% du budget de défense consacré à la R&T (décision des Ministres de la Défense des pays membres de l'EDA de nov. 2007, reprise fin nov. 2008). Cet objectif raisonnable est à appliquer par tous.

La base industrielle associée (BITD) doit tenir compte des investissements de chaque Etat et des meilleures compétences. Trop de projets actuels sont « nivelés par le bas » car avec des clauses du juste retour géographique dès la R&T. Les meilleures compétences ne sont pas toujours utilisées. Il conviendrait donc de penser activité globale et non de segmenter par type de travail. Dans ces répartitions de tâches le dialogue Etat – industrie est donc obligatoire....

Il nous parait important aussi de penser aux futurs outils que permettra le Traité de Lisbonne. Pour impliquer certains états dans la R&T de défense seuls des outils de type « PCRD » (Programme Cadre de Recherche et Développement de la commission européenne) de la commission, **avec des règles de financement communes à tous les Etats, des appels d'offre européens, permettront** d'aller vers l'objectif général de 2% du budget de défense consacré à la R&T;

Le Traité de Lisbonne permettra ce type d'action si la **nouvelle notion de sécurité nationale** est utilisée. Celle-ci contient les actions de sécurité extérieures à l'Union (souvent prises en charge par la défense). Celles ci pourront faire l'objet d'actions R&T entre Etats.

On pourra ainsi traiter les technologies et systèmes pour la sécurité nationale et la coopération sur ce sujet dans l'Union.

Le rôle de l'EDA dans cette thématique est à inventer. Ce sera un rôle de coordination. Mais, pendant les phases initiales, et pour tenir compte de la sensibilité de certains pays (Royaume Uni, Pays Bas,...), il est suggéré à l'EDA d'avoir une attitude discrète.

Cette action de R&T doit être acceptée dans le FP8 (Framework Program eight de la commission européenne) par les Etats membres et le Parlement Européen. Elle doit donc satisfaire à des exigences et à un cadre prédéfini.

Périmètre d'actions R&T autour du sujet « sécurité nationale »

Le périmètre technique autour de la « sécurité nationale est à bien définir.

Il évoluera dans le temps et de l'approbation du Traité de Lisbonne.

Dans ce périmètre il semble important d'y voir figurer les **technologies de souveraineté** qui ne sont pas spécifiques à la défense mais lui sont nécessaires et qui ne sont pas couvertes actuellement.

Concernant les sujets de « sécurité nationale » proprement dits, il s'agit de s'entendre à un nombre d'Etats limité sur un périmètre plus large que les thématiques actuelles de la DG Justice, Liberté et Sécurité de la Commission. On peut imaginer les technologies qui concernent les missions suivantes :

- sécurité commerciale,
- sécurité alimentaire,
- aide au développement
- sécurité économique
- pacification internationale
- aide humanitaire

Il pourra donc s'agir par exemple de R&T en communication, en logistique, en interopérabilité, en sciences humaines et sociales etc.

Quelques recommandations

Il s'agira d'éviter quelques problèmes rencontrés actuellement dans certains projets R&T en coopération européenne (PCRD).

Tout d'abord il faudra éviter trop de saupoudrage de crédits, par des outils appropriés, de bons critères de sélection et

de bonnes définitions de sujets. Puis il s'agit d'avoir des crédits adaptés aux sujets et éviter des taux de succès décourageants (7 à 10%) qui existent actuellement dans certaines offres PCRD.
Sur ces thématiques il faudra aussi sortir des visions trop nationales ou catégorielles dans les définitions de sujet ou les évaluations ; Il existe des bonnes pratiques européennes (de la Commission ou de l'ESA(European Space Agency)) qu'il faudra reprendre.
Il nous semble aussi important d'assurer un lien avec les besoins exprimés par les Grands Groupes européens ; le fonctionnement passé des programmes PCRD aéronautique de la commission peut être un bon modèle à reprendre. On peut reprendre les bonnes pratiques de type ACARE (Advisory Council for Aeronautic Research in Europe) pour l'aéronautique civile des premiers PCRD. Il nous semble important, pour cela d'utiliser l'ASD.
Il restera aux Etats à financer dans un cadre spécifique défense en national ou par accord entre Etats, la R&T sur les grands démonstrateurs. Dans ce cas où les engagements élevés ne peuvent être pris que par un nombre limité d'Etats et les compétences sont restreintes à ces mêmes Etats (exemple avion de combat du futur), cette R&T doit rester de la compétence et des accords entre MODs nationaux.

« Les perspectives de la guerre technologique : orientation internationale »

par

Jacques BONGRAND
Ingénieur général de l'Armement.
Conseil général de l'Armement

Les informations et les réflexions que je vais présenter s'appuient principalement sur mon expérience de président du l'Organisation pour la recherche et la technologie de l'OTAN (RTO), de mars 2006 à mars- avril 2009.

Après avoir brièvement décrit les objectifs, l'esprit et les grandes lignes de cette coopération, j'évoquerai quelques travaux et orientations qui me paraissent significatifs pour l'avenir. Je terminerai en formulant des observations plus générales concernant l'influence de la technologie sur la défense future.

Les activités de recherche et technologie de l'OTAN

Différents organismes de l'OTAN sont parties prenantes dans les activités de recherche et technologie. En particulier :

- le commandement de la transformation (ACT), rattaché au comité militaire, définit les capacités futures et les besoins associés,
- les groupes armement et le groupe industriel, rattachés à la Conférence des directeurs d'armement, analysent des concepts de systèmes d'armes et de produits industriels, et en déduisent des besoins technologiques,
- le comité scientifique pour la paix et la sécurité sou-

tient financièrement des coopérations de recherche au-delà des milieux de défense, avec l'objectif de promouvoir les relations avec les pays partenaires,

- des centres spécialisés rassemblent des compétences dans le domaine des systèmes d'information et de communication (NC3A) et de la lutte sous-marine (NURC),
- la RTO sur laquelle je me concentrerai, qui exerce une certaine fonction de coordination de l'ensemble des activités de R&T de l'OTAN, au-delà de sa mission de base qui est de promouvoir la coopération de recherche et l'échange d'informations entre les nations membres de l'Alliance.

La RTO est un réseau d'environ 3500 experts, payés par leurs nations respectives, engagés dans des activités communes (environ 130 chaque année) : groupes de travail faisant le point de sujets techniques, conférences, cours, démonstrations technologiques. Il est dirigé par un conseil (le RTB) qui regroupe typiquement les directeurs de recherche de défense des 24 pays participants ou leurs adjoints directs et est soutenu par une agence d'une cinquantaine de personnes, employés permanents de l'OTAN, située à Neuilly. Le président et le directeur sont élus pour trois ans, alternativement de part et d'autre de l'Atlantique (j'ai fait suite à un américain et mon successeur est canadien). Ce conseil rend compte à la fois au comité militaire et à la conférence des directeurs d'armement.

Pour caractériser l'esprit de cette organisation, quelques points sont à souligner :

- S'agissant d'une alliance et de participants payés par leurs nations respectives, les nations coopèrent librement sur les sujets qui les intéressent et échangent les connaissances qu'elles souhaitent. Le modèle est différent de celui de l'Agence européenne de défense qui vise une certaine intégration des capacités industrielles et des délégations de souveraineté.

- Cette libre coopération relativement dégagée des contraintes de compétition économique est bien adaptée à une mise en commun des idées et des expériences pour élaborer une vision commune de l'avenir (nécessaire pour préparer l'interopérabilité future), une fois que des liens de confiance ont été créés.

- Au cours de mon mandat, j'ai en particulier cherché à développer des débats qui apportent aux participants des éléments utiles pour exercer leurs responsabilités nationales à leur retour, et à en tirer des informations de synthèse qui intéressent les responsables en dehors des milieux de recherche, en particulier dans les armées.

- C'est pourquoi l'examen des activités de la RTO me paraît une base intéressante pour apprécier les perspectives de la guerre technologique, en complément des approches nationales.

Etudes significatives et orientations technologiques

Dans le cadre de l'OTAN, des priorités pour la recherche ont été définies sous différentes formes : besoins de capacités à long terme (ACT), lutte contre le terrorisme (directeurs d'armement), domaines de coopération souhaités par les nations (enquête RTO)... En outre, il existe de nombreuses manières de classer les thèmes d'intérêt.

Je me propose ici d'évoquer sept domaines qui me paraissent ressortir des priorités que je viens de citer et des activités dont j'ai eu connaissance. J'illustrerai pour chacun les perspectives qui en résultent à partir de quelques études qui me paraissent particulièrement significatives.

<u>Une expansion des dispositifs de détection en tous genres :</u>

- poursuite de l'amélioration des détecteurs actifs ou passifs : radars, lasers, IR ;
- accent sur menaces nouvelles ou terroristes : B&C, explosifs, de loin, à travers les murs ,

- détecteurs portables ou abandonnés, biodétection ;
- utilisation de dispositifs commerciaux pour réduire les coûts (satellites, océanographie).

Une poursuite de l'effort sur les systèmes d'information et de communication :

- NEC, NCW, combattants ou systèmes en réseau plus spécialisés donc plus maniables ;
- analyse approfondie de la sécurité des réseaux, fonctionnement dégradé, problèmes d'interférences ;
- systèmes de communication portables et polyvalents, extension des liaisons par satellites ;
- fusion de données et visualisation efficace (interface homme-machine) et partagée des situations.

Une place accrue pour les outils d'analyse et de simulation :

- pour améliorer la réactivité et mieux affronter la complexité des situations ;
- aide à la décision : efficacité d'une arme, avantages et inconvénients d'un ordre de manœuvre ("course of action"), gestion des ressources humaines ;
- évaluation d'une situation complexe: succès d'une opération de gestion de crise ; - simulation pour l'entraînement : simulation en réseau, utilisation de jeux vidéo du commerce.

Un large développement des robots :

- adapté à l'évolution de nos sociétés (coût des hommes, aversion pour le risque, surtout en gestion de crise) ;
- après les aéronefs, les engins sous-marins et terrestres ;
- miniaturisation et conception inspirée du vivant, emploi en formation ;
- nombreuses applications envisagées : surveillance à distance, déminage ou recherche d'explosifs, soutien (convoi, transport d'équipements individuels) ; évacuations sanitaires...

Des moyens d'attaque plus précis et variés :

- armes non (ou moins) létales ;
- largage de précision ;
- micro ondes de forte puissance.

Un souci accru de logistique et d'environnement :

- contrôle de l'état des systèmes et munitions, réparation des dommages de combat ;
- munitions vertes et démantèlement ;
- impact de la rareté du pétrole et de certains matériaux sur les opérations futures (performances, substituts, stocks).

Un large accent sur la protection de l'homme et les facteurs humains :

- suivi de l'état du combattant et protection contre des menaces particulières (textiles intelligents) ;
- effets de l'environnement haute altitude, température, impulsion électromagnétique, aspects culturels de l'interopérabilité, interface homme-machine ;
- soutien psychologique, recrutement et fidélisation ;
- adversaires enfants ; facteurs culturels du terrorisme.

Observations et tendances d'ensemble

Les armements seront de plus en plus variés ; d'où sans doute une spécialisation accrue des utilisateurs.
(L'histoire a montré que des systèmes nouveaux se superposaient souvent aux précédents sans les faire disparaître ; ex : sous-marins, satellites, missiles, drones, calculateurs...).
Les combattants seront de plus en plus dépendants de la technologie ; d'où une exigence de sécurité d'utilisation et de reconfiguration en cas de dommage (ex : informatique) ainsi qu'une importance encore croissante de l'adaptation entre l'opérateur et le système. (Une avance technologique peut conférer une supériorité absolue dans certaines circonstances ; ex : radars et brouillage qui rendent inopérante l'aviation adverse).Les affrontements seront de plus en plus intégrés à

l'ensemble des activités de la société qui apporteront des moyens d'action et entraîneront des vulnérabilités nouvelles (ex : GPS, internet, liaisons portables ; guerre informatique et psychologique ; mondialisation, circuits financiers ; climat...). D'où un besoin élargi de suivi et d'analyse des évolutions techniques.
La prolifération des connaissances et des outils a un effet égalisateur au profit d'adversaires potentiels moins avancés techniquement. Il importe de bien identifier les domaines de savoir (sans doute mouvants) pour lesquels l'Etat et ses alliés doivent chercher à maintenir une supériorité (ex : liaisons cryptées, détection et brouillage, maîtrise des réseaux informatiques, mais aussi certaines armes) au détriment des coûts. Un paradoxe est qu'il faut anticiper, car de longues armées sont nécessaires pour acquérir une technologie nouvelle (avec des dépenses relativement faible au début) et aussi réagir très vite, car des moyens du commerce peuvent être rapidement combinés pour réaliser des armes innovantes et redoutables (ex : engins explosifs improvisés).

En conclusion
Même si le facteur humain reste essentiel, la guerre devient et deviendra de plus en plus un affrontement des compétences. Plutôt que la levée en masse des siècles passés, il s'agit de mobiliser au profit de la défense les experts et les capacités partout où ils se trouvent dans la société, plus précisément dans l'ensemble des nations qui ont décidé de bâtir ensemble leur sécurité, à la fois sur le court terme et le long terme.

CONCLUSION GENERALE

1. Le point de vue de l'historien

par

Laurent HENNINGER
Chargé de mission au Centre d'études d'histoire de la Défense (CEHD)
Responsable de la commission « Nouvelle histoire bataille »
Co-animateur du séminaire pluridisciplinaire EHESS « Révolutions et mutations militaires »

Depuis déjà plusieurs années, les forces armées américaines sont engagées dans ce qu'elles ont dénommé, dès les années 1990, une « Révolution dans les Affaires Militaires » (RMA), matérialisée par l'introduction massive d'armes dites « intelligentes » et par une numérisation généralisée du champ de bataille. Pour autant, les technologies, aussi complexes et puissantes soient-elles, peuvent-elles, à elles seules, rendre pleinement compte de l'étendue des phénomènes que nous voyons se déployer sous nos yeux ? Une fois de plus, un regard sur la longue durée historique peut aider à penser les grandes tendances à l'œuvre dans le monde et, pour ce qui nous intéresse, dans ses aspects militaires. Devant l'emploi d'un concept aussi radical – et aussi « marketing », pourrait-on dire… – que celui de « révolution », il est permis d'être prudent dans un premier temps, ne serait-ce que parce qu'on a trop souvent baptisé ainsi la moindre introduction d'un armement nouveau ou – plus inapproprié encore – une simple amélioration d'un système déjà existant. Certains préfèrent désormais le concept de « mutation », provenant des sciences du vivant,

qui rend mieux compte de la complexité et des ruptures de rythme de tels processus.
À l'étude des phénomènes historiques similaires, on s'aperçoit en effet que les grandes mutations militaires furent toujours des processus dans lesquels les novations technologiques, lorsqu'elles étaient réelles – ce qui ne fut pas toujours le cas –, accompagnaient des ruptures d'ordre géostratégique, politique, sociologique, économique et culturel. En bref, on peut dire que les grandes mutations militaires ne constituent qu'un aspect des grands tournants civilisationnels. C'est ce qu'on a déjà pu constater avec ce que des historiens ont appelé la « révolution militaire des temps modernes », qu'ils voient se déployer de la fin du Moyen Age jusqu'au triomphe définitif des armes à feu, à la fin du XVIIe siècle. Car, si ces dernières finirent par représenter un bouleversement radical de la guerre – et jusqu'à la nature même du courage –, elles ne le furent qu'en combinaison étroite avec tous les phénomènes qui firent de l'Occident d'alors la civilisation dominante qui finira par triompher au XIXe siècle.
Artillerie, fortifications, construction navale et, plus tard, armes à tir rapide sont inséparables des progrès réalisés en mathématiques, en physique, en mécanique, en métallurgie ou en astronomie, mais également de l'expansion de l'État et de son appareil administratif et fiscal, ou encore de la naissance du système industriel. L'infanterie, sa composition, son organisation, ses traditions et ses tactiques, quant à elles, ne peuvent jamais être pensées indépendamment des bouleversements sociaux et politiques qui affectent l'Occident depuis l'Antiquité, qu'il s'agisse de l'apparition de la phalange hoplitique grecque ou de la légion romaine, des milices paysannes ou urbaines médiévales, des armées de la Révolution française ou encore des armées de masse mises en œuvre tant par les grandes démocraties que par les régimes totalitaires au XXe siècle, sans même parler des partisans et autres guérilleros.

Dans ce cadre, les décisions conscientes des dirigeants politiques et militaires ne firent qu'accompagner plus ou moins bien des mouvements historiques qui les dépassaient en grande partie. Une « révolution militaire » n'est donc pas une décision politico-bureaucratique prise en haut lieu, mais un ensemble de phénomènes que toutes les composantes d'un organisme socio-politique – en l'occurrence, des forces armées, des États et des sociétés – se doivent de penser de façon globale, dans le but de les orienter et de les aménager. La difficulté réside alors dans la capacité de concilier la prise en compte froide et pragmatique du réel, et la nécessité de lui imposer des valeurs et des visions politiques et stratégiques. Car, ce qui reste peut-être le plus important, mais aussi peut-être le plus difficile à bien comprendre et à en tirer toutes les conséquences est que la technologie, pour fondamentale soit-elle, n'est pas le seul facteur déterminant de la guerre, loin de là !

À en croire nombre d'auteurs, en effet, l'histoire de l'art de la guerre pourrait être facilement réduite en une formule simple, celle de « la dialectique de l'épée et de la cuirasse ». En d'autres termes, tout se résumerait en une lutte éternelle pour l'amélioration des performances techniques des armements. Or, si cette dialectique – c'est-à-dire ce processus d'actions et de réactions – existe bel et bien et peut être observée en de multiples périodes historiques, elle est loin d'être la seule à l'œuvre. On peut même affirmer que le fait de vouloir réduire l'histoire des guerres à cette formule simpliste constitue en tant que tel un véritable discours idéologique – c'est-à-dire un propos reflétant une vision particulière du monde et de la société –, en l'occurrence celui des idéologues de la technique, que de nombreux philosophes et sociologues de tous bords se sont employés à critiquer et à démonter aux XIXe et XXe siècles.

Les exemples abondent nous montrant des innovations dans l'art de la guerre ne devant rien à la technologie. Le passage de la phalange d'infanterie lourde hellénistique à la légion romaine relève d'une préoccupation qui est bien moins technique que tactique : la recherche d'une nouvelle disposition dynamique des fantassins au sein d'unités plus manœuvrantes et plus souples. De nos jours, certains acteurs géostratégiques – notamment les guérillas irakienne ou afghane, sans même parler du Hezbollah libanais – font preuve d'une inventivité étonnante, capable de tenir en échec une hyperpuissance.

D'autres civilisations sont loin de partager cette obsession occidentale du progrès technique et vont même jusqu'à la refuser délibérément. Les Indiens des plaines d'Amérique du Nord adoptèrent le cheval – et devinrent de redoutables cavaliers – sans adopter la selle et l'étrier. Si l'on s'en tient à une conception simpliste de l'histoire, cela représentait une « régression » technologique. Mais les tribus indiennes ne le concevaient pas ainsi : selon leur vision du monde, l'équitation passait par une fusion avec l'animal, et non une domination de celui-ci par le biais d'instruments contraignants. À une autre échelle, l'empire chinois, pendant des siècles bien plus avancé technologiquement que l'Occident, refusera souvent de diffuser certaines inventions, pour maintenir un équilibre social et politique.

Il arrive que la recherche effrénée de l'innovation technique pose plus de problèmes qu'elle n'en résout. Dans la deuxième moitié de la Seconde Guerre mondiale, l'excellence technologique et l'extrême complexité des chars allemands ont constitué un handicap opérationnel et stratégique certain pour le IIIe Reich : chers et longs à produire, ils ne pouvaient être mis en œuvre que par des équipages hautement qualifiés. Chez leurs adversaires, en revanche, particulièrement chez les Soviétiques, des chars comme le célèbre T-34, tout en étant d'un excellent niveau technologique, étaient, à la fois, plus adaptés aux rudes conditions du pays, plus faciles et plus rapides à produire, mais aussi plus facilement mis en œuvre par des personnels bien moins qualifiés. Plus caricatural encore : dans leurs luttes incessantes, les royaumes des successeurs d'Alexandre le Grand mettaient tous en œuvre des phalanges équipées de longues lances d'infanterie. Cherchant à surclasser techniquement l'adversaire, ils se contentèrent d'allonger régulièrement leurs armes jusqu'à atteindre des longueurs qui retirèrent à ces phalanges toute capacité de manœuvre et en firent des proies faciles pour les légions romaines.

Il importe donc de ne pas oublier que le choix d'un progrès technique aux dépens d'un autre obéit à des déterminations qui ne sont jamais réductibles à des critères purement techniques et répondent aussi à des exigences politiques, économiques et culturelles. La surenchère technique effrénée est donc bien un fait de civilisation – la nôtre – qui n'est ni intemporel, ni universel.

2. Le point de vue du militaire

par

le Général de Brigade Alain BOUQUIN
Chef du Secrétariat permanent du Conseil des systèmes de forces à l'Etat-major des Armées
Représentant le Général d'Armée Jean-Louis GEORGELIN
Chef d'Etat-major des Armées

La guerre technologique n'est pas une fin en soi ; ce qui est une fin en soi c'est de gagner les guerres, de contraindre un adversaire, d'imposer une forme de paix. La haute technologie n'est a priori qu'un moyen.
Les questions que l'on peut se poser sont diverses :

- Qu'est-ce qui tire vers la haute technologie ?
- La haute technologie est-elle adaptée à toutes les formes de conflits ? Estelle nécessaire dans tous les contextes d'emploi ?
- Y a-t-il d'autres causes non strictement opérationnelles à cette recherche permanente de la haute technologie ?
- Comment se décline-t-elle en France et quelles sont les grandes orientations ?
- Y a-t-il des limites à cette course à la haute technologie ? En particulier financières ? Et comment y faire face intelligemment ?

Ces questions, largement débattues au cours de vos discussions, nous nous les posons aussi dans le cadre de nos réflexions capacitaires.

1/ La haute technologie est avant tout un produit de l'évolution de la tactique et des techniques de combat.

Elle est le fruit de la constante **recherche de supériorité** dans le duel :

- supériorité du feu ;
- supériorité dans la protection, dans la discrétion ;
- supériorité de la mobilité ;
- supériorité de la connaissance.

La **supériorité du feu**, cela consiste à tirer plus vite, plus loin et de manière plus précise que l'ennemi. C'est la conduite de tir stabilisée du canon du char Leclerc, ou encore les obus flèches de très haute densité. C'est la portée des missiles air-air destinés à équiper les standards futurs du Rafale. Ce sont encore les capacités de guidage des nouvelles générations de torpilles…

La **supériorité dans la protection et dans la discrétion**, c'est la capacité à limiter la vulnérabilité de nos équipements au combat. C'est le blindage réactif dont on cherche à doter certains de nos blindés. Ce sont les contre-mesures électroniques en constante évolution dans l'aviation de combat. C'est encore la recherche permanente de la réduction des signatures radar de nos bateaux ou de nos aéronefs. Et si l'on combine les impératifs liés à la supériorité du feu et à celle de la discrétion, on peut citer les efforts en matière de capacités « tire et oublie » de nos missiles terrestres.

La **supériorité dans la mobilité** consiste essentiellement à pouvoir concentrer ses efforts plus efficacement qu'un adversaire. Il faut à la fois pouvoir se projeter rapidement vers un théâtre d'opération, et sur ce théâtre, être en mesure de basculer les forces d'un point à un autre. Ce sont les tout nouveaux bâtiments de projection et de commandement de la marine. Ce sont bien sûr les A400M, appareils capables d'assurer aussi bien des missions de transport stratégique que de mobilité intra-théâtre. Ce sont les hélicoptères NH90 dans leurs diverses versions.

La **supériorité de la connaissance** de la situation sur le terrain est aujourd'hui celle qui est la plus sensible et la plus importante. Elle a pour but de connaître mieux, plus vite et plus précisément que son adversaire la réalité d'une situation. Elle repose sur des capteurs, des outils de traitement des informations et des capacités de transmissions. Ce sont les drones de tous types qui apparaissent sur tous les théâtres et pour tous les emplois. Ce sont les évolutions de la surveillance de l'espace aérien, avec l'arrivée des radars passifs. Ce sont les produits de géographie numérique qui se diversifient. Ce sont encore les systèmes d'information opérationnels dont l'usage est devenu incontournable, et dont les fonctionnalités progressent pour intégrer la fusion de données ou l'aide à la décision. Ce sont les systèmes d'exploitation des renseignements, qui s'appuient sur des tâches automatisées et simplifiées pour améliorer le travail des analystes. Ce sont les moyens de télécommunications par voies satellitaires ou les liaisons de données tactiques, avec des besoins croissants en débits offerts…

Ces quatre grands domaines (feux, protection, mobilité et information) resteront dans les années à venir pour nos programmes d'armement les **axes principaux** des travaux de prospective, de recherche, d'études et de réalisation en matière technologique.

Une interrogation demeure malgré tout : l'atteinte de la supériorité dans les différents domaines évoqués n'est **en aucune manière une garantie de succès**. Les exemples du Viêt-Nam, de l'Irak ou de l'Afghanistan en portent témoignage. Cette notion de supériorité tactique et /ou technique est un fruit de la guerre froide ; elle est sans doute pertinente pour le cas des conflits symétriques. Il en va tout autrement dans un **contexte asymétrique**. Une réflexion plus profonde pourrait être entreprise pour identifier les ressorts et les mobiles de la supériorité dans de tels cadres d'engagement : on pourrait découvrir que la portée de nos tubes et la fiabilité de nos SIC's, et plus généralement la technologie de nos équipements, ne sont pas les éléments principaux de la supériorité dans de tels contextes.

2/ La haute technologie peut aussi avoir des motivations d'ordre stratégique :

- Autonomie d'appréciation de situation et de décision ;
- Renseignement ;
- Capacité à peser sur les engagements en coalition.

Le domaine de la dissuasion se rattache également à cette catégorie.

L'exemple de l'Irak en 2003 a clairement montré ce que la haute technologie, en l'occurrence celle des capteurs satellitaires, pouvait apporter à un décideur, politique ou militaire, en matière d'évaluation autonome d'une situation, sans dépendance aucune d'information fournie par des tiers. D'autres sources pourraient aujourd'hui être exploitées.

Plus largement, les efforts demandés par le livre blanc au profit de la **fonction stratégique « connaissance et anticipation »** nécessitent le développement d'équipements de **renseignement** de très haute technologie, en particulier pour les **capteurs**. Ce sont en premier lieu les **moyens satellitaires d'observation et d'écoute** pour lesquels les niveaux de performance en termes de résolution, de délais de revisite ou de précision de localisation sont particulièrement exigeants. Mais ce sont aussi les technologies liées à l'**alerte avancée** comme la détection des signatures infrarouge ou la détection radar de très longue portée. Ce sont les stations d'**interception des émissions électromagnétiques** qui font l'objet de divers travaux d'amélioration dans les domaines du traitement du signal, du déchiffrage ou de la reconnaissance vocale par exemple. Ce sont encore les progrès de l'imagerie radar et de l'imagerie multispectrale.

L'autonomie de décision, de son côté, repose sur la libre disposition d'**outils de commandement** (systèmes d'information et de communications) fiables, sécurisés, redondants et performants. Les technologies nécessaires pour atteindre les performances requises sont naturellement de très haut niveau. Les dispositions mises en œuvre pour la sécurité des informations font également appel à des techniques très pointues et en constante évolution. La lutte informatique, défensive, mais aussi désormais offensive, va ainsi faire l'objet de diverses évolutions technologiques importantes.

Les **engagements en coalition**, et plus spécialement ceux menés aux côtés de nos alliés américains, nous tirent aussi vers la haute technologie. Pour peser sur les décisions dans une opération multinationale, il nous faut en effet être pleinement interopérables et disposer de capacités d'un niveau équivalent à celles de nos principaux partenaires, sous peine de voir nos forces confinées à des rôles d'unités « supplétives ». Ce sont par exemple les dispositifs d'identification de notre aviation de combat. Ce sont encore les niveaux de protection de nos réseaux de transmissions de données. C'est la précision de nos dispositifs de positionnement et de datation... C'est la standardisation progressive de nos munitions, y compris les plus sophistiquées.

Enfin, dans le domaine très spécifique de la **dissuasion**, la défense de nos intérêts vitaux et notre survie reposent sur un ensemble de moyens de très haute technologie dont la maîtrise reste fondamentale. Ce domaine comprend bien sûr celui des armes nucléaires proprement dites, mais aussi des aspects technologiques très divers comme les missiles balistiques, les missiles de croisière, la détection acoustique, les transmissions hautement sécurisées ou le positionnement par gyroscope...

Ces grands enjeux stratégiques nous entraînent donc, à divers titres, vers la maîtrise de grands domaines technologiques, pour la plupart à un très haut niveau d'excellence.

3/ La haute technologie résulte aussi de considérations moins opérationnelles,
plus politiques ou plus médiatiques :

- Forte sensibilité aux pertes humaines ;
- Soutien de l'outil industriel de défense ;
- Poursuite d'un effort national de recherche ;
- Prestige…

Nos pays occidentaux **supportent de plus en plus mal de voir leurs soldats mourir en opérations**. Et nos opinions publiques exigent que de gros efforts soient désormais consacrés à **leur protection** : ce sont la protection active, les moyens de surveillance, les brouilleurs…tous équipements qui reposent sur des technologies innovantes comme par exemple les micro-ondes de forte puissance. On peut aussi évoquer les efforts en cours au titre du MASINT (Measures and Signatures Intelligence) pour rendre exploitables des sources de renseignements moins classiques, mais mieux adaptées aux activités de type terroriste. Il faut enfin citer les travaux en cours en matière de défense biologique.
Le **soutien de notre outil industriel de défense**, communément désigné sous le sigle de **BITD**, nous tire également vers la haute technologie, parfois contre notre gré car sans réel apport opérationnel visible et immédiat, mais dans le but de préserver à plus long terme notre capacité à acquérir les équipements dont nous aurons besoin sans dépendance technologique. Cet effort au profit de la BITD est-il légitime ? Assurément, même si nos soldats n'en comprennent pas toujours les enjeux. Est-il toujours pertinent ? Il faut périodiquement s'en assurer, en contrôlant avec rigueur les dépenses engagées et les domaines technologiques investigués.
Plus largement, la **poursuite d'un effort national de recherche** amène la défense à assurer une **veille technologique** dans des domaines à vocation militaire ou à vocation duale. Cet effort porte aujourd'hui sur des thèmes d'études très divers, allant des technologies de l'information aux nanotechnologies, en passant par les applications du retournement

temporel ou de l'intelligence artificielle. Dans ce cadre de la recherche très amont et très prospective, l'objectif doit consister à balayer suffisamment large pour être sûr de ne pas « passer à côté » d'une rupture technologique susceptible de générer une rupture capacitaire rédhibitoire.
Enfin, **des motifs de prestige** peuvent nous entraîner parfois sur la voie de la haute technologie :

- Soit pour rester leaders (au niveau européen) dans des domaines phares, comme celui de la conquête spatiale ;
- Soit pour continuer à disposer de capacités auxquelles d'autres ont pu renoncer, comme celles liées à une aviation de chasse embarquée sur porte-avions ;
- Soit enfin pour justifier au travers de nos moyens militaires de notre rang et de notre siège au Conseil de sécurité des Nations unies…

La haute technologie peut donc résulter de choix politiques forts, qui n'ont plus nécessairement de lien avec la supériorité opérationnelle que l'on veut rechercher sur le terrain, mais qui relèvent davantage d'un statut revendiqué et assumé de grande puissance.

4/ La haute technologie présente une très forte contrainte financière
qui en limite l'évolution à relativement court terme :

- Coûts d'acquisition ;
- Coûts d'utilisation ;
- Coûts de maintien en condition opérationnelle.

Les équipements de haute technologie coûtent de plus en plus cher. Les données chiffrées sont pour la plupart connues. Les causes le sont également : les niveaux de performances exigés ne sont accessibles qu'au prix de développements faisant appel à des techniques coûteuses et nécessitant d'importants travaux de recherche amont. Un autre facteur, difficilement mesurable, est lié au coût de la polyvalence.

Ce qui est relativement nouveau, c'est la **forte augmentation des coûts d'utilisation** de ces nouveaux matériels. Le prix de l'heure de vol des hélicoptères de nouvelle génération sera par exemple multiplié par dix.
De même, les coûts de **maintien en condition opérationnelle** sont en train d'exploser. Ce qui peut paraître paradoxal, car on pourrait penser que l'entretien de matériels anciens, parfois à bout de souffle, pourrait exiger un investissement plus lourd. Les causes sont difficiles à cerner ; l'introduction massive de logiciels et de composants électronique dans les équipements n'est certainement pas étrangère à cette augmentation.
Mis bout à bout, ces trois facteurs de coûts font d'une armée de haute technologie un outil qui exige un important niveau de ressources et un effort conséquent consenti par la nation au profit de son système de défense.
La conséquence directe de ces fortes augmentations de coûts est une **diminution des parcs d'équipements**. Le livre blanc a parfaitement anticipé cette nécessité de réduction : il a fixé les cibles à hauteur de moins de trois cents chars de bataille, une vingtaine de frégates et quelques trois cents avions de combat, pour ne citer que les matériels majeurs.
La principale question porte sur notre **capacité à supporter dans la durée** cet effort technologique à la fois sur une panoplie complète et sur des volumes correspondant à nos ambitions, avec un taux d'emploi et d'entraînement restant satisfaisant.

5/ les voies pour conserver une dynamique de haute technologie tout en maîtrisant les dépenses de défense, sont peu nombreuses. Il en existe essentiellement deux, qui sont complémentaires l'une de l'autre :

- La voie de la mutualisation et du partage entre nations ;
- La voie du « noyau dur ».

La solution du **partage du poids du fardeau capacitaire** est souvent présentée comme une piste prometteuse. Elle se décline en diverses options : **partage, mutualisation ou politique de niches**, qui ont toutes leurs avantages... et leurs inconvénients. Elle permet a priori de préserver les ressources nécessaires aux développements de haute technologie, tout en permettant des économies d'échelle sur les volumes d'équipements. Elle présente aussi des limites en créant **diverses formes de dépendance**. Ces dépendances peuvent ne plus garantir, pour les domaines concernés, le maintien d'une stricte autonomie d'engagement militaire. C'est donc in fine, l'autonomie du choix politique sur la scène internationale qui est mise en cause. C'est la raison pour laquelle ces solutions de partage doivent être mises en œuvre en pleine connaissance de cause, et en choisissant avec soin les domaines pour lesquels elles sont acceptables.

D'où l'idée retenue par le **livre blanc** de **distinguer trois types de capacités et de technologies** :

- celles dont nous estimons devoir garder la maîtrise au niveau national ;
- celles pour lesquelles nous pouvons envisager une coopération avec nos partenaires européens ;
- celles que nous estimons pouvoir être obtenues auprès de fournisseurs tiers sur le marché mondial.

Ce qui paraît en fait primordial c'est d'identifier un **noyau dur** de capacités stratégiques que nous estimons ne pouvoir ni partager, ni sous-traiter, ni externaliser, ni emprunter, et pour lesquelles nous souhaitons conserver une pleine maîtrise à la fois pour l'acquisition et dans l'emploi. En première approche, ces capacités touchent trois domaines :

- **la dissuasion,**
- **l'appréciation de situation,**
- **la décision**.

Ce sont en effet trois capacités pour lesquelles il ne saurait y avoir ni entrave ni « droit de veto » de la part de quelque autre Etat ou organisation. Ce sont donc dans ces trois domaines que notre maîtrise technologique doit demeurer totalement nationale et parfaitement contrôlable. Le reste semble « négociable », dans des termes, des proportions et des modalités restant à préciser. Des études plus complètes devront permettre de préciser le périmètre et le contenu de ce noyau dur.

En guise de **conclusion**, la haute technologie demeure **une nécessité**, à la fois pour des motifs tactiques, opérationnels et politiques. Ses **fortes exigences** et le poids des ressources à y consacrer ne nous **permettront plus** à moyen terme de **demeurer totalement autonomes**. Une **évolution** vers des solutions de **coopération** et de **partage** est donc nécessaire, sous réserve d'identifier un **noyau dur** de capacités militaires, donc technologiques, dont la maîtrise doit rester sous strict contrôle national.

GLOSSAIRE

(Sigles et abréviations)

ABM : Anti Balistic Missile

ACT : Allied Command Transformation (OTAN)

ASF : Architectes de systèmes de forces (France)

AWACS : Système de contrôle et d'alerte aéroporté

BDA : Battle Damage Assessment

C2 : Command and control

C3 : Command, control, and communications

C3R : Commandement, contrôle, communication, renseignement (France)

C4 : Command, Control, Communications, Computers (Etats-Unis)

C4ISR : Command, Control, Communication, Computers, Intelligence, Surveillance, Reconnaissance (Etats-Unis)

DARPA : Defense Advanced Research Project Agency (Etats-Unis)

DGA: Délégation générale pour l'armement (France)

DoD : Department of Defense (Etats-Unis)

ESA : Agence spatiale européenne (UE)

FCS : Future Combat System (système combattant du futur, Etats-Unis)

Félin : Fantassin à équipement et liaisons intégrés (France)

GPS : Global Positioning System (Etats-Unis)

HALE : High Altitude long Endurance (drone opérant normalement au dessus de 45 000 pieds durant plus de 24 heures)

ISR : Intelligence, Surveillance, Reconnaisance

JDAM : Joint Direct Attack Munition

JSTARS : Joint Surveillance Tarjet Attack Radar System

LBG : Laser-Guided Bomb

MAD : Mutual assurance destruction (destruction mutuelle assurée)

MALE : Drone moyenne altitude longue endurance (France)

MALE : Médium altitude long endurance (drone opérant entre 10 000 et 50 000 pieds durant plus de 8 heures)

NCW : Network Centric Warfare (Etats-Unis et Allemagne)

NMD : National Missile Defense (défense antimissile, Etats-Unis)

NTIC : Nouvelles technologies de l'information et de la communication

ORD : Opérations réseaux-centrés (France)

PP30 : Plan prospectif à trente ans (France)

RMA : Révolution dans les affaires militaires (Etats-Unis)

SDI : Strategic Defence Initiative (guerre des étoiles, Etats-Unis)

SIR : Système d'information régimentaire (armée de terre, France)

SIT : Système d'information terminale (armée de terre, France)

UAV : Unmanned aerial vehicle (drone sans pilote, Etats-Unis)

USAF : United States Air Force

USMC : United States Marine Corps

USNV : United States Navy

BIBLIOGRAPHIE

AKRAM (A) : *Histoire de la guerre d'Afghanistan*, Balland, 1996.

ARPAGIAN (N) : *La cyberguerre. La guerre numérique a commencé*, Vuibert, 2009

ASENCIO (M) : « Vers une version réaliste des opérations en réseau », *Recherches et Documents*, FRS n° 2, 2009

BALZACQ (Th) et **NEVE** (A de) sous la direction de : *la Révolution dans les Affaires Militaires*, Economica, 2003

BEDAR (Saïda) : « la révolution dans les affaires militaires et la course aux capacités », *Forum du désarmement*, n° 4, 2001

BOYER (Y) sous la direction de : *Une révolution dans les affaires militaires ?*, Fondation pour les Etudes de Défense, Cahiers de la Fondation pour les études de défense, n° 13, juin 1998

CECILE (J-J) : *la guerre des robots*, Ellipses, 2006

CHALIAND (G) : « Afghanistan : comment reconquérir le terrain perdu », *Le Monde*, 5 juin 2009

COURMONT (B) et **RIBNIKAR** : *les guerres asymétriques. Conflits d'hier et d'aujourd'hui, terrorisme et nouvelles menaces*, Iris PUF, 2002

CREVELD (M Vau) : *la transformation de la guerre*, Ed du Rocher, 1998

DESPORTES (Général V) : *la guerre probable*, 2e edit Economica, 2008

DUPONT (J) : « Guerre en réseaux : l'urgence d'une réflexion », *Air et Cosmos*, n° 1972, 25 fév. 2005
DURAND (E de) : « les faces cachées de la puissance aérienne », *Défense Nationale et sécurité collective*, juin 2007
FEENBERG (A) : *(Re)penser le technique : vers une technologie démocratique*, La découverte, 2004
FLEURY (Général J.) : *Les guerres du Golfe*, Editions Picollec, 2009
GERÉ (F) : « révolution dans les affaires militaires ou nouvel art opérationnel », *Perspectives stratégiques*, n° 25, fév. 1997
GODET (M.) : « l'avenir de l'homme est-il technologique ? », *Passages*, 2e trimestre, juin 2008
GOYA (M.) : *Irak, les armées du chaos*, Economica, 2008
GRANGE (A de la), **BALENCIE** (J-M) :les guerres bâtardes. Comment l'occident perd les batailles du XXI siècle, Perrin, 2008
GROZEL (M) et **MOULARD** (G) : *Drones. Mystérieux objets volants*, Lavauzelle, 2008
HENROTIN (J) sous la direction de : *Au risque du chaos. Leçons politiques et stratégiques de la guerre en Irak*, A Colin, 2004
HENROTIN (J) : *L'airpower au 21 siècle. Enjeux et perspectives de la stratégie aérienne*, Bruyland, 2005
HENROTIN (J) : *la technologie militaire en question : le cas américain*, Economica, 2008
HENROTIN (J) et autres : « *la robotique militaire* » *Défense et sécurité collective,* Hors série 10, fév.-mars 2010
HENROTIN (J) et **MERCIER** (J-J) : « Technologies et innovations militaires : intégrées sans discernement ? », *DSI technologies*, n° 16, mars-avril 2009

IMMARIGEON (J-Ph) : *la diagonale de la défaite : de mai 1940 au 11 sept 2001*, François BOURIN Editeur, 2010

KEEGAN (J) : *a history of warface*, A.A Knopf N.Y, 1993

MATHONNIERE (J): « Guerre en réseaux, technologies en berne? », *Défense Nationale et sécurité collective*, mars 2008

MAULNY (J-P) : « la puissance d'une armée dépend désormais de son réseau », *Les Echos*, 14 avril 2004

MAULNY (J-P) : « guerre en réseau : la supériorité militaire absolue ? », *Défense et sécurité internationale*, n° 17, juillet 2006

MAULNY (J-P) : *La guerre en réseau au XXI siècle : internet sur les champs de bataille*, Le Félin, 2006

METMATIC (J) : *l'art de la guerre en réseaux (1991-2009)*, L'Harmattan, 2010

MORIN (H) : « Quel sens moral pour les robots militaires ? », *le Monde*, 14 mars 2009

MURAWÏEC (L) : *la guerre au XXI siècle*, O Jacob, 2000

NEVE (A de) : « L'impact de la RAM sur les cadres multilatéraux de sécurité et de défense », *Stratégique,* n° 85, mars 2005

NEVE (A de) : « Iragi Freedom : un modèle de guerre technologique ? » dans RMES ; *la troisième guerre du Golfe*, L'Harmattan, 2007

PARIS (Général H) : *L'arbalète, la pierre à fusil et l'atome*, A. Michel, 1997

RANQUET (R) : « Défense de la technologie. Rendre à la technologie son importance dans le domaine militaire », *La revue internationale et stratégique*, hiver 2009/2010

RAUFER (X) : « Gare à la bulle technologique », *Valeurs actuelles*, 20 nov. 2008

Réseau Multidisciplinaire d'Etudes Stratégiques, *La troisième guerre du Golfe*, Analyse politique, stratégique et économique, L'Harmattan, 2007

ROUSSET (V) : « Le combat blindé dans l'espace de bataille numérisé. Enjeux et bénéfices de la maitrise de l'information », *DSI technologies*, n° 13, sept oct. 2008

SALOMON (J-J) : *Le destin technologique*, Balland, 1992

SINGER (P-W) : *Wired for war. The robotics revolution abs the 21st century warfare*, The Pinguin Press, 2009

TERTRAIS (B): « Faut-il croire à la révolution dans les affaires militaires? », *Politique étrangère*, 63e année, n° 3, automne 1998

TRICOT (F) : « Pour un recours à la technologie, contre le dogme de l'uniformisation », *Défense et sécurité internationale*, n° 57, mars 2010

ZECCHINI (L) : « La révolution de l'espace de bataille », *Le Monde*, 10 mars 2005

TABLE DES MATIERES

AVANT-PROPOS
Par Pierre **PASCALLON**, Professeur Agrégé de Faculté
....**page 11**

PREFACE
Par Xavier de **VILLEPIN**, Ancien Président de la Commission des Affaires étrangères, de la Défense et des Forces Armées du Sénat ....**page 13**

INTRODUCTION GENERALE
1. « Quelques réflexions autour de la technologie »
Par André **DUMOULIN**, Attaché à l'Ecole Royale Militaire (ERM) Bruxelles, chargé de cours à l'Université de Liège
....**page 19**

2. « L'impact de la technologie dans la conduite des guerres traditionnelles : de l'antiquité à nos années 1980 »
Par Alexandre **VAUTRAVERS**, Directeur du Département de Relations Internationales de l'Université Webster à Genève..**page 25**

Ière PARTIE :. LA POUSSEE DE LA GUERRE TECHNOLOGIQUE : DES ANNEES 1980 AUX ANNEES 2000

1. Présentation théorique de la guerre « tout technologique »

« Le nouveau pragmatisme technologique en matière de défense des années 1980-2000 : La Révolution dans les Affaires Militaires (RAM) et la guerre en réseaux »
Par Nicolas **ARPAGIAN**, Rédacteur en Chef de la revue Prospective Stratégique. Coordinateur des enseignements à l'IERSE..**page 39**

« La guerre en réseau de demain : le couronnement de la « Révolution dans les Affaires Militaires »
Par Pierre **PASCALLON**, Professeur Agrégé de Faculté
....**page 45**

« De la RAM à la Révolution de la Transformation. L'OTAN, la transformation et ACT »
Par Olivier **KEMPF**, Professeur à Sciences-Po, Animateur du blog egeablog.net..**page 53**

2. Illustrations effectives de la guerre « tout technologique »

« Les guerres tout technologique des années 1990-2000 : un besoin opérationnel »
Par le Colonel Jérôme **PELLISTRANDI**, Commandant de la Brigade multinationale d'appui au Commandement de

l'Eurocorps, Chroniqueur de la revue Défense nationale et sécurité collective..**page 65**

« La guerre irakienne comme modèle de guerre tout technologique »
Par Alain **DE NEVE**, Attaché de recherches à l'Institut Royal supérieur de défense de Bruxelles, Membre du RMES ....**page 87**

« L'innovation pendant la guerre américano-sunnite en Irak 2003-2007 »
Par le Lieutenant Colonel Michel **GOYA**..............**page 101**

IIème PARTIE : LA MISE EN CAUSE DE LA GUERRE TECHNOLOGIQUE : LES ANNEES 2000

1. La mise en cause théorique de la guerre « tout technologique »

« Le mythe de la supériorité technologique au service de l'hyperpuissance américaine »
Par Jean-Pierre **MAULNY**, Directeur Adjoint IRIS ....**page 115**

« L'intervention des forces aériennes modernes dans les conflits récents : caricature et réalité »
Par le Général de corps aérien (CR) Michel **FORGET** ....**page 121**

« Du Chemin des Dames à Kaboul : la même erreur stratégique »
Par Jean-Philippe **IMMARIGEON**, Avocat, Collaborateur revue Défense Nationale et Sécurité collective........**page 131**

« Opex, guerilla et technologies avancées »
Par le Général (CR) Henri **PARIS**, Président du club Démocraties...**page 147**

2. La mise en cause effective de la guerre « tout technologique »

« L'échec de la guerre en réseaux : le cas de l'Irak »
Par Julien **MATHONNIÈRE**, Journaliste indépendant spécialisé dans les questions de défense et de géopolitique
....**page 157**

« Les ratés de la technique militaire dans les conflits après la fin de la guerre froide »
Par Georges **LE GUELTE**, Ancien secrétaire des gouverneurs de l'AIEA..**page 169**

« La guerre technologique : vers une « déshumanisation » des conflits »
Par Jean **THYRARD**, Conseiller en gestion de projets innovants et en intelligence stratégique.....................**page 181**

IIIème PARTIE : LES PERSPECTIVES DE LA GUERRE TECHNOLOGIQUE : ANNEES 2009-2010 ET SUIVANTES

1. Les perspectives de la guerre technologique : orientation théorique

« De la méthode pour faire face aux défis technologiques que posent les conflits modernes »
Par Patrice **CARDOT**, Conseiller Général de l'Armement
....**page 189**

« L'émergence d'une 3e Révolution dans les Affaires Militaires (RAM) avec certaines technologies avancées »
Par Alain **DE NEVE**, Attaché de recherches à l'Institut Royal supérieur de défense de Bruxelles, Membre du RMES
....**page 197**

« L'apport de la technologie militaire aux conflits du futur : le point de vue d'un industriel EADS »
Par l'Amiral Alain **COLDEFY**, Conseiller défense du Président d'EADS..**page 211**

« Armes surdouées, armes perverses »
Par le Général (CR) Claude **LE BORGNE**, Membre du comité d'Etudes de Défense Nationale ....**page 229**

« L'Human Terrain System et les faux-semblants de la guerre culturalo-centrée »
Par Georges-Henri **BRICET DES VALLONS**, Chargé de recherche à l'Institut Choiseul et expert en systèmes d'armes

pour DSI Technologies, Rédacteur en Chef des Cahiers de l'Institut Prospective et Sécurité en Europe...........**page 237**

« La juste technologie : ou les compromis nécessaires à l'efficacité globale »
Par le Général de division Vincent **DESPORTES**, Directeur Collège interarmées de défense ....**page 265**

2. Les perspectives de la guerre technologique : orientations effectives

« Action militaire et technologies : de nouvelles pistes, pour un juste équilibre »
Par le Général de corps d'armée Christian **DELANGHE**, Directeur des Etudes à US-CREST ....**page 289**

« Un nouveau système de production d'armement pour la France dans un monde en mutation »
Par Jean-Paul **HEBERT**, Directeur du CIRPES/EHESS
....**page 301**

« Quelques orientations technologiques militaires nouvelles pour la France »
Par le Général (CR) Etienne **COPEL**, Président du collège des experts du Haut Comité pour la défense civile...**page 321**

« Les appropriations sociales des TIC dans les conflits »
Par André **BRIGOT**, Enseignant à l'Ecole des Hautes Etudes en Sciences Sociales (EHESS) et à SAINT-CYR Coëtquidan...**page 333**

« Les perspectives européennes en matière de technologies de défense »
Par Vincent **BAUDINAUD**, En charge des relations institutionnelles à la direction technique d'EADS..........**page 355**

« Les perspectives de la guerre technologique : orientation internationale »
Par Jacques **BONGRAND**, Ingénieur général de l'Armement, Conseiller général de l'Armement......**page 363**

CONCLUSION GENERALE

1. Le point de vue de l'historien
Par Laurent **HENNINGER**, Chargé de mission au Centre d'études d'histoire de la Défense (CEHD), Responsable de la commission « Nouvelles histoire bataille », Co-animateur du séminaire pluridisciplinaire EHESSE « Révolutions et mutations militaires »..................................**page 369**

2. Le point de vue du militaire
Par le Général de Brigade Alain **BOUQUIN**, Chef du Secrétariat permanent du Conseil des systèmes de forces à l'Etat-major des Armées, représentant le Général d'Armée Jean-Louis GEORGELIN, Chef d'Etat-major des Armées
....**page 375**

GLOSSAIRE ....**page 385**

BIBLIOGRAPHIE..................................**page 387**

TABLE DES MATIERES..................................**page 391**

16597 - décembre 2010
Achevé d'imprimer par

1livre.com

Printed in Dunstable, United Kingdom

91343672R00223